U1003616

南京信息工程大学教材建设基金资助项目

电子工艺基础

陈 晓 编著

气象出版社
China Meteorological Press

内容简介

本书以基本电子制造工艺知识为主，对电子产品的制造过程及典型工艺进行了全面介绍，其内容主要包括：用电常识、常用电子元器件、印刷电路板的设计与制作、电子焊接工艺技术、电子元器件的装配与连接、表面安装与微组装技术、电子产品调试与故障检修、电子技术文件、典型实习电子产品以及常用电子仪器仪表的使用。

本书可以作为工科院校学生电子工艺实习的教材，也可以作为相关工程人员进行电子设计创新等实践活动的参考书。

图书在版编目(CIP)数据

电子工艺基础/陈晓编著．—北京：气象出版社，2013.12

ISBN 978-7-5029-5870-1

Ⅰ.①电…　Ⅱ.①陈…　Ⅲ.①电子技术-基本知识
Ⅳ.①TN

中国版本图书馆 CIP 数据核字(2013)第 315493 号

出版发行：气象出版社
地　　址：北京市海淀区中关村南大街 46 号　　**邮政编码**：100081
总 编 室：010-68407112　　**发 行 部**：010-68409198
网　　址：http://www.cmp.cma.gov.cn　　**E-mail**：qxcbs@cmp.cma.gov.cn
责任编辑：蔺学东　黄海燕　　**终　　审**：汪勤模
封面设计：博雅思企划　　**责任技编**：吴庭芳
责任校对：华　鲁
印　　刷：北京京科印刷有限公司
开　　本：720 mm×960 mm　1/16　　**印　　张**：20
字　　数：385 千字　　**印　　数**：1～2000
版　　次：2013 年 12 月第 1 版　　**印　　次**：2013 年 12 月第 1 次印刷
定　　价：42.00 元

本书如存在文字不清、漏印以及缺页、倒页、脱页等，请与本社发行部联系调换

前　言

电子工艺是电子产品的加工制造方法。它包括从元器件投入到产品安装全过程的材料选择、工艺路线、工艺流程、流程图、步骤、指标、操作要点、过程控制、质量保证等。不同的电子产品有不同的工艺技术，同一电子产品也可能有多种工艺技术，电子产品开发者和工艺设计者会根据可利用的资源、条件、产业政策等具体情况，选择最适合的产品方案和工艺技术。一定时期的电子工艺技术反映了该时期的生产力发展水平。

创新精神和实践能力是对未来高素质工程技术人才的基本要求。随着电子制造技术和信息技术的飞速发展，实践环节的重要性与日俱增，编写合适的教材是保证人才培养质量和教学稳定发展的基本建设。

本书是为学生参加电子工艺实习而编写的教材。在电子工艺实习过程中，学生能在电子元器件的识别与测试、印制电路板的设计与制作、常用电子仪器仪表的使用、电子产品的焊接、调试与组装等方面得到训练。通过实际操作提高学生的动手能力，激发他们的创新意识。本教材在编写过程中，加强了针对性和实用性，注重引入新的技术内容，力求章节层次清楚，内容简洁明了、通俗易懂，也有利于学生自学。

书中编入的内容均来自书后的参考文献或互联网并仅作为教材使用，在此向有关作者致以衷心的感谢。若有不当之处，请来信告知。

本书得到了南京信息工程大学教材建设基金的资助，在此表示衷心的感谢。

由于电子信息技术更新速度快、元器件种类繁多，加之编者水平有限和时间仓促，书中难免有错误和不足之处，敬请全国广大同行和读者批评指正。

陈晓

2013 年 12 月于南京

目 录

第 1 章 用电常识

电子产品在国民经济各个领域中的应用愈来愈广泛。电子产品在通电的情况下才会正常工作，所以让我们先来认识一下电。

电是一种物理现象，是一种能量。它是自然界中四种基本相互作用之一，也是物理学研究中五类基本现象之一。电是个一般术语，包括了许多种由于电荷的存在或移动而产生的现象。这其中有许多很容易观察到的现象，像闪电、静电等；还有一些比较生疏的概念，像电磁场、电磁感应等。

人们对电现象的初步认识很早就有记载。在中国，古人认为电的现象是阴气与阳气相激而生成的。《说文解字》有"电，阴阳激耀也，从雨从申"。《字汇》有"雷从回，电从申。阴阳以回薄而成雷，以申泄而为电"。我国东汉时期的王充在《论衡》一书中提到"顿牟掇芥"等问题。顿牟就是琥珀，芥即籽菜，当琥珀或玳瑁壳经摩擦后，便能吸引轻小物体。书中还记述了以丝绸摩擦起电的现象。晋朝还有关于摩擦起电引起放电现象的记载，即"今人梳头，解著衣，有随梳解结，有光者，亦有声"。但古代，中国对于电并没有太多了解。在西方，早在公元前 585 年，古希腊哲学家 Thales 就已经发现了摩擦过的琥珀能吸引碎草等轻小物体。

在对电现象的早期研究中，最早进行系统研究的首推英国医生威廉·吉尔伯特。他通过大量的实验驳斥了许多关于电的迷信说法，并且发现不仅摩擦过的琥珀有吸引轻小物体的性质，其他物质比如金刚石、水晶、硫黄、硬树脂、明矾等也有这种性质，他把这种性质称为电性。1660 年，马德堡的盖利克发明了第一台摩擦起电机，他用硫黄制成形如地球仪的可转动物体，用干燥的手掌擦着干燥的球体使之停止可获得电，盖利克的摩擦起电机经过不断改进，在静电实验中起着非常重要的作用。

18 世纪中叶，电学实验逐渐普及，在法国和荷兰有不少人把公开表演实验作为娱乐。1731 年，英国牧师格雷从实验中发现，由摩擦产生的电在玻璃和丝绸这类物体上可以保持下来而不流动；而有的物体如金属，它们不能由摩擦而产生电，但却可以用金属丝把房里摩擦产生的电引出来绕花园一周，在末端仍具有对轻小物体的吸引作用。他第一次分清了导体和绝缘体，并认为电是一种流体。电既是一种流体，而流体（比如水）是可以用容器来蓄存的。1745 年，德国牧师克莱斯脱，试用一根钉子把电引到瓶子里去，当他一手握瓶，一手摸钉子时，受到了明显的电击。1746 年，荷兰莱顿城莱顿大学的教授彼得·冯·慕欣布罗克无意中发现了同样的现象。就这样，慕欣布罗克公布了自己意外的发现：把带电的物体放进玻璃瓶里，就可以把电保存起来。这使电学史上第一个保存电荷的容器诞生了。它是一个玻璃瓶，瓶里瓶外分别贴有锡箔，瓶里的锡箔通过金属链跟金属棒连接，棒的上端是一个金属球，由于它是在莱顿城发明的，所以叫作莱顿瓶，这就是最初的电容器莱顿瓶。这很快在欧洲引起了强烈的反响，电学家们不仅利用它做了大量的实验，而且做了大量的示范表演，有人用它来点燃酒精和火药。其中最壮观的是法国人诺莱特在巴黎一座大教堂前所做的表演，他邀请了路易十五的皇室成员临场观看莱顿瓶的表演，他让七百名修道士手拉手排成一行，队伍全长达 900 英尺(约 275 m)。然后，诺莱特让排头的修道士用手握住莱顿瓶，让排尾的握瓶的引线，一瞬间，七百名修道士因受电击几乎同时跳起来，在场的人无不为之目瞪口呆，诺莱特以令人信服的证据向人们展示了电的巨大威力。莱顿瓶的发明使物理学第一次有办法得到很多电荷，并对其性质进行研究。1746 年，英国伦敦一名叫柯林森的物理学家，通过邮寄向美国费城的本杰明·富兰克林赠送了一只莱顿瓶，并在信中向他介绍了使用方法，这直接导致了 1752 年富兰克林著名的费城实验。他用风筝将“天电”引了下来，把天电收集到莱顿瓶中，从而明白了“天电”和“地电”原来是一回事。18 世纪后期，贝内特发明验电器，这种仪器一直沿用到现在，它可以近似地测量一个物体所带的电量。1785 年，库仑发明扭秤，用它来测量静电力，推导出库仑定律，并将这一定律推广到磁力测量上。科学家使用了验电器和扭秤后，静电现象的研究工作从定性走上了定量的道路。

富兰克林又做了多次实验，进一步揭示了电的性质，并提出了电流这一术语。电流现象的研究，对于人们深入研究电学和电磁现象有着重要的意义。最早开始电流研究的是意大利的解剖学教授伽伐尼。伽伐尼的发现源自于 1780 年的一次极为普通的闪电现象。闪电使伽伐尼解剖室内桌子上与连接在一起的钳子和镊子相接触的一只青蛙腿发生痉挛现象。严谨的科学态度，使他没有放弃对这个“偶然”的奇怪现象的研究。他花费了整整 12 年的时间，研究像青蛙腿这种肌肉运动中的电气作用。最后，他发现，如果使神经和肌肉同两种不同的金属接触，青蛙腿就会发生痉挛。这种现象是在一种电流回路中产生的。但是，伽伐尼对这种电流现象的产生原因仍然未能回答，他认为蛙腿的痉挛现象是“动物电”的表现，由金属丝构成的回路只是一个放电回路。

19 世纪末期，由于电机工程学的进步，电走进了工业和家庭里面。在这个电气研发的黄金时代，电气技术日新月异、连续不断的快速发展带给了工业和社会难以形容、无法想象的巨大改变。作为能源的一种供给方式，电所具有的多重优点，意味着电的用途几乎是无可限量的。例如，大众交通、取暖、照明、电讯、计算等，都必须以电为主要能源。进入 21 世纪，现代工业社会的骨干仍旧依赖着电能源。在可预见的未来，电仍然是绿色科技的主角之一。

电的发现和应用极大地节省了人类的体力劳动和脑力劳动，加速了科学技术的发展，改变了生产和生活的面貌，使人类的信息触角不断延伸。电对人类生活的影响有两方面：能量的获取、转化和传输，电子信息技术的基础。但是它也很危险。了解用电安全的现状和发展趋势，分析新形势下触电事故的规律，研究传统的防触电技术措施在新形势下的应用，研究和推广用电安全新技术，对于提高用电安全水平是十分必要的。

1.1　电的危害

当发生用电事故时，不仅能引起直接人身伤害，还会引起火灾、爆炸，还可能损害设备。比如摩擦起电会引起电荷的积累，随着电荷不断积累到一定程度，会发生放电现象。在不同的场合会有不同的负面影响。如果在油气罐内摩擦起电，可能发生爆炸；电子设备中如有摩擦放电，则会产生干扰，甚至损坏电子元件；衣服上的静电积累，对人体也有危害。

1.1.1　人身伤害

生命的存在，让这个世界充满了生机和活力；当生命不存在时，就失去了世间一切存在的基础。人的生命是无价的，也是脆弱的。当使用电器设备时，保护人的生命是首要的。

1.1.1.1　触电伤害

人体的体电阻是能够导电的，只要有足够的电流流经人体就会对人造成伤害，这就是我们通常所说的触电。触电伤害的主要形式可分为电伤和电击两大类。

电伤是指电对人体外部造成局部伤害，即由电流的热效应、化学效应、机械效应对人体外部组织或器官的伤害，如电灼伤、金属溅伤、电烙印。

电伤的主要种类有以下几种。

(1)电烧伤。一般有接触灼伤和电弧灼伤两种。接触灼伤多发生在高压触电事故时通过人体皮肤的进出口处，灼伤处呈黄色或褐黑色并累及皮下组织、肌腱、肌肉、神经和血管，甚至使骨骼显碳化状态，一般治疗期较长，电弧灼伤多是由带负荷拉(合)刀闸，带地线合闸时产生的强烈电弧引起的，其情况与火焰烧伤相似，会使皮肤发红、起泡，组织烧焦并坏死。

(2)皮肤金属化。由于高温电弧使周围金属熔化、蒸发并飞溅渗透到皮肤表层所形成。皮肤金属化后，表面粗糙、坚硬。熔化的金属不同，皮肤会呈现特殊颜色：一般铅呈现灰黄色，紫铜呈现绿色，黄铜呈现蓝绿色。金属化后的皮肤经过一段时间能自行脱离，不会有不良后果。此外，发生触电事故时，常常伴随高空摔跌，或由于其他原因造成纯机械性创伤。这虽与触电有关，但不属于电流对人体的直接伤害。

(3)电烙印。它发生在人体与带电体有良好接触，但人体不被电击的情况下，在皮肤表面留下和接触带电体形状相似的肿块瘢痕，一般不发炎或化脓。瘢痕处皮肤失去原有弹性、色泽，表皮坏死，失去知觉。

(4)机械性损伤。电流作用于人体时，由于中枢神经反射和肌肉强烈收缩等作用导致的机体组织断裂、骨折等伤害。

(5)电光眼。发生弧光放电时，由红外线、可见光、紫外线对眼睛的伤害。

电击是指电流通过人体内部器官，会破坏人的心脏、肺部、神经系统等，使人出现痉挛、呼吸窒息、心室纤维性颤动、心搏骤停甚至死亡。按照电气设备的状态，电击可分为直接接触电击和间接接触电击。前者是人体触及正常状态下带电的物体时发生的电击；后者是人体触及正常状态下不带电而故障状态下意外带电的物体时发生的电击。因此，前者又称为正常状态下的电击，后者又称为故障状态下的电击。

1.1.1.2 影响触电危害程度的因素

由于触电伤害事先根本无法预测，因此，一旦发生触电伤害，后果必然十分严重。影响触电伤害的主要因素有以下几个方面。

(1)电流大小

电流流经人体的大小直接关系到生命的安全，当电流小于 3 mA 时不会对人体造成伤害。通过人体的电流越大，人体的生理反应越明显，感觉越强烈，从而引起心室颤动所需的时间越短，致命的危险就越大。电流大小对人体的作用见表 1-1。

表 1-1 电流大小对人体的作用

电流(mA)	对人体的作用
< 0.7	无感觉
1	有轻微感觉
1～3	有刺激感，一般电疗仪器取此电流
3～10	有痛苦感，可自行摆脱
10～30	引起肌肉痉挛，短时间无危险，长时间有危险
30～50	强烈痉挛，时间超过 60 s 即有生命危险
50～250	产生心脏室性纤颤，丧失知觉，严重危害生命
> 250	短时间内(1 s 以上)造成心搏骤停、体内电灼伤

(2)人体电阻

人体触电时，流过人体的电流(当接触电压一定时)由人体的电阻值决定。人体电阻越小，流过人体的电流越大，人体也就越危险。人体电阻主要包括人体内部电阻和皮肤电阻，而人体内部电阻是固定不变的，并与接触电压和外界条件无关，约为 500 Ω。皮肤电阻一般指手和脚的表面电阻，它随皮肤表面干湿程度及接触电压而变化。皮肤干燥时电阻可呈 100 kΩ 以上，而一旦潮湿，电阻可降到 1 kΩ 以下。人体电阻还是一个非线性电阻，它随人体间的电压变化而变化。从表 1-2 中可以看出，人体电阻阻值随电压的升高而减小。

表 1-2　电压对人体电阻的影响

电压(V)	12	31	62	125	220	380	1 000
电阻 (kΩ)	16.5	11	6.24	3.5	2.2	1.47	0.64
电流 (mA)	0.8	2.8	10	35	100	268	1 560

(3)电流种类和频率

电流种类不同对人体造成的损伤也不同。交流电会造成电伤和电击同时发生，而直流电一般只引起电伤。电流的高频集肤效应使得高频情况下电流大部分流经人体表皮，避免了内脏的伤害，所以生命危险小些。但是集肤效应会导致表皮严重烧伤。频率在 40～100 Hz 的交流电对人体最危险。当交流电频率为 20 000 Hz 时对人体危害很小。

(4)电流作用时间

电流对人体的伤害程度同其作用时间的长短密切相关。随着电流通过人体时间的延长，对人体组织的破坏更加厉害，后果更为严重。我们知道电流与时间的乘积也称为电击强度，用来表示电流对人体的危害。触电保护器的一个重要技术参数就是额定断开时间与漏电电流的乘积应小于 30 mA · s。

(5)电压

当人体电阻一定时，作用于人体的电压越高，通过的电流越大，对人体危害更为严重。36 V 加在人身上会产生 0.1 A 左右的电流，这样人体肌肉就不能受人体控制，永远处于收缩状态，心脏和呼吸肌不受控制，人就会死亡。允许接触电压和人体阻抗有关。关于人体阻抗的条件分类，国际电工委员会(IEC)所属建筑电气设备专门委员会将其分为 3 类。第 1 类是指住宅、工厂、办公室等一般场所，人体皮肤是干燥状态或因出汗呈潮湿状态，在接触电压作用下发生危险的可能性较高，这时取人体阻抗为 1 000 Ω，设定通过人体电流为 50 mA，则 50 mA 与 1 000 Ω 的乘积为 50 V，即此接触状态时的允许接触电压。中国、西欧及其他多数国家的安全电压采用此值。第 2 类是指人在隧道、涵洞和矿井下等高度潮湿的场所，人体出汗或因工作环境影响使皮肤受潮，经常还会发生双手与双脚接触凝露的电气设备金属外壳或构架等情况。这时，皮肤潮湿而使皮肤阻抗低到可以认为接近于零(即可忽略其皮肤阻抗)，人体电阻仅剩 500 Ω 体内阻抗。假设通过人体内部电流为 50 mA，则 50 mA 和 500 Ω 的乘积为 25 V。现国际上对于允许接触电压按人体阻抗的条件进行分类时，将 25 V 作为其中的一个等级，该值接近于国家标准 GB 3805—83《安全电压》等级分类中的 24 V。第 3 类是指人在游泳池、水槽或水池中，人体大部分浸入水里，皮肤完全浸透，这时体内阻抗基本上为 500 Ω，同时考虑有导致溺死的二次事故的危险，所以允许通过人体的电流应为摆脱阈，这样，允许的接触电压为 $0.01 \times 500 = 5$ V，这与 GB 3805—83 中规定的安全电压 6 V 相近。如果在不考虑导致二次事故的场所，则可采用 12 V 的允许接触电压。

(6)电流通过的途径

电流通过人体的头部会使人立即昏迷，甚至死亡；电流通过脊髓，会使人半截肢体瘫痪；电流通过中枢神经或有关部位，会引起中枢神经系统强烈失调而导致死亡；电流通过心脏会引起心室颤动，致使心脏停止跳动，造成死亡。因此，电流通过心脏呼吸系统和中枢神经时，危险性最大。

(7)人体健康状况

试验和分析表明，电击危害与人体状况有关。女性对电流较男性敏感，女性的感知电流和摆脱电流均约为男性的 2/3；儿童对于电流较成人敏感；体重小的人对于电流较体重大的人敏感；患有心脏病等疾病遭受电击的危险性较大，而健壮的人遭受电击的危险性较小。

1.1.1.3　触电的形式

按照人体触及带电体的方式和电流流过人体的途径，电击可分为低压触电和高压触电。其中低压触电可分为单线触电和双线触电，高压触电可分为高压电弧触电和跨步电压触电。

(1)单线触电

当人体直接碰触带电设备其中的一线时，电流通过人体流入大地，这种触电现象称为单线触电。对于高压带电体，人体虽未直接接触，但由于超过了安全距离，高电压对人体放电，造成单相接地而引起的触电，也属于单线触电。低压电网通常采用变压器低压侧中性点直接接地和中性点不直接接地(通过保护间隙接地)的接线方式。

(2)双线触电

人体同时接触带电设备或线路中的两相导体，或在高压系统中，人体同时接近不同相的两相带电导体，而发生电弧放电，电流从一相导体通过人体流入另一相导体，构成一个闭合电路，这种触电方式称为双线触电。发生双线触电时，作用于人体上的电压等于线电压，这种触电是最危险的。

(3)高压电弧触电

高压电弧触电是指人靠近高压线(高压带电体)，造成弧光放电而触电。电压越高，人身的危险性越大。干电池的电压只有1.5 V，对人不会造成伤害；家庭照明电路的电压是220 V，就已经很危险了；高压输电线路的电压高达几万伏甚至几十万伏，即使不直接接触，也能使人致命。弧光放电是指，由于电压过高，即使不接触高压输电线路，在接近过程中人会看到一瞬的闪光（即弧光），并被高压击倒触电受伤或死亡。

(4)跨步电压触电

当电气设备发生接地故障，接地电流通过接地体向大地流散，在地面上形成电位分布时，若人在接地短路点周围行走，其两脚之间的电位差就是跨步电压。由跨步电压引起的人体触电，称为跨步电压触电。跨步电压的大小受接地电流大小、鞋和地面特征、两脚之间的跨距、两脚的方位，以及离接地点的远近等很多因素的影响。人的跨距一般按0.8 m考虑。由于跨步电压受很多因素的影响以及地面电位分布的复杂性，几个人在同一地带（如同一棵大树下或同一故障接地点附近）遭到跨步电压电击时，完全可能出现截然不同的后果。

下列情况和部位可能发生跨步电压电击：带电导体，特别是高压导体故障接地处，流散电流在地面各点产生的电位差造成跨步电压电击；接地装置流过故障电流时，流散电流在附近地面各点产生的电位差造成跨步电压电击；正常时有较大工作电流流过的接地装置附近，流散电流在地面各点产生的电位差造成跨步电压电击；防雷装置接受雷击时，极大的流散电流在其接地装置附近地面各点产生的电位差造成跨步电压电击；高大设施或高大树木遭受雷击时，极大的流散电流在附近地面各点产生的电位差造成跨步电压电击。

1.1.2 电气火灾

电气火灾一般是指由于电气线路、用电设备、器具和供配电设备出现故障性释放的热能（如高温、电弧、电火花）以及非故障性释放的能量（如电热器具的炽热表面），在具备燃烧条件下引燃本体或其他可燃物而造成的火灾，也包括由雷电和静电引起的火灾。

1.1.2.1 电气火灾的分类

电气火灾主要包括以下四个方面。

(1)漏电火灾

所谓漏电，就是线路的某一个地方因为某种原因（自然原因或人为原因，如风吹雨打、潮湿、高温、碰压、划破、摩擦、腐蚀等）使电线或支架材料的绝缘能力下降，导致电线与电线之间、导线与大地之间（电线通过水泥墙壁的钢筋、马口铁皮等）有一部分电流通过，这种现象就是漏电。当漏电发生时，漏泄的电流在流入大地途中，如遇电阻较大的部位，会产生局部高温，致使附近的可燃物着火，从而引起火灾。此外，在漏电点产生的漏电火花，同样也会引起火灾。

(2)短路火灾

电气线路中的裸导线或绝缘导线的绝缘体破损后，火线与邻线，或火线与地线(包括接地从属于大地)在某一点碰在一起，引起电流突然大量增加的现象就叫短路，俗称碰线、混线或连电。由于短路时电阻突然减小，电流突然增大，其瞬间的发热量也很大，大大超过了线路正常工作时的发热量，并在短路点易产生强烈的火花和电弧，不仅能使绝缘层迅速燃烧，而且能使金属熔化，引起附近的易燃/可燃物燃烧，造成火灾。

(3)过负荷火灾

所谓过负荷是指当导线中通过电流量超过了安全载流量时，导线的温度不断升高，这种现象就叫导线过负荷。当导线过负荷时，会加快导线绝缘层老化变质。当严重过负荷时，导线的温度会不断升高，甚至会引起导线的绝缘层发生燃烧，并能引燃导线附近的可燃物，从而造成火灾。

(4)接触电阻过大火灾

凡是导线与导线及导线与开关、熔断器、仪表、电气设备等连接的地方都有接头，在接头的接触面上形成的电阻称为接触电阻。当有电流通过接头时会发热，这是正常现象。如果接头处理良好，接触电阻不大，则接头点的发热就很少，可以保持正常温度。如果接头中有杂质，连接不牢靠或其他原因使接头接触不良，造成接触部位的局部电阻过大，当电流通过接头时，就会在此处产生大量的热，形成高温，这种现象就是接触电阻过大。在有较大电流通过的电气线路上，如果在某处出现接触电阻过大这种现象，就会在接触电阻过大的局部范围内产生极大的热量，使金属变色甚至熔化，引起导线的绝缘层发生燃烧，并引燃附近的可燃物或导线上积落的粉尘、纤维等，从而造成火灾。

1.1.2.2　电气火灾的特点

(1)季节性特点

电气火灾多发生在夏、冬季。一是因夏季风雨多，当风雨侵袭，架空线路发生断线、短路、倒杆等事故，引起火灾；露天安装的电气设备(如电动机、闸刀开关、电灯等)淋雨进水，使绝缘受损，在运行中发生短路起火；夏季气温较高，对电气设备发热有很大影响，一些电气设备，如变压器、电动机、电容器、导线及接头等在运行中发热温度升高就会引起火灾。二是因冬季天气寒冷，如架空线路受风力影响，发生导线相碰放电起火；大雪、大风造成倒杆、断线等事故；使用电炉或大灯泡取暖，使用不当，烤燃可燃物引起火灾；冬季空气干燥，易产生静电而引起火灾。

(2)时间性特点

许多火灾往往发生在节假日或夜间。由于有的电气操作人员思想不集中，疏忽大意，在节假日或下班之前，对电气设备及电源不进行妥善处理，便仓促离去；也有因临时停电不切断电源，待供电正常后引起失火。失火后，往往由于节假日或夜间现场无人值班，难以及时发现，火势蔓延扩大成灾。

1.1.3　雷电的危害

雷电是伴有闪电和雷鸣的一种雄伟壮观而又令人生畏的放电现象。产生雷电的条件是雷雨云中有电荷积累并形成极性。受害者有 2/3 以上是在户外受到袭击。他们每三个人中有两人幸存。在闪电击死的人中，85％是女性，年龄大都在 10 岁至 35 岁之间。死者以在树下避雷雨的最多。

中国是一个多自然灾害的国家，这跟地理位置有着不可分割的关系。雷电灾害在中国也有不少，最为严重的是广东省南部地区，因为这些地方大气层位置比较偏低。在东莞地区，每年都会发生多起雷电伤人事件，是中国乃至全世界雷电受灾重区之一。

雷电分为接触电荷和感应电荷。

(1)接触电荷：在强大的积雨云层中，由于电荷不断积累，形成了强大的静电高压电场。在电场力作用下，地面上的高大物体形成尖端放电，以卸载电荷。在这种情况下，云层携带的是正电荷，大地携带的是负电荷。当正负电荷相互碰撞时，就会形成瞬间的中和反应，这也叫直击雷。

(2)感应电荷：在云层放电的瞬间，形成强大的电磁转换，这种强大的电磁场就会在地球表面的金属导体上形成感应电荷。这种感应电荷会在瞬间积累，构成高压电场放电，从而导致通信网络和电气设备瞬间被击毁。

雷电会给人类生活造成巨大的破坏，每年的雷雨季节给人类造成的直接经济损失就高达数亿美元，每年被雷电击中死亡的人和其他动物数量高得惊人，而且这个数量还在不断攀升。雷电对人体的伤害主要包括两个类型。

(1)直击雷：当人遭到雷击的一瞬间，强大的电流会迅速通过人体，严重者可导致心跳停止、肺功能衰竭、脑组织缺氧而死亡。另外，雷击产生的高温弧光也会形成人体不同程度的皮肤灼伤和碳化。人体遭雷电击伤，会形成树枝状的雷击纹理，致使皮肤剥脱和出血，也可造成耳鼓和内脏破裂等。另外，据不完全统计，在每年的雷雨季节中，世界上所发生的雷击高达 1 700 次左右，全世界每年大概有数千人遭受雷击。在比较平坦的地形上，30 m 左右高的建筑物平均每年就会被击中 1 次；每座数十米及以上的高层建筑物，如广播或电视塔，每年会被击中 20 次左右，每次雷击所产生的高电压达 6 亿 V 左右。如果没有避雷设备，这些建筑物早就被毁掉了。从云层到地面的闪电雷击，包含了在 50 ms 左右间隔内的发生次数，也就是 4 次左右的独立雷击次数。第一次的雷击峰值电流大约在 2 万 A，而后续雷击的电流峰值则会减半，最后一次雷击很可能产生大约 140 A 的持续电流，其持续的时间可长达数十毫秒。

(2)雷电感应：是在雷电感应过程中产生的强大瞬间电磁场，这种强大的感应磁场，可在地面金属网络中产生感应电荷。包括有线、无线通信网络，电力输电网络和其他金属材料制成的线路系统。高强度的感应电荷会在这些金属网络中形成强大的瞬间高压电场，从而形成对用电设备的高压弧光放电，最终会导致电气设备烧毁。尤其对电子等弱电设备的破坏最为严重，如电视机、电脑、通信设备、办公设备等。每年，被感应雷电击毁的用电设备事故达千万件以上。这种高压感应电也会对人身造成伤害。

在 20 世纪 80 年代的中国，由于电视刚刚普及，电视天线的高度大都在 10 m 左右，有的还不到 10 m。这样的天线高度在平原区是常见的，而四周的高大物体也是非常多的，主要包括树木、高层建筑、水塔、市电网络等。鉴于民用电视天线的高度，其遭受直击雷的概率是很低的。一次偶然的强雷电，让人们了解到了由强雷电而引起的瞬间强磁电转换过程。这次事故现场电视天线的高度为 6 m 左右，不超过四周的近距离建筑物高度和树木的高度。树木的高度为 10 m，建筑物高度为 8 m，积雨云层距地面电视天线的高度为 300 m 以上，距强雷电发生的距离为 1 000 m。入室的电视天线和电视电源插头已拔掉，天线接头距离电视接线端子为 20 cm 左右，电视天线的馈线长度不超过 20 m，天线接收器为一般简易的民用振子天线。一道闪光过后，巨大的雷从 1 000 m 的高空炸起，此时只听电视机后面“啪”的一声，一道弧光闪过。近前一看，电视天线与电视机的各接线端头都被高压电弧烧毁了。当时屋里所有的人都被这突然的放电声吓了一跳，庆幸距离电视机较远，不然后果不堪设想。1 万 V 高压静电能击穿 1 cm 的干燥空气介质，按天线接头距离电视接线端子 20 cm 的距离来计算，需要 200 kV 高电压才能击穿。由于当时是雷雨天气，屋里的空气湿度较大，击穿 1 cm 空气介质的电压应在 5 kV 左右，即使这样击穿 20 cm 空气介质的电压也要在 100 kV 左右。上述的数据只是粗略的计算，在 20 m 长的金属导体上究竟能产生多高的磁感应电荷，还要进行进一步的研究工作。

雷电是一种强大的电脉冲波，也会形成强脉冲磁场。强雷电是一把双刃剑，可以给人类带来灾难，也可以带来福音。人体是电的导体，强磁场会在人体中产生瞬间的感应电流而流通人体的所有经络；人体也是一个电磁源，外界各种不同强度、频率和波长的电磁场都会对人体产生影响。适合的强电磁脉冲辐射会促进人体病灶激发转换，也会使人体产生特殊功能，这就是现代哲学思想。较强的静态磁场会促进人体脑电波的强化，从而构成大脑潜意识的不同联想思维，改变原有的机体功能。由磁场影响而产生的幻觉可改变人的潜意识思维状态，改变大脑日常较强的暗示指令意识，使人产生错误的行为，甚至走上犯罪道路。

1.1.4 静电的危害

静电是一种处于静止状态的电荷。在干燥和多风的秋天，在日常生活中，人们常常会碰到这种现象：晚上脱衣服睡觉时，黑暗中常听到"噼啪"的声响，而且伴有蓝光；见面握手时，手指刚一接触到对方，会突然感到指尖针刺般刺痛，令人大惊失色；早上起来梳头时，头发会经常"飘"起来，越理越乱；拉门把手、开水龙头时都会"触电"，时常发出"啪、啪"的声响，这就是发生在人体的静电。

1.1.4.1 对工业的危害

静电的产生在工业生产中是不可避免的，其造成的危害主要可归结为以下两种。

(1)第一种危害来源于带电体的相互作用。在飞机机体与空气、水汽、灰尘等微粒摩擦时会使飞机带电，如果不采取措施，将会严重干扰飞机无线电设备的正常工作，使飞机变成聋子和瞎子；在印刷厂里，纸页之间的静电会使纸页黏合在一起，难以分开，给印刷带来麻烦；在制药厂里，由于静电吸引尘埃，会使药品达不到标准的纯度；在播放电视时，荧屏表面的静电容易吸附灰尘和油污，形成一层尘埃的薄膜，使图像的清晰程度和亮度降低；混纺衣服上常见而又不易拍掉的灰尘，也是静电捣的鬼。

(2)静电的第二大危害，是有可能因静电火花点燃某些易燃物体而发生爆炸。漆黑的夜晚，人们脱尼龙、毛料衣服时，会产生火花并发出"噼啪"的响声，这对人体基本无害。但在手术台上，电火花会引起麻醉剂的爆炸，伤害医生和病人；在煤矿，则会引起瓦斯爆炸，会导致工人死伤、矿井报废。总之，静电危害起因于静电力和静电火花，静电危害中最严重的静电放电会引起可燃物的起火和爆炸。人们常说防患于未然，防止产生静电的措施一般有：降低流速和流量、改造起电强烈的工艺环节、采用起电较少的设备材料等。最简单又最可靠的办法是用导线把设备接地，这样可以把电荷引入大地，避免静电积累。细心的乘客大概会发现，在飞机的两侧翼尖及飞机的尾部都装有放电刷，飞机着陆时，为了防止乘客下飞机时被电击，飞机起落架上大都使用特制的接地轮胎或接地线，以泄放掉飞机在空中所产生的静电荷。我们还经常看到油罐车的尾部拖一条铁链，这就是车的接地线。适当增加工作环境的湿度，让电荷随时放出，也可以有效地消除静电。潮湿的天气里不容易做好静电试验，就是这个道理。科研人员研究的抗静电剂，能很好地消除绝缘体内部的静电。然而，任何事物都有两面性。对于静电这一隐蔽的捣蛋鬼，只要摸透了它的脾气，扬长避短，也能让它为人类服务。比如，静电印花、静电喷涂、静电植绒、静电除尘和静电分选技术等，已在工业生产和生活中得到广泛应用。静电也开始在淡化海水、喷洒农药、人工降雨、低温冷冻等许多方面大显身手，甚至在宇宙飞船上也安装有静电加料器等静电装置。

静电的危害有目共睹，现在越来越多的厂家已经开始实施各种程度的防静电措施和工程。但是要认识到，完善有效的防静电工程要依照不同企业和不同作业对象的实际情况，制定相应的对策。防静电措施应是系统的、全面的，否则，可能会事倍功半，甚至造成破坏性的反作用。

1.1.4.2 对人体的危害

(1)对皮肤

人体若长期处于开着的电视、电脑和微波炉等环境下，就常常可能出现毛孔变大，皮肤干燥、出现红斑、皮肤瘙痒等症状。天天操作电脑的办公室白领，脸部红斑、色素沉着等面部疾病的发病概率远远高于不用电脑者，这是由于电脑屏幕所产生的静电吸引了大量悬浮的灰尘，使面部受到刺激引起的。对于皮肤敏感的人更是如此。

(2)对心脏

在临床上，当某些人病危时，可能使用一种电击的方式挽救病人生命，因为对心脏电击能除颤。可见，一定量的电流能起到救人的作用，但是正常的人并不需要电流。若是人体所带的静电达数千伏甚至万伏，它会严重干扰甚至改变人体内所固有的电位差，特别是影响到心脏的正常工作，有可能引起心率异常和心脏期前收缩。冬季有 1/3 的心血管疾病与静电有关，查不出病因的心脏病人、神经衰弱者大多数是因为长期受静电干扰所至。

(3)对大脑

医学专家解释：干燥产生的静电对大脑的确会有影响，它会引起神经细胞膜电流传导异常，影响人的中枢神经，使人感到疲劳、烦躁、失眠、头痛。

静电的累积不可避免。静电严重时会灼伤人的皮肤，各种电器电磁波和有害射线超量时会干扰人的内分泌系统。随着人民生活水平的提高，以及环保防护意识的增强，防静电金属布的应用范围日益扩大，防静电金属布的服装(如职业装、工装、防护服)日见普及，成为面料市场上的明星产品。最新市场动态显示，目前，许多发达国家的防静电布已经用于家纺用品领域，例如床上盖的、铺的、垫的都用上了防静电金属布。需求量十分庞大，订单不断。但是，生产厂家必须满足三个条件：第一，产品要达到进口商的指标要求；第二，后处理要过关；第三，要在宽幅织机上织造。毫无疑问，防静电金属布的市场前景十分广阔。

1.2 安全用电

安全是人类从事各种工作、学习和娱乐的基本保障。随着电子产品的高速发展，现代人的生活几乎离不开电，人类也更加重视用电安全。在长期生活实践中，人类总结了安全用电的经验，积累了丰富的安全用电知识和数据，以便让后人掌握这些知识，防患于未然。

1.2.1 预防触电

在电的安全使用中，任何一种措施或保护器都不是万无一失的。预防触电最保险的方法莫过于提高用电安全知识和警惕性。

(1)安全制度

在各种用电场所都制订有各种各样的安全使用电器的制度，这些制度是在工作实践中不断积累出来的，千万不可麻痹大意。

(2)安全措施

①在所有使用市电场所装设漏电保护器。

②所有带金属外壳的电器及配电装置都应该装设保护接地或保护接零。

③对正常情况下的带电部分，一定要加绝缘保护，并置于人不容易碰到的地方。例如输电线、电源板等。

④随时检查所用电器插头、电线有无破损或老化，并及时更换。

⑤手持电动工具应尽量使用安全电压工作。常用安全电压为 36 V 或 24 V，特别危险的场所应使用 12 V。

(3)安全操作

①在任何情况下检修电路和电器都要确保断开电源，并将电源插头拔下。

②遇到不明情况的电线，应认为它是带电的。

③不要用湿手开关或插拔电器。

④尽量单手操作电工作业。

⑤遇到大容量的电容器要先放电，方可进行检修。

⑥不要在带病或疲倦的状态下从事电工作业。

1.2.2 电气火灾的预防

日常生活中认真做好以下几个方面的事项。

(1)对用电线路进行巡视，以便及时发现问题。

(2)在设计和安装电气线路时，导线和电缆的绝缘强度不应低于网路的额定电压，绝缘子也要根据电源的不同电压进行选配。

(3)安装线路和施工过程中，要防止划伤、磨损、碰压导线绝缘，并注意导线连接接头质量及绝缘包扎质量。

(4)在特别潮湿、高温或有腐蚀性物质的场所内，严禁绝缘导线明敷，应采用套管布线；在多尘场所，线路和绝缘子要经常打扫，勿积油污。

(5)严禁乱接乱拉导线，安装线路时，要根据用电设备负荷情况合理选用相应截面的导线。并且，导线与导线之间，导线与建筑构件之间及固定导线用的绝缘子之间应符合规程要求的间距。

(6)定期检查线路熔断器,选用合适的保险丝,不得随意调粗保险丝,更不准用铝线和铜线等代替保险丝。

(7)检查线路上所有连接点是否牢固可靠,要求附近不得存放易燃/可燃物品。

前兆

电气火灾前,都有一种前兆,要特别引起重视,即电线因过热首先会烧焦绝缘外皮,散发出一种烧胶皮、烧塑料的难闻气味。所以,当闻到此气味时,应首先想到可能是电气方面原因引起的,如查不到其他原因,应立即拉闸停电,直到查明原因,妥善处理后,才能合闸送电。

措施

(1)发生火灾时要首先切断电源以免触电,避免电气设备与线路短路扩大。

(2)火灾区域内电气设备由于受潮及烟熏,绝缘能力降低,拉开开关时要使用绝缘工具。

(3)剪断电线时,不同线路应在不同部位剪断,以免发生两相或三相短路,架空线路在支持物件附近断开。

(4)带电线接地时应设警戒区域,防止人员进入而触电。

1.2.3 电磁污染防护

(1)老人、儿童和孕妇属于电磁辐射的敏感人群,他们在有电磁辐射的环境中活动时,应根据辐射频率或场强特点,选择合适的防护服加以防护。建议孕妇在孕期,尤其在孕早期,应全方位加以防护,对于电磁辐射的伤害不能存有侥幸心理。

(2)平时注意了解电磁辐射的相关知识,增强预防意识,了解国家相关法规和规定,保护自身的健康和安全不受侵害。日常生活中碰到的广播、电视效果突然变差,几乎都是电磁干扰造成的。

(3)不要把家用电器摆放得过于集中,以免使自己暴露在超量辐射的危险之中。特别是一些易产生电磁波的家用电器,如收音机、电视机、电脑、冰箱等不宜集中摆放。合理使用电器设备,保持安全距离,减少辐射危害。

(4)注意人体与办公和家用电器距离,对各种电器的使用,应保持一定的安全距离,如人与电视机的距离应在 4～5 m,与日光灯管距离应在 2～3 m,微波炉在开启之后要离开至少 1 m,孕妇和小孩应尽量远离微波炉。

(5)各种家用电器、办公设备、移动电话等都应尽量避免长时间操作,同时尽量避免多种办公和家用电器同时启用。手机接通瞬间释放的电磁辐射最大,在使用时应尽量使头部与手机天线的距离远一些,最好使用分离耳机和话筒接听电话。

(6)饮食注意多食用富含维生素 A、维生素 C 和蛋白质的食物,加强机体抵抗电磁辐射的能力。

(7)安设电磁屏蔽装置在电磁场传递的途径中,安装屏蔽装置,使有害的电磁强度降低到容许范围内。这种装置为金属材料的封闭壳体。当交变电磁场传向金属壳体时,幅度衰减。电磁屏蔽可分有源场屏蔽和无源场屏蔽两类。

(8)其他综合性的防治对策:工业布局合理,使电磁污染源远离居民稠密区;改进电气设备;在近场区采用吸收电磁辐射的材料或装置;实行遥控和遥测,提高自动化程度等。

1.3　急救与保护

如果遇到触电情况,要沉着冷静、迅速果断地采取应急措施。针对不同的伤情,采取相应的急救方法,争分夺秒地抢救,直到医护人员到来。触电急救的要点是动作迅速、救护得法。发现有人触电,首先要使触电者尽快脱离电源,然后根据具体情况,进行相应的救治。

1.3.1　脱离电源

(1)及时脱离电源方式

①如开关箱在附近,可立即拉下闸刀或拔掉插头、断开电源。

②如距离闸刀较远,应迅速用绝缘良好的电工钳或有干燥木柄的利器(如刀、斧、锹等)砍断电线,或用干燥的木棒、竹竿、硬塑料管等物迅速将电线剥离触电者。

③若现场无任何合适的绝缘物(如橡胶、尼龙、木头等),救护人员亦可用几层干燥的衣服将手包裹好,站在干燥的木板上,拉触电者的衣服,使其脱离电源。

④对高压触电,应立即通知有关部门停电,或迅速拉下开关,或由有经验的人采取特殊措施切断电源。

(2)脱离电源的注意事项

①救护者一定要判明情况,做好自身防护。

②在触电人脱离电源的同时,要防止二次摔伤事故。

③如果是夜间抢救,要及时解决临时照明的问题,以避免延误抢救时机。

1.3.2　救治方法

对于触电者,可按以下 3 种情况分别处理。

(1)对触电后神志清醒者,要有专人照顾、观察,情况稳定后,方可正常活动;对轻度昏迷或呼吸微弱者,可针刺或掐人中、十宣、涌泉等穴位,并送医院救治,暂时不要站立或走动,防止继发休克或心衰。

(2)对触电后无呼吸但心脏有跳动者,应立即采用口对口人工呼吸;对有呼吸但心脏停止跳动者,则应立刻采取胸外心脏按压法进行抢救。

(3)如触电者心跳和呼吸都已停止,则须同时采取人工呼吸和俯卧压背法、仰卧压胸法、心脏按压法等措施交替进行抢救。

俯卧压背法:被救者俯卧,头偏向一侧,一臂弯曲垫于头下。救护者两腿分开,跪跨于病人大腿两侧,两臂伸直,两手掌心放在病人背部。拇指靠近脊柱,四指向外紧贴肋骨,以身体重量压迫病人背部,然后身体向后,两手放松,使病人胸部自然扩张,空气进入肺部。按照上述方法重复操作,每分钟 16～20 次。

仰卧压胸法:被救者仰卧,背后放上一个枕垫,使胸部突出,两手伸直,头侧向一边。救护者两腿分开,跪跨在病人大腿上部两侧,面对病人头部,两手掌心压放在病人的胸部,大拇指向上,四指伸开,自然压迫病人胸部,肺中的空气被压出。然后把手放松,病人胸部依其弹性自然扩张,空气进入肺内。这样反复进行,每分钟 16～20 次。

心脏按压法:触电者心跳停止时,必须立即用心脏按压法进行抢救,具体方法如下。

①将触电者衣服解开,使其仰卧在地板上,头向后仰,姿势与口对口人工呼吸法相同。

②救护者跪跨在触电者的腰部两侧,两手相叠,手掌根部放在触电者心口窝上方,胸骨下 1/3 处。

③掌根用力垂直向下,向脊背方向挤压,对成人应压陷 3～4 cm,每秒钟挤压 1 次,每分钟挤压 60 次为宜。

④挤压后,掌根迅速全部放松,让触电者胸部自动复原,每次放松时掌根不必完全离开胸部。

上述步骤反复操作。如果触电者的呼吸和心跳都停止了,应同时进行口对口人工呼吸和胸外心脏按压。如果现场仅一人抢救,两种方法应交替进行。每次吹气 2～3 次,再挤压 10～15 次。

第 2 章　电子元器件

电子元器件是电子产品中必不可少的基本部分。随着电子工业、新材料和电子制造业的迅速发展，电子元器件行业也不断推陈出新，人们采用各种新材料、新工艺，不断开发出新型的电子元器件。

电子元器件种类繁多，只有掌握好电子元器件的性能、结构和用途等，才能做好电子产品设计和制造。电子元器件是元件和器件的总称。电子元器件包括：电阻、电容器、电位器、电子管、散热器、机电元件、连接器、半导体分立器件、电声器件、激光器件、电子显示器件、光电器件、传感器、电源、开关、微特电机、电子变压器、继电器、印制电路板、集成电路、各类电路、压电、晶体、石英、陶瓷磁性材料、印刷电路用基材基板、电子功能工艺专用材料、电子胶（带）制品、电子化学材料及部品等。本章主要介绍常用电子元器件的种类、结构、性能等。

2.1　电阻器

2.1.1　概述

电阻器是电子电路中应用最广泛的基本元器件之一，在电子设备中占元件总数的 30%以上，其性能的好坏对电路工作的稳定性有极大影响。电阻器，简称电阻（Resistor，通常用“R”表示），是指具有一定阻值、一定几何形状、一定技术性能的，在电路中起特定作用的元件。在电子设备中，电阻器主要用于稳定和调节电路中的电流和电压，其次还可作为消耗电能的负载、分流器、分压器、稳压电源中的取样电阻、晶体管电路中的偏执电阻等。电阻器的基本单位是欧姆，用希腊字母“Ω”表示。在实际应用中，常常使用由“Ω”导出的单位，如千欧（kΩ）、兆欧（MΩ）等。

2.1.2　分类

电阻器种类繁多，形状各异，有多种分类方法。

（1）按结构分

①固定电阻器

②可变电阻器:有滑线变阻器和电位器。

③敏感电阻器:有热敏电阻、光敏电阻、压敏电阻、湿敏电阻、气敏电阻等。

(2)按外形分

有圆柱形、圆盘形、管形、方形、片状、纽扣状电阻。

(3)按材料分

①合金型:用块状电阻合金拉制成合金线或碾成合金箔片,制成电阻。如线绕电阻、精密合金箔电阻等。

②薄膜型:在玻璃或陶瓷基体上沉积一层电阻薄膜,膜的厚度一般在几微米以下。薄膜材料有碳膜、金属膜、化学沉积膜、金属氧化膜等。

③合成型:电阻体由导电颗粒(如石墨、炭黑)和有机(无机)黏结剂混合而成,可以制成薄膜或实心两种类型。

(4)按安装方式分

有插件电阻和贴片电阻。

(5)按用途分

①普通型(通用型):适用于一般技术要求的电阻,功率在 0.05～2 W,阻值为1 Ω～22 MΩ,偏差为±5%～±20%。

②精密型:功率小于 2 W,阻值为 0.01 Ω～20 MΩ,偏差为 0.001%～2%。

③功率型:功率在 2～200 W,阻值为 0.15 Ω～1 MΩ,精度为±5%～20%,多为线绕电阻,不宜在高频电路中使用。

④高压型:适用于高压装置中,工作在 1 000 V～100 kV,高的可达 35 GV,功率在 0.5～100 W,阻值可达 1 000 MΩ。

⑤高阻型:阻值在 10 MΩ 以上,最高可达 10^{14} Ω。

⑥高频型(无感型):电阻自身电感量极小,又叫无感电阻,阻值小于 1 kΩ,功率可达 100 W,用于频率在 10 MHz 以上的电路。

⑦保险型:采用不燃性金属膜制造,具有电阻与保险丝的双重作用,阻值范围为 0.33 Ω～10 kΩ。当实际功率为额定功率的 30 倍时,7 s 熔断;当实际功率是额定功率的 12 倍时,30～120 s 熔断。

⑧熔断型:可分为一次性熔断型和可恢复式熔断型。

(6)按引线形式分

有轴向引线型、同向引线型、径向引线型和无引线型电阻。

2.1.3 型号命名方法

国产电阻器、电位器、电容器型号命名法根据部颁标准(SJ－73)规定,电阻器、电位器的命名由下列四部分组成。

第一部分(主称):用字母表示,表示电阻的名字。

第二部分(材料):用字母表示,表示电阻体的组成材料。

第三部分(分类特征):一般用数字表示,个别类型用字母表示,表示电阻的类型。

第四部分(序号):用数字表示,表示同类产品中不同品种,以区分产品的外形尺寸和性能指标等。

一般大型电阻器会标出材料、阻值、功率、偏差,标的顺序是:

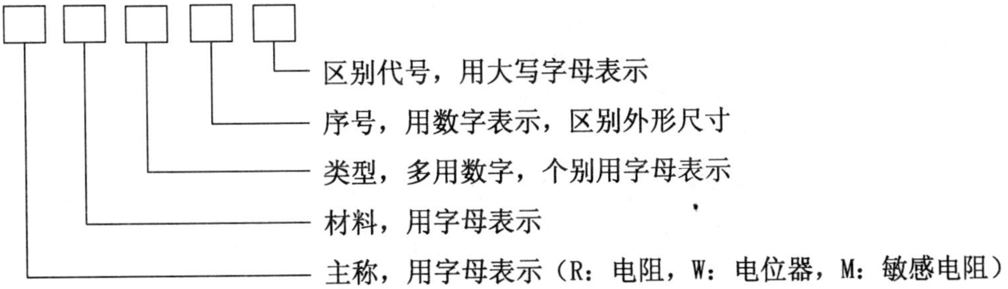

示例:

(1)精密金属膜电阻器

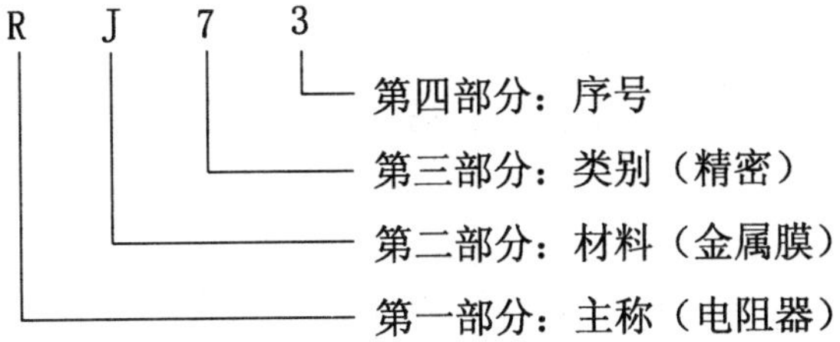

(2)多圈线绕电位器

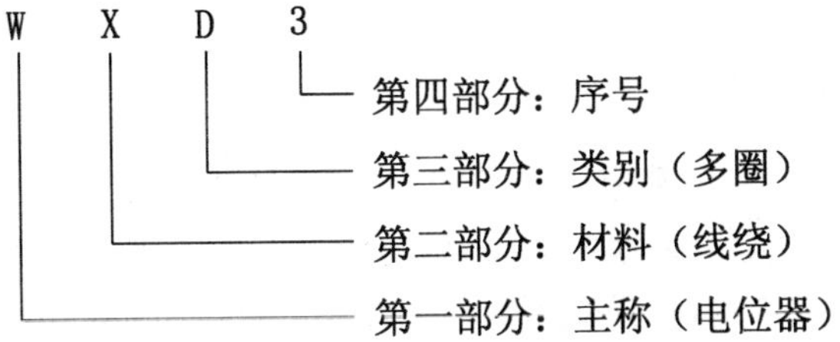

小电阻只标阻值与偏差,材料由表体颜色表示,功率由尺寸大小估计。

它们的型号及意义见表 2-1。

表 2-1　电阻器型号命名方法

第一部分:主称		第二部分:材料		第三部分:特征分类			第四部分:序号
符号	意义	符号	意义	符号	意义		
					电阻器	电位器	
R	电阻器	T	碳膜	1	普通	普通	对主称、材料相同,仅性能指标、尺寸大小有差别,但基本不影响互换使用的产品,给予同一序号;若性能指标、尺寸大小明显影响互换使用,则在序号后面用大写字母作为区别代号
W	电位器	H	合成膜	2	普通	普通	
		S	有机实心	3	超高频	—	
		N	无机实心	4	高阻	—	
		J	金属膜	5	高温	—	
		Y	氧化膜	6	—	—	
		C	沉积膜	7	精密	精密	
		I	玻璃釉膜	8	高压	特殊函数	
		P	硼碳膜	9	特殊	特殊	
		U	硅碳膜	G	高功率	—	
		X	线绕	T	可调	—	
		M	压敏	W	—	微调	
		G	光敏	D	—	多圈	
		R	热敏	B	温度补偿用	—	
				C	温度测量用	—	
				P	旁热式	—	
				W	稳压式	—	
				Z	正温度系数	—	

2.1.4　标注内容及方法

(1)直标法(图 2-1):用数字和单位符号在电阻器表面标出阻值,其允许误差直接用百分数表示,若电阻上未注明偏差,则均为±20%。直标法中可用单位符号代替小数点。直标法一目了然,但只适用于较大体积元件,且国际上不能通用。

(2) 文字符号直标法:用阿拉伯数字和文字符号两者有规律的组合来表示标称阻值、额定功率、允许误差等级等。符号前面的数字表示整数阻值,后面的数字依次表示第一位小数阻值和第二位小数阻值,其文字符号所表示的单位如表 2-2 所示。如 1R5 表示 1.5 Ω,2k7 表示 2.7 kΩ。

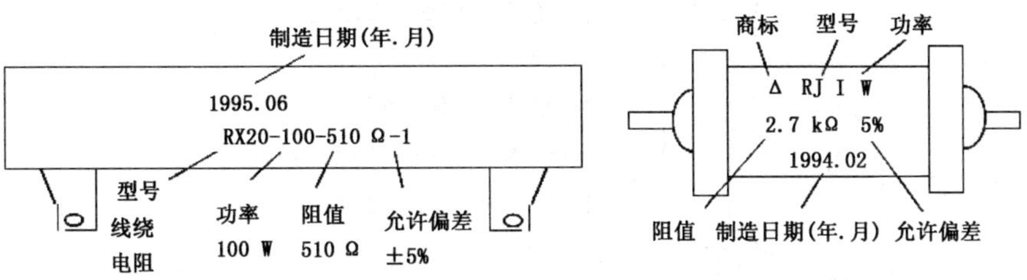

图 2-1　直标法示例

表 2-2　电阻文字符号所表示的单位

文字符号	R	k	M	G	T
表示单位	欧姆(Ω)	千欧姆(10^3 Ω)	兆欧姆(10^6 Ω)	千兆欧姆(10^9 Ω)	兆兆欧姆(10^{12} Ω)

例如：

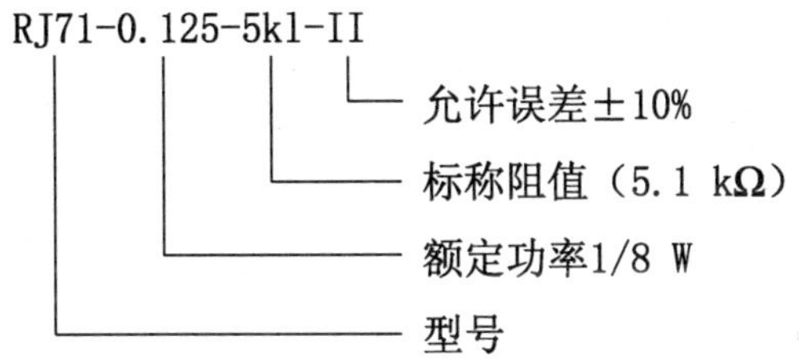

由标号可知，它是精密金属膜电阻器，额定功率为 1/8 W，标称阻值为 5.1 kΩ，允许误差为±10%。

(3)色标法：色标法是将电阻器的类别及主要技术参数的数值用颜色(色环或色点)标注在它的外表面上。色标电阻(色环电阻)器可分为三环、四环、五环三种标法。其含义如表 2-3 和表 2-4 所示。

三色环电阻器的色环表示标称电阻值(允许误差均为±20%)。例如，色环为棕黑红，表示 $10\times10^2=1.0$ kΩ±20%的电阻器。

四色环电阻器的色环表示标称值(两位有效数字)及精度。例如，色环为棕绿橙金，表示 $15\times10^3=15.0$ kΩ±5%的电阻器。

五色环电阻器的色环表示标称值(三位有效数字)及精度。例如，色环为红紫绿黄棕，表示 $275\times10^4=2.75$ MΩ±1%的电阻器。

一般四色环和五色环电阻器表示允许误差的色环的特点，使该环离其他环的距离较远。较标准的表示应是允许误差的色环的宽度是其他色环的 1.5～2 倍。

有些色环电阻器由于厂家生产不规范，无法用上面的特征判断，这时只能借助万用表判断。

表 2-3　两位有效数字阻值的色环表示法

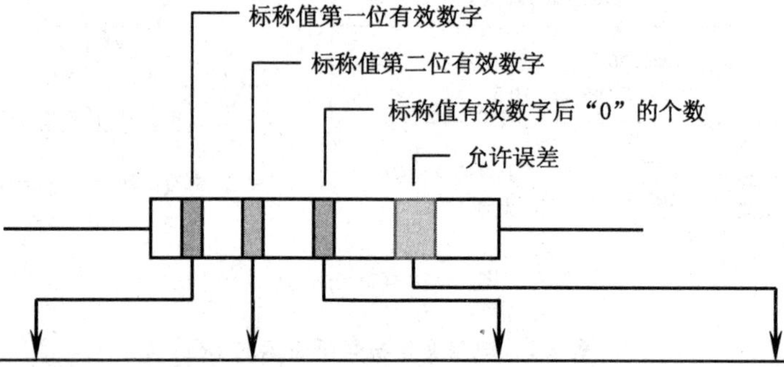

颜色	第一位有效值	第二位有效值	倍率	允许误差
黑	0	0	10^0	
棕	1	1	10^1	
红	2	2	10^2	
橙	3	3	10^3	
黄	4	4	10^4	
绿	5	5	10^5	
蓝	6	6	10^6	
紫	7	7	10^7	
灰	8	8	10^8	
白	9	9	10^9	－20％～＋50％
金			10^{-1}	±5％
银			10^{-2}	±10％
无色				±20％

表 2-4　三位有效数字阻值的色环表示法

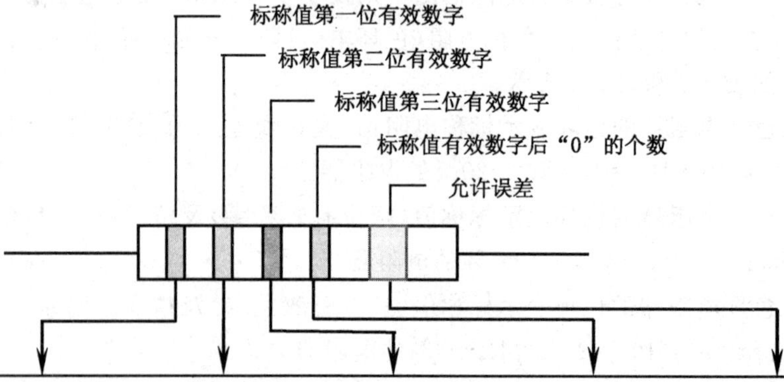

颜色	第一位有效值	第二位有效值	第三位有效值	倍率	允许误差
黑	0	0	0	10^0	
棕	1	1	1	10^1	±1％
红	2	2	2	10^2	±2％

续表

颜色	第一位有效值	第二位有效值	第三位有效值	倍率	允许误差
橙	3	3	3	10^3	
黄	4	4	4	10^4	
绿	5	5	5	10^5	±0.5%
蓝	6	6	6	10^6	±0.25%
紫	7	7	7	10^7	±0.1%
灰	8	8	8	10^8	
白	9	9	9	10^9	
金				10^{-1}	
银				10^{-2}	

2.1.5 主要性能指标

电阻器的主要性能指标有额定功率、标称阻值、允许误差、温度系数、非线性度、噪声系数等项。由于电阻器表面积有限，一般只标明阻值、精度、材料和额定功率，而对于小于 0.5 W 的小电阻，通常只标明阻值和精度，材料及功率由外形颜色和尺寸判断。

(1)标称阻值：即标称在电阻器上的电阻值。单位有 Ω，kΩ，MΩ。标称值是根据国家制定的标准系列标注的。常见标称阻值系列如表 2-5 所示。

表 2-5　常见标称阻值

允差误差	E24 ±5%	E12 ±10%	E6 ±20%	E24 ±5%	E12 ±10%	E6 ±20%
阻值系列	1.0	1.0		3.3	3.3	
	1.1		1.0	3.6		3.3
	1.2	1.2		3.9	3.9	
	1.3			4.3		
	1.5	1.5		4.7	4.7	
	1.6		1.5	5.1		4.7
	1.8	1.8		5.6	5.6	
	2.0			6.2		
	2.2	2.2		6.8	6.8	
	2.4		2.2	7.5		6.8
	2.7	2.7		8.2	8.2	
	3.0			9.1		

(2)允许误差：电阻器的实际阻值对于标称值的最大允许偏差范围，即标称阻值与实际阻值的差值跟标称阻值之比的百分数。

电阻的精度等级如表 2-6 所示。

表 2-6　电阻的精度等级

偏差百分数(%)	±0.1	±0.25	±0.5	±1	± 5	±10	±20
字母代号	B	C	D	F	J	K	M
曾用符号				0	Ⅰ	Ⅱ	Ⅲ
备注	精密元件				一般元件		

(3)额定功率:指在规定的环境温度下,假设周围空气不流通,在长期连续工作而不损坏或基本不改变电阻器性能的情况下,电阻器所允许消耗的最大功率。

电阻器的额定功率不是电阻器在实际工作时所必须消耗的功率,而是电阻器在工作时允许消耗功率的限制。

在线路图中,常用下列符号(图 2-2)表示电阻器及其功率(功率≥1 W 的电阻器,一律以阿拉伯数字标出)。常用电阻器功率与外形尺寸如表 2-7 所示。

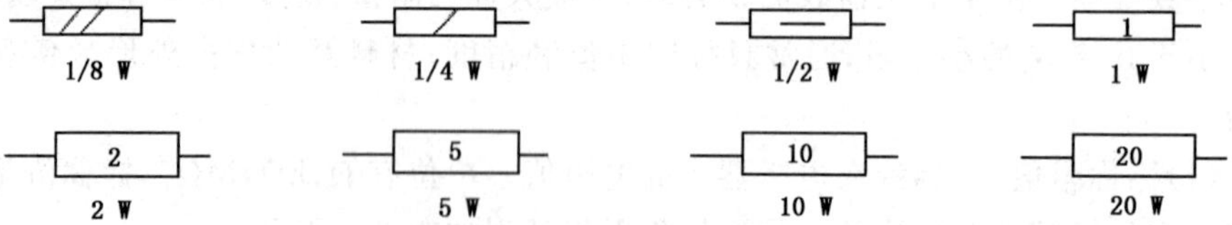

图 2-2　常用电阻器符号及其功率

表 2-7　常用电阻器功率与外形尺寸

名称	型号	额定功率(W)	外形尺寸(mm)	
			最大直径	最大长度
超小型碳膜电阻	RT13	0.125	1.8	4.1
小型碳膜电阻	RTX	0.125	2.5	6.4
碳膜电阻	RT	0.25	5.5	18.5
碳膜电阻	RT	0.5	5.5	28.0
碳膜电阻	RT	1.0	7.2	30.5
碳膜电阻	RT	2.0	9.5	48.5
金属膜电阻	RJ	0.125	2.2	7.0
金属膜电阻	RJ	0.25	2.8	8.0
金属膜电阻	RJ	0.5	4.2	10.8
金属膜电阻	RJ	1.0	6.6	13.0
金属膜电阻	RJ	2.0	8.6	18.5

注:有些 RT 型电阻的型号后标有 0.25,0.5 等数值,如 RT0.25,RT0.5 等,该数值表示额定功率。

(4)额定电压:由阻值和额定功率换算出的电压,即 $U=\sqrt{P\times R}$ 。

(5)极限电压:电阻两端电压增加到一定数值时,会发生电击穿现象,使电阻损坏,这个电压即电阻的极限电压。它取决于电阻的外形尺寸及工艺结构。

一般常用电阻器功率与极限电压如下:0.25 W—250 V;0.5 W—500 V;1～2 W—750 V。

(6)温度系数:温度每变化 1 ℃所引起的电阻值的相对变化。所有材料的电阻率,都随温度而变化,在衡量电阻温度稳定性时,使用温度系数:

$$\alpha_r=\frac{R_2-R_1}{R_1(t_2-t_1)}1/℃$$

式中,α_r 为电阻温度系数,单位为 1/℃;R_1、R_2 分别是温度为 t_1、t_2 时电阻的电阻值,单位为 Ω。

温度系数越小,电阻的稳定性越好。阻值随温度升高而增大的为正温度系数,反之为负温度系数。

(7)老化系数:电阻器在额定功率长期负荷下,阻值相对变化的百分数,它是表示电阻器寿命长短的参数。

(8)非线性:流过电阻的电流与加在两端的电压不成正比变化时,称为非线性。电阻的非线性用电压系数表示,在规定电压范围内,电压每改变 1 V,电阻值的平均相对变化量。

$$K=\frac{R_2-R_1}{R_1(U_2-U_1)}\times 100\%$$

式中,U_2 为额定电压,U_1 为测试电压;R_1 、R_2 分别是在 U_1 、U_2 条件下所测电阻。

(9)噪声:噪声是产生于电阻器中的一种不规则的电压起伏,包括热噪声和电流噪声两部分。

任何电阻都有热噪声,它是由电子在导体中无规则运动而造成的,与导体的材料、形状无关,主要由温度引起,降低电阻工作温度,可以减少热噪声。

电流噪声是由导电微粒与非导电微粒之间的碰撞引起的,与电阻材料的微观结构有关。

2.2 电位器

电位器实际上就是可变电阻器,由于它在电路中的作用是获得与输入电压(外加电压)成一定关系的输出电压,因此称之为电位器。电位器阻值的单位与电阻器相同,基本单位也是欧姆,用符号“Ω”表示。电位器在电路中用字母“R”或“RP”(旧标准用“W”)表示。习惯上,一般将带柄、有外壳的可调电阻叫电位器;不带柄的或无外壳的叫微调电阻,又叫预调电阻。

2.2.1 分类

(1)按照电阻体材料,可分为线绕电位器和非线绕电位器。

(2)按照结构特点,可分为单联电位器、双联电位器、单圈电位器、多圈电位器、锁紧电位器、非锁紧电位器、带开关电位器等。

(3)按照操作调节方式,可分为直滑式电位器、旋转式电位器。

(4)按照阻值变化规律,可分为直线式电位器、指数式电位器、对数式电位器。

随着科技的不断发展,近几年又推出了电子电位器、光敏电位器、磁敏电位器等非接触式电位器。

2.2.2 主要特性参数

(1)额定功率:电位器的两个固定端上允许耗散的最大功率为电位器的额定功率。使用中应注意额定功率不等于中心抽头与固定端的功率。

(2)标称阻值:标在产品上的名义阻值,其系列与电阻的系列类似。

(3)允许误差等级:实测阻值与标称阻值误差范围根据不同精度等级可允许20%、10%、5%、2%、1%的误差。精密电位器的精度可达0.1%。

(4)阻值变化规律:指阻值随滑动片触点旋转角度(或滑动行程)的变化关系,这种变化关系可以是任何函数形式,常用的有直线式、对数式和反转对数式(指数式)。

在使用中,直线式电位器适合于作分压器;反转对数式(指数式)电位器适合于作收音机、录音机、电唱机、电视机中的音量控制器。维修时若找不到同类品,可用直线式代替,但不宜用对数式代替。对数式电位器只适合于作音调控制等。

2.2.3 型号命名方法

电位器型号组成方式与电阻器基本相同,型号的主称部分用W,材料部分与电阻相同,分类部分见表2-8。

表2-8 电位器分类代号

代号	1	2	3	8	9	W	D	G
意义	普通	普通	精密	特种函数	特殊	微调	多圈	高功率

电位器外表上还应标出规格,常见的标注方法如下。

(1)单联电位器标注方法:型号—功率—阻值—阻值变化规律—轴长及型式

(2)双联电位器标注方法:

$$\text{型号}=\frac{\text{功率—阻值—阻值变化关系(远离螺母)}}{\text{功率—阻值—阻值变化关系(靠近螺母)}}\text{—轴长及型式}$$

2.3　电容器

2.3.1　概述

电容器是由两个相互靠近的金属电极板，中间夹一层电介质构成的。电容器从物理学上讲，它是一种静态电荷存储介质。电容是电子设备中大量使用的电子元件之一，广泛应用于隔直、耦合、旁路、滤波、调谐回路、能量转换、控制电路等方面。电容（或称电容量）则是表征电容器容纳电荷本领的物理量。电容器的两极板间的电势差增加 1 V 所需的电量，叫作电容器的电容。用 C 表示电容，电容单位有法拉（F）、微法拉（μF）、皮法拉（pF），$1\ F=10^6\ \mu F=10^{12}\ pF$。

2.3.2　分类

（1）按结构分有：固定电容器、可变电容器和微调电容器。

（2）按电解质分有：有机介质电容器、无机介质电容器、电解电容器和空气介质电容器等。

（3）按用途分有：高频旁路、低频旁路、滤波、调谐、高频耦合、低频耦合、小型电容器。

2.3.3　型号命名方法

国产电容器的型号一般由四部分组成（不适用于压敏、可变、真空电容器），分别代表名称、材料、分类和序号（表 2-9）。

第一部分：名称，用字母表示，电容器用 C 表示。

第二部分：材料，用字母表示。

第三部分：分类，一般用数字表示，个别用字母表示。

第四部分：序号，用数字表示。

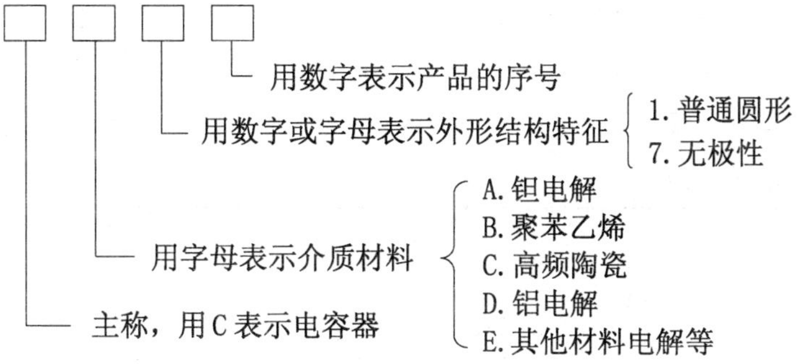

示例：

(1) 铝电解电容器

C D 1 1

- 1 — 第四部分：序号
- 1 — 第三部分：特征分类（箔式）
- D — 第二部分：材料（铝）
- C — 第一部分：主称（电容器）

表 2-9 电容器型号命名法

第一部分：主称		第二部分：材料		第三部分：特征、分类						第四部分：序号
符号	意义	符号	意义	符号	意义					
					瓷介	云母	玻璃	电解	其他	
C	电容器	C	瓷介	1	圆片	非密封	—	箔式	非密封	对主称、材料相同，仅尺寸、性能指标略有不同，但基本不影响互使用的产品，给予同一序号；若尺寸性能指标的差别明显；影响互换使用时，则在序号后面用大写字母作为区别代号
		Y	云母	2	管形	非密封	—	箔式	非密封	
		I	玻璃釉	3	迭片	密封	—	烧结粉固体	密封	
		O	玻璃膜	4	独石	密封	—	烧结粉固体	密封	
		Z	纸介	5	穿心	—	—	—	穿心	
		J	金属化纸	6	支柱	—	—	—	—	
		B	聚苯乙烯	7	—	—	—	无极性	—	
		L	涤纶	8	高压	高压	—	—	高压	
		Q	漆膜	9	—	—	—	特殊	特殊	
		S	聚碳酸酯	J	金属膜					
		H	复合介质	W	微调					
		D	铝							
		A	钽							
		N	铌							
		G	合金							
		T	钛							
		E	其他							

(2) 圆片形瓷介电容器

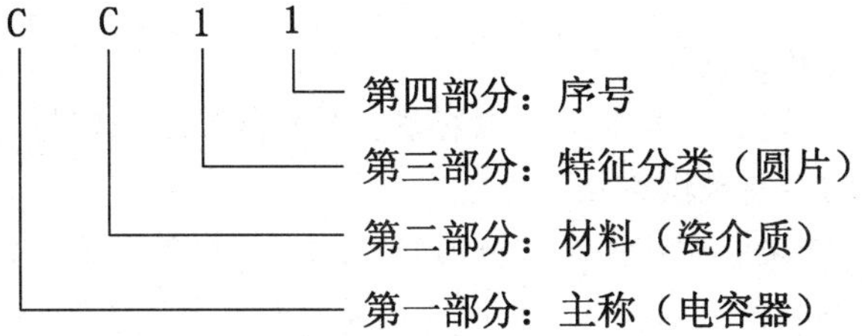

(3)纸介金属膜电容器

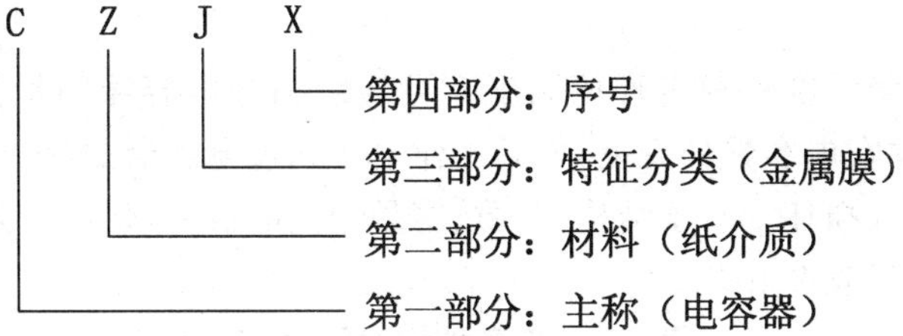

2.3.4　标注内容及方法

(1)直标法

容量单位:F(法拉)、μF(微法)、nF(纳法)、pF(皮法或微微法)。

1 法拉＝10^6 微法＝10^{12}微微法,1 微法＝10^3 纳法＝10^6 微微法,1 纳法＝10^3 微微法。

例如:4n7 表示 4.7 nF 或 4 700 pF;0.22 表示 0.22 μF;51 表示 51 pF。

有时用大于 1 的两位以上的数字表示单位为 pF 的电容,例如 101 表示 100 pF;用小于 1 的数字表示单位为 μF 的电容,例如 0.1 表示 0.1 μF。

(2)数码表示法

一般用三位数字来表示容量的大小,单位为 pF。前两位为有效数字,第三位表示位率,即乘以 10^i,若第三位数字为 9,则乘 10^{-1}。如 223J 代表 22×10^3 pF＝22 000 pF＝0.22 μF,允许误差为±5%;又如 479K 代表 47×10^{-1} pF,允许误差为±5%的电容。这种表示方法最为常见。

(3)色码表示法

这种表示法与电阻器的色环表示法类似,颜色涂于电容器的一端或从顶端向引线排列。色码一般只有三种颜色,前两环为有效数字,第三环为位率,单位为 pF。有时色环较宽,如红红橙,两个红色环涂成一个宽的,表示 22 000 pF。

2.3.5 主要性能指标

(1)标称电容量和允许误差

标称电容量是标记在电容器上的电容量。电容器实际电容量与标称电容量的偏差称误差,在允许的误差范围称精度。

精度等级与允许误差对应关系:00(01)—±1%、0(02)—±2%、Ⅰ—±5%、Ⅱ—±10%、Ⅲ—±20%、Ⅳ—(+20%—10%)、Ⅴ—(+50%—20%)、Ⅵ—(+50%—30%) 。

一般电容器常用Ⅰ、Ⅱ、Ⅲ级,电解电容器用Ⅳ、Ⅴ、Ⅵ级,根据用途选取。

(2)额定电压

指在最低环境温度和额定环境温度下可连续加在电容器的最高直流电压有效值,一般直接标注在电容器外壳上,如果工作电压超过电容器的耐压,电容器击穿,造成不可修复的永久损坏。对于结构、介质、容量相同的器件,耐压越高,体积越大。电容额定电压系列见表 2-10。

表 2-10 电容额定电压系列(V)

额定电压	1.6	4	6.3	10	16
标称值	25	(32)	40	(50)	63
	100	(125)	160	250	(300)
	400	(450)	500	630	1 000
	1 600	2 000	2 500	3 000	4 000
	5 000	6 300	8 000	10 000	15 000
	20 000	25 000	30 000	35 000	40 000
	45 000	50 000	60 000	80 000	100 000

注:带括弧者仅为电解电容所用。

(3)绝缘电阻

直流电压加在电容上,并产生漏电电流,两者之比称为绝缘电阻。当电容较小时,主要取决于电容的表面状态,容量大于 0.1 μF 时,主要取决于介质的性能,绝缘电阻越小越好。电容的时间常数,即为恰当地评价大容量电容的绝缘情况而引入的时间常数,它等于电容的绝缘电阻与容量的乘积。

(4)损耗

电容在电场作用下,在单位时间内因发热所消耗的能量叫作损耗。各类电容都规定了其在某频率范围内的损耗允许值,电容的损耗主要由介质损耗、电导损耗和电容所有金属部分的电阻所引起的。在直流电场的作用下,电容器的损耗以漏导损耗的形式存在，一般较小；在交变电场的作用下，电容的损耗不仅与漏导有关，而且与周期性的极化建立过程有关。

(5)频率特性

频率特性即电容器的电参数随电场频率而变化的性质。

在高频条件下工作的电容器，由于介电常数在高频时比低频时小，电容量也相应减小，损耗也随频率的升高而增加。另外，在高频工作时，电容器的分布参数，如极片电阻、引线和极片间的电阻、极片的自身电感、引线电感等，都会影响电容器的性能。这使得电容器的使用频率受到限制。

不同品种的电容器，最高使用频率不同。小型云母电容器在 250 MHz 以内；圆片型瓷介电容器为 300 MHz；圆管型瓷介电容器为 200 MHz；圆盘型瓷介电容器可达 3 000 MHz；小型纸介电容器为 80 MHz；中型纸介电容器只有 8 MHz。

(6)温度系数

即在一定温度范围内，温度每变化 1 ℃，电容量的相对变化值。一般常用 αC 表示电容器随温度变化的特性，温度系数越小越好。

2.4 电感器

2.4.1 概述

电感器(简称电感)是由导线在绝缘管上单层或多层绕制而成的，导线相互绝缘，而绝缘管可以是空心的，也可以包含铁芯或磁粉芯，用 L 表示。在电子元件中，电感通常分为两类，一类是应用自感作用的线圈，另一类是应用互感作用的变压器。单位：亨利(H)、毫亨利(mH)、微亨利(μH)，换算关系：1 H＝10^3 mH＝10^6 μH。在电路中，作为线圈，主要作用是滤波、聚焦、偏转、延迟、补偿，与电容配合用于调谐、陷波、选频、震荡。变压器主要用于偶合信号、变压、阻抗匹配等。电感线圈选择时主要考虑电感量、品质因数、分布电容、允许误差及额定电流，具有通直流阻交流的作用。它是利用电磁感应的原理进行工作的。电感器还有筛选信号、过滤噪声、稳定电流及抑制电磁波干扰等作用。一般用于振荡或滤波等电路，对电感器精度要求较高，允许误差为±0.2%～±0.5%；而用于耦合，高频阻流等线圈的精度要求不高，允许误差为±10%～±15%。

2.4.2 分类

电感器一般可分为两大类，一类是具有自感作用的线圈，如阻流线圈等；另一类是具有互感作用的变压器，如电源变压器、调压式变压器等。具体分类方式有以下几种。

(1)按电感形式分类:固定电感、可变电感。

(2)按导磁体性质分类:空芯线圈、铁氧体线圈、铁芯线圈、铜芯线圈。

(3)按工作性质分类:天线线圈、振荡线圈、扼流线圈、陷波线圈、偏转线圈。

(4)按绕线结构分类:单层线圈、多层线圈、蜂房式线圈。

2.4.3 型号命名方法

(1)特性:一般用 G 表示高频,低频一般不标。

(2)型式:用字母或数字表示。X—小型;1—轴向引线(卧式);2—同向引线(立式)。

(3)区别代号:用字母表示,一般不标。例如:LGX 型为小型高频电感线圈。

(4)电流组别:用字母表示,A(50 mA)、B(150 mA)、C(300 mA)、D (700 mA)、E(1 600 mA)。

(5)标称电感量:符合 E 系列,直接用文字标注或数码标出(用数码时单位为 μH)。

(6)误差:用字母表示。

应指出的是,目前固定电感线圈的型号命名方法各生产厂有所不同,尚无统一的标准。

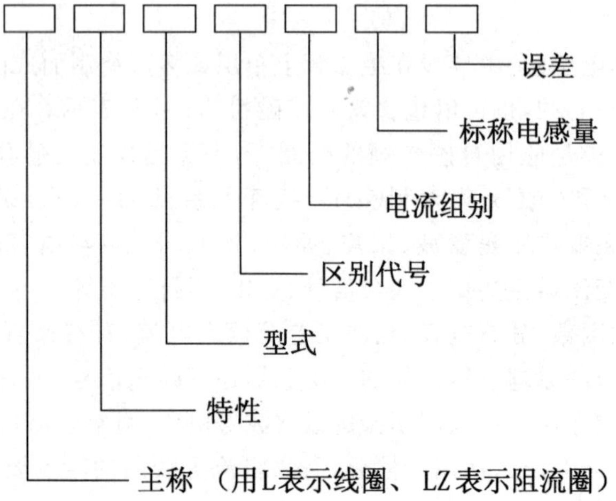

2.4.4 标注内容及方法

(1)直标法:单位 H(亨利)、mH(毫亨)、μH(微亨)。

(2)数码表示法:与电容器的表示方法相同。

(3)色码表示法:这种表示法与电阻器的色标法相似,色码一般有四种颜色,前两种颜色为有效数字,第三种颜色为倍率,单位为 μH,第四种颜色是误差位。

2.4.5 主要性能指标

(1)电感量 L

电感量 L 表示线圈本身的固有特性,与电流大小无关。除专门的电感线圈(色码电感)外,电感量一般不专门标注在线圈上,而以特定的名称标注。

(2)电感量的误差

指线圈实际电感量与标称电感量的差异。作为耦合、阻流用的线圈要求较低,误差为 10%~15%。

(3)感抗 XL

电感线圈对交流电流阻碍作用的大小称感抗 XL,单位是 Ω。它与电感量 L 和交流电频率 f 的关系为:$XL=2\pi fL=\omega L$。

(4)品质因数 Q

品质因数 Q 是表示线圈质量的一个物理量,Q 为感抗 XL 与其等效的电阻的比值,即 $Q=XL/R$。线圈的 Q 值愈高,回路的损耗愈小。线圈的 Q 值与导线的直流电阻、骨架的介质损耗、屏蔽罩或铁芯引起的损耗、高频趋肤效应的影响等因素有关。线圈的 Q 值通常为几十到几百。品质因数 Q 是表示线圈质量的参数。用于阻流的线圈,对 Q 值一般不做要求。

(5)分布电容与直流电阻

线圈的匝与匝间、线圈与屏蔽罩间、线圈与底版间存在的电容称为分布电容。分布电容的存在使线圈的 Q 值减小,稳定性变差,故分布电容越小越好。在绕制时,常采用间绕法、蜂房绕法,以减小分布电容。

线圈是由导线绕成的,导线存在一定的直流电阻。直流电阻的存在会使线圈损耗增大,品质因数降低。在绕制时,常通过加粗导线来减小直流电阻。

(6)额定电流

指线圈长时间工作所允许通过的最大电流。在如高频扼流圈、大功率谐振线圈,以及作滤波用的低频扼流圈等场合,工作时需通过较大的电流,选用时应注意。

(7)稳定性

线圈产生几何变形,温度变化引起的固有电容和漏电损耗增加,都会影响电感线圈的稳定性。电感线圈的稳定性,通常用电感温度系数 αL 和不稳定系数 βL 来衡量,αL、βL 越大,表示线圈稳定性越差。

温度对电感量的影响,主要是导线热胀冷缩、几何变形而引起的。为减小这一影响,一般采用热绕法(绕制时将导线加热,冷却后导线收缩,紧紧贴合在骨架上),或烧渗法(在线圈的陶瓷骨架上,烧渗一层银薄膜,代替导线),保证线圈不变形。

2.4.6 常见电感元件

(1)小型固定电感线圈

它是将线圈绕制在软磁铁氧体的基体上构成的，这样能获得比空心线圈更大的电感量和较大的Q值。它有卧式和立式两种，外表涂有环氧树脂或其他包封材料作为保护层。它具有体积小、质量轻、结构牢固和安装方便等优点，因而广泛用于电视机、录音机和录像机等电子设备的滤波、陷波、扼流、振荡和延迟等电路中。

(2)高频阻流圈

收音机中波波段用的高频阻流圈的圈数较多，为提高Q值，减少分布电容，常绕成蜂窝式。短波波段用的高频阻流圈因圈数很少，一般平绕或间绕，骨架一般采用高频磁芯。

(3)低频阻流圈(低频扼流圈)

低频阻流圈一般由铁芯及绕组所组成。

(4)高频天线线圈

其中磁体天线线圈一般采用纸管(也有的采用塑料骨架)，用多股丝漆包线绕制而成。袖珍式半导体收音机大多采用单股漆包线绕在纸管上的方法，制成天线线圈。

(5)小型振荡线圈

在半导体收音机变频电路中，它与可变电容器组成谐振电路。小型振荡线圈一般采用金属外壳作隔离罩，内部有尼龙衬架、“工”字型磁芯、磁帽和接脚座等。在磁帽顶端涂有色漆，以区别于外形相同的中频变压器。

(6)行线性线圈

用于电视接收机的行扫描电路，由“工”字型磁芯线圈和恒磁块组成。它与行偏转线圈串联，通过改变恒磁块的磁场强度来调节行扫描电流的波形，以达到调整扫描水平线性的作用。

(7)行振荡线圈

用于电视机中的行振荡线圈，由骨架、线圈、调节杆与螺纹磁芯等组成。调节磁芯在线圈中的位置可微调本机行振荡的频率，使本机行振荡的频率与电视台发出的标准行频同步。

(8)偏转线圈

黑白电视机的偏转线圈由两组线圈、铁氧体磁环和中心位置调节片等组成。为了在显像管的荧光屏上显示图像，就要使电子束沿着荧光屏进行扫描。偏转线圈就是利用磁场产生的力使电子束偏转，行偏转使得电子束沿着水平方向运动；在此同时，场偏转又使电子束沿垂直方向运动，结果在荧光屏上形成长方形的光栅。

(9)亮度延迟线

在彩色电视接收机中,色度信号被解调成色差信号后,还要在基色矩阵中和亮度信号混合,很容易造成色度—亮度时差,从而产生彩色图像镶边现象。在视频放大器中对亮度信号进行延迟,便能有效地改善图像质量。亮度延迟线采用电感和电容组合而成的半分布形式制成。

(10)振荡线圈和中频变压器

常用的国产小型振荡线圈和中频变压器装在金属屏蔽罩内,下面有引出脚,上面有调节孔。铁氧体制成的磁帽和磁芯构成了磁路,"工"字型磁芯绕上线圈后胶在底座上,外面再套上尼龙架,磁帽再罩在尼龙架里,调节磁帽可以改变磁路的间隙,从而达到调节电感量的目的。

2.5　变压器

变压器是变换交流电压、电流和阻抗的器件,当初级线圈中通有交流电流时,铁芯(或磁芯)中便产生交流磁通,使次级线圈中感应出电压(或电流)。变压器由铁芯(或磁芯)和线圈组成,线圈有两个或两个以上的绕组,其中接电源的绕组叫初级线圈,其余的绕组叫次级线圈。

2.5.1　分类

(1)按冷却方式分类:干式(自冷)变压器、油浸(自冷)变压器、氟化物(蒸发冷却)变压器。

(2)按防潮方式分类:开放式变压器、灌封式变压器、密封式变压器。

(3)按铁芯或线圈结构分类:芯式变压器(插片铁芯、C型铁芯、铁氧体铁芯)、壳式变压器(插片铁芯、C型铁芯、铁氧体铁芯)、环型变压器、金属箔变压器。

(4)按电源相数分类:单相变压器、三相变压器、多相变压器。

(5)按用途分类:电源变压器、调压变压器、音频变压器、中频变压器、高频变压器、脉冲变压器。

2.5.2　型号命名法

(1)中频变压器

由于生产厂家不同,标志方法也不相同,下面以国产常见型号为例进行介绍。

中频变压器一般由五部分组成。

第一部分:主称,T表示中频变压器,L表示线圈或振荡线圈。

第二部分:铁芯材料,T表示磁性磁芯。

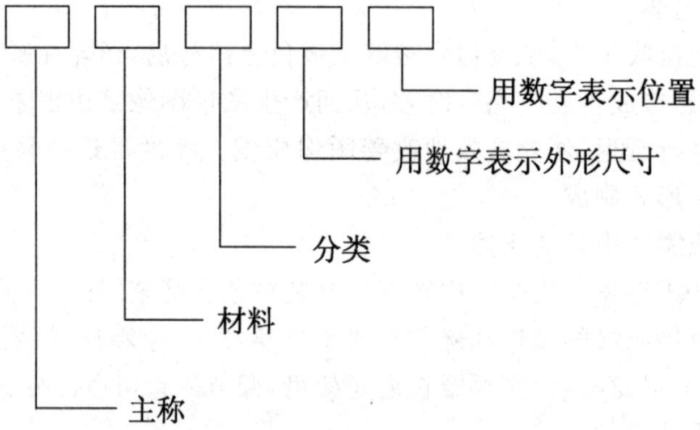

第三部分:分类,F 表示调幅中波,S 表示短波。

第四部分:用数字表示外形尺寸,1—7 mm×7 mm×12 mm,2—10 mm×10 mm×14 mm,3—12 mm×12 mm×16 mm,4—20 mm×25 mm×36 mm。

第五部分:用数字表示用于第几级中放。

(2)其他变压器

其他变压器一般由三部分组成。

第一部分为主称、用途,用一个或两个字母组成。

第二部分表示功率,单位为 VA 或 W。

第三部分是序号。

主称部分是按用途区分的,DB 表示电源变压器,CB 表示音频输出变压器,RB 表示音频输入变压器,GB 表示高压变压器,等等。

2.5.3　电源变压器的特性参数

(1)工作频率

变压器铁芯损耗与频率关系很大,故应根据使用频率来设计和使用,这种频率称工作频率。

(2)额定功率

在规定的频率和电压下,变压器能长期工作,而不超过规定温升的输出功率。

(3)额定电压

指在变压器的线圈上所允许施加的电压,工作时不得大于规定值。

(4)变压比

指变压器初级电压和次级电压的比值,有空载电压比和负载电压比的区别。

(5)空载电流

变压器次级开路时,初级仍有一定的电流,这部分电流称为空载电流。空载电流由磁化电流(产生磁通)和铁损电流(由铁芯损耗引起)组成。对于 50 Hz 电源变压器而言,空载电流基本上等于磁化电流。

(6)空载损耗

指变压器次级开路时,在初级测得的功率损耗。主要损耗是铁芯损耗,其次是空载电流在初级线圈铜阻上产生的损耗(铜损),这部分损耗很小。

(7)效率

指次级功率 P_2 与初级功率 P_1 比值的百分比。通常变压器的额定功率愈大,效率就愈高。

(8)绝缘电阻

表示变压器各线圈之间、各线圈与铁芯之间的绝缘性能。绝缘电阻的高低与所使用的绝缘材料的性能、温度高低和潮湿程度有关。

2.5.4　音频变压器和高频变压器特性参数

(1)频率响应

指变压器次级输出电压随工作频率变化的特性。

(2)通频带

如果变压器在中间频率的输出电压为 U_0,当输出电压(输入电压保持不变)下降到 0.707 U_0 时的频率范围,称为变压器的通频带(B)。

(3)初、次级阻抗比

变压器初、次级接入适当的阻抗 Ro 和 Ri,使变压器初、次级阻抗匹配,则 Ro 和 Ri 的比值称为初、次级阻抗比。在阻抗匹配的情况下,变压器工作在最佳状态,传输效率最高。

2.5.5　小型单相电源变压器的设计与制作

本节介绍的是适用于 50 Hz、容量在 500 VA 以下的单相电源变压器的简易设计方法。设计电源变压器前,应了解所设计的电源的技术参数要求,如初级电压、电流,次级电压、电流,整流电路类型、性质,等等。

小型电源变压器的主要制作材料是硅钢片和漆包线。常用硅钢片的品种和电磁性能见表 2-11。硅钢片是在铁中加入 0.8%～4.5%硅而形成的一种磁性材料,掺入硅以后,可以提高电阻率,并有利于分离有害杂质、提高磁导率、降低铁损;但硬度和脆性增高,导热系数降低,对机械加工和散热不利。电源变压器适用的硅钢片厚度为 0.35 mm 和 0.50 mm 两种,厚度越薄,铁损越小,变压器发热越少,效率越高,若遇工作频率较高的场合,应选用 0.05～0.20 mm 的规格。

表 2-11　常用硅钢片的品种及其电磁性能

硅钢品种		代号	厚度 (mm)	铁损不大于			磁感应强度不小于				叠装系数 (%)	密度 (g/cm³)	弯曲次数
				$P_{10/50}$	$P_{15/50}$	$P_{17/50}$	B_{10}	B_{25}	B_{50}	B_{100}			
				(W/kg)			(Wb/m²)						
热轧硅钢片		D21	0.50	2.5	6.1	—	—	1.48	1.59	1.78	92	7.70	—
热轧硅钢片		D22	0.50	2.2	5.3	—	—	1.51	1.61	1.74	92	7.70	—
热轧硅钢片		D23	0.50	2.1	5.1	—	—	1.54	1.64	1.76	92	7.70	—
热轧硅钢片		D32	0.50	1.8	4.0	—	—	1.50	1.61	1.74	91	7.65	4
热轧硅钢片		D32	0.35	1.4	3.2	—	—	1.50	1.61	1.74	90	7.65	5
热轧硅钢片		D42	0.50	1.35	3.15	—	—	1.45	1.56	1.68	91	7.55	1
热轧硅钢片		D43	0.50	1.20	2.90	—	—	1.44	1.55	1.67	91	7.55	1
热轧硅钢片		D42	0.35	1.15	2.80	—	—	1.45	1.56	1.68	90	7.55	1.5
热轧硅钢片		D43	0.35	1.05	2.50	—	—	1.43	1.54	1.66	90	7.55	1.5
冷轧硅钢片	无取向	W21	0.50	2.3	5.3	—	—	1.54	1.64	—	96	7.75	—
冷轧硅钢片	无取向	W22	0.50	2.0	4.7	—	—	1.52	1.62	—	96	7.75	—
冷轧硅钢片	无取向	W32	0.50	1.6	3.6	—	—	1.50	1.60	—	95	7.65	5
冷轧硅钢片	无取向	W33	0.50	1.4	3.3	—	—	1.50	1.60	—	95	7.65	5
冷轧硅钢片	无取向	W32	0.35	1.25	3.1	—	—	1.48	1.58	—	94	7.65	5
冷轧硅钢片	无取向	W33	0.35	1.05	2.7	—	—	1.48	1.58	—	94	7.65	5
冷轧硅钢片	单取向	Q3	0.35	0.7	1.6	2.3	1.67	1.80	1.86	—	95	7.65	3
冷轧硅钢片	单取向	Q4	0.35	0.6	1.4	2.0	1.72	1.85	1.90	—	95	7.65	3
冷轧硅钢片	单取向	Q5	0.35	0.55	1.2	1.7	1.76	1.88	1.92	—	95	7.65	3
冷轧硅钢片	单取向	Q6	0.35	0.44	1.1	1.51	1.77	1.92	1.96	—	95	7.65	3

表 2-11 中各参数的解释如下：

①铁损：当电感元件通有交流电流时，线圈铁芯中会出现两种损耗。其一是铁磁材料会被交流电流产生的磁场反复磁化，引起铁芯内部分子之间的摩擦和碰撞，产生热量，由此引起的铁芯损耗叫作“磁滞损耗”；再则，铁芯是导体，在交变磁场中会感应出交变的漩涡状感生电流，称为“涡流”，涡流在铁芯中流动，使铁芯发热，消耗电能，形成涡流损耗。涡流损耗和磁滞损耗统称为铁损。铁损与交流电的频率有关，频率越高，损耗越大；铁损还与磁感应强度有关，磁感应强度越高，铁损越大。

另外，变压器还存在铜损，因为大多数变压器的线圈是用漆包线绕制的，电流通过导线电阻会产生热效应，消耗能量，形成铜损（由于变压器导线一般为铜导线，故将导线电阻形成的损耗一概叫作铜损），铜损与铁芯材料无关。铜损也使变压器温度升高，效率降低。

②不同磁场强度下的磁感应强度：铁芯温度为 20 ℃，将铁芯试样设置在退磁状态，在标定频

率(50 Hz)下磁感应强度按正弦规律变化，当交流磁场(即磁动势，单位为 A/m)的峰值达到某一标定值时，铁芯试样磁感强度的峰值为标准磁感强度(简称磁感应强度或磁感)，单位为 T。例如 B_{10} 为交变磁场的峰值达到 10 A/m 时，硅钢片中磁感应强度的值(特斯拉)，它反映了电流激励硅钢片磁场的能力。

③叠装系数：硅钢片的表面涂有一层薄薄的绝缘漆，当紧密地叠装成变压器铁芯时，彼此之间保持绝缘，这样可以减小铁芯中的涡流，提高变压器的工作效率。但绝缘漆和片间间隙的存在，必然减小铁芯的有效截面积。变压器铁芯的有效截面积和实际截面积之比叫作叠装系数。

④弯曲次数：指用肉眼观察硅钢片上第一次出现裂纹前反复弯曲的次数，它代表了硅钢片的延展性。

除漆包线和硅钢片以外，制作小型电源变压器的材料还有线圈骨架、绝缘纸、引出线以及引出线作法中需要的锡焊材料、绝缘材料等。

(1)E 型铁芯单相电源变压器的设计

硅钢片是利用冲床冲制而成的，一般硅钢片的冲片规格都符合国家的统一标准，为标准件。按照所选用硅钢片形状区分，常见的电源变压器一般采用 E 型铁芯和环型铁芯，首先介绍 E 型铁芯电源变压器的设计与制作。图 2-3 为 E 型铁芯尺寸规格图，其厚度按照表 2-11 所列钢材规格而定(有 0.50 mm 和 0.35 mm 等规格)，图 2-3 中，A 叫作硅钢片的舌宽，l 为平均磁路长度，S_0 为窗口面积。除 S_0 的单位为 cm^2 外，其余均为 mm。

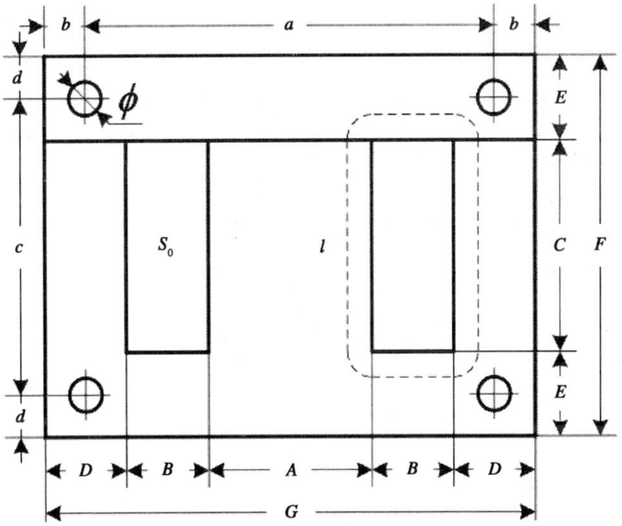

图 2-3　E 型铁芯叠积示意图

一些功率较大的小型电源变压器的骨架需要用布胶版或硬纸板制作，但常用的100 W以下小型电源变压器的骨架已经用塑料制成成品，连同冲制好的硅钢片一道出售，可以在市场上直接采购。绝缘纸是用来增强线圈的层间绝缘和绕组之间的绝缘，常用的绝缘纸有电话纸、电缆纸、电容器纸和黄蜡绸等。使用了绝缘纸以后，线圈的体积将增大，所用漆包线长度增加，会增加制作成本。当采用的漆包线直径较粗、表面绝缘器较厚的情况下，绕线整齐时可以不在层间使用绝缘纸；但引出线与绕组之间，以及各绕组之间都必须使用绝缘纸，以增强绝缘性能。有些市场上出售的骨架结构合理，绕组之间已经用骨架间隔分离，完全可以省略绝缘纸，但在绕制线圈初始仍然加垫少量绝缘纸，当作线圈的软衬垫使用。无论采用什么骨架，引出线与漆包线的连接点必须作恢复绝缘的技术处理，引出线与线圈之间必须用绝缘纸隔离。

自制骨架时，往往要将各绕组重叠绕制在骨架上，此时，各绕组之间除了要用足够的绝缘纸实现绝缘处理之外，还需要使用铜箔、铝箔或者漆包线等导电材料间隔开来，作为绕组之间的电屏蔽层。

(2)设计、制作E型铁芯电源变压器的步骤

①核算变压器输出总功率 P_2

根据负载电路的要求，电源变压器的输出电压往往有多个等级，变压器的输出功率 P_2 是各个输出绕组输出功率的总和。在设计变压器时，通常已经知道负载电路所要求的直流电压 U_{2n} 和直流电流 I_{2n}（这里用下角标 n 标注第 n 个次级绕组的输出参数)，设变压器次级绕组中电压最高的绕组功率为 P_{21}，在核算 P_{21} 时应注意，P_{21} 不仅与该绕组的输出电压 U_{21}、输出电流 I_{21} 有关，而且还与整流电路和变压器结构的类型相关，参见表2-12。

表 2-12 变压器次级主绕组输出功率的核算公式

电路型式	单相半波	单相全波	单相桥式	三相半波	三相桥式	三相双星
P_{21} 计算公式	$3.49\,U_{21}I_{21}$	$1.49\,U_{21}I_{21}$	$1.23\,U_{21}I_{21}$	$1.51\,U_{21}I_{21}$	$1.05\,U_{21}I_{21}$	$1.28\,U_{21}I_{21}$

变压器输出总功率：

$$P_2 = P_{21} + \sum_{s=2}^{n} P_{2s}$$

式中，

$$P_{2s} = U_{2s} I_{2s}$$

②计算变压器输入功率 P_1

利用变压器的效率公式可计算出变压器的初级绕组输入功率：

$$P_1 = \frac{P_2}{\eta}$$

式中，η 为变压器的效率，一般来说变压器的容量 S_1 越大(变压器的次级视在功率，单位为伏安(VA)，当变压器负载为电阻时，视在功率等于 P_2)，效率越高；容量越低，效率越低。η 值的选取可利用图 2-4，根据容量近似读取。

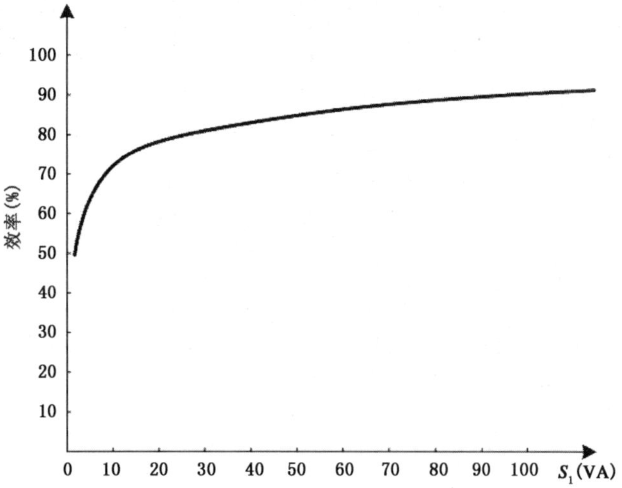

图 2-4 小型电源变压器视在功率与效率的经验曲线

视在功率小于 10 VA 时，图 2-4 所示曲线误差较大；视在功率大于 100 VA 时，变压器效率较高，取值应超过 90%。

③确定铁芯截面积 S_{Fe}

选择铁芯，根据经验公式，铁芯截面积：

$$S_{Fe} = K\sqrt{S_1}$$

式中，K 由硅钢片质量确定，硅钢片质量越好，K 取值越小。对于 D41、D42 硅钢片，K=1.25；功率大于 100 VA 的变压器，K 的取值为 1～1.25；质量不好的铁芯，K=1.5 左右。上式中，S_1 的单位为 VA，S_{Fe}的单位为 cm^2。

上式中，S_{Fe}为铁芯的净截面积，制作变压器时的实际截面积 S 还要考虑硅钢片叠装系数 λ 的影响：

$$S = \frac{S_{Fe}}{\lambda} = AH$$

λ 的取值可参见表 2-11。A 为硅钢片的舌宽，H 为硅钢片叠厚(即变压器铁芯厚度)。通常取：

$$H = (1 \sim 2)A$$

这样制作的变压器外形较为合适。选择 A、H 以后，再根据表 2-13 确定铁芯规格。

表 2-13　部分常用 E 型硅钢片参数

型号	A	B	C	D	E	F	G	n	b	c	d	Φ	l	S_0
GEI	10	6.5	18	6.5	6.5	31	36	29.5	3.25	24.5	3.25	—	5.66	1.17
GEI	12	8	22	8	8	38	44	36	4	30	4	—	6.81	1.76
GEI	14	9	25	9	9	43	50	41	4.5	34	4.5	—	7.86	2.25
GEI	16	8	24	8	8	40	48	40	4	32	4	—	8.93	1.92
GEI	16	10	28	10	10	48	56	46	5	38	5	—	9.03	2.8
GEI	19	12	33.5	12	12	57.5	67	55	6	45.5	6	—	10.73	4.02
GEI	20	10	30	10	10	50	60	50	5	40	5	—	11.14	3.00
GEIB	22	14	39	14	14	67	78	64	7	53	7	5	12.44	5.46
GEIB	25	12.5	37.5	12.5	12.5	62.5	75	62.5	6.25	50	6.25	5.5	13.94	4.69
GEIB	26	17	47	17	17	81	94	77	8.5	64	8.5	5.5	14.7	7.99
GEIB	28	14	42	14	14	70	84	70	7	56	7	5.5	15.6	5.88
GEIB	30	15	45	15	15	75	90	75	7.5	60	7.5	5.5	16.7	6.75
GEIB	30	19	53	19	19	91	106	87	9.5	72	9.5	5.5	16.9	10.07
GEIB	32	16	48	16	16	80	96	80	8	64	8	6	17.8	7.68
GEIB	32	32	80	16	16	112	128	112	8	96	8	6	27.4	25.6
GEIB	35	19	54	17.5	19	92	108	91	8.5	73	9.5	6	20.1	15.26
GEIB	35	22	61.5	22	22	105.5	123	101	11	83.5	11	6	19.75	13.53
GEIB	38	22	60	19	22	104	120	101	9.5	82	11	6	22.4	13.20
GEIB	40	26	72	26	26	124	144	118	13	98	13	—	27.96	18.72
GEIB	40	40	100	20	20	140	160	140	10	120	10	—	34.28	40.00

④确定绕组匝数

绕组匝数与绕组电压有关，铁芯材料确定以后可以根据下式计算每伏特电压需要绕制的线圈匝数 N_0：

$$N_0 = \frac{45}{B \cdot S_{Fe}}$$

这里，B 为变压器铁芯的磁感应强度，单位为特斯拉（T）；S_{Fe} 的单位仍然取 cm^2。B 的取值略小于表 2-11 提供的数据。通常，优质硅钢片取 1～1.5 T，一般硅钢片取 0.7～0.8 T，普通铁片取 0.5～0.7 T，常用的冷轧硅钢片取值可达 1.2～1.6 T。确定了硅钢片以后，B 的取值越小，变压器工作温升越小，效率越高，但制作成本越高。

绕组电阻会使变压器的绕组输出电压降低，确定绕组匝数时应考虑压降系数 δ 的影响，对于初级绕组（设电压为 U_1，匝数为 N_1），实际匝数应小于理论值 U_1N_0：

$$N_1 = (1-\delta)U_1N_0$$

而对于次级各绕组，实际匝数应略大于理论值：

$$N_{21} = (1+\delta)U_{21}N_0$$

$$N_{22} = (1+\delta)U_{22}N_0$$

$$N_{2n} = (1+\delta)U_{2n}N_0$$

一般取 $\delta=0.02\sim0.05$，容量小的变压器所使用的导线细，阻抗大，压降大，δ 的取值较大。

⑤确定各绕组漆包线直径

确定漆包线直径的参数是绕组电流，次级绕组的电流已经由负载电路确定，初级绕组的电流 I_1 可以用初级绕组电压 U_1 和变压器输入功率 P_1 计算出来：

$$I_1 = (1.1 \sim 1.2)\frac{P_1}{U_1}$$

系数是由于变压器空载时初级绕组仍然需要维持一定激磁电流所造成的。确定漆包线直径的另一个参数是导线的电流密度 J。变压器的允许温升、散热条件以及绕组允许电压决定了电流密度的取值，一般 E 型铁芯小型电源变压器的电流密度的取值范围为 2～4 A/mm^2。如果取值太大，变压器铜损增大，温升增加，线圈容易烧毁；若取值过小，不仅会增大变压器的体积、重量，而且浪费资源，必然大大增加变压器成本，不经济。

导线直径 d 的计算公式为：

$$d = 1.13\sqrt{\frac{I}{J}}$$

式中，I 为绕组电流，单位为 A；J 的单位为 A/mm^2，d 的单位为 mm。导线直径的选取也可以直接查表获得，已知绕组电流以后，可以查阅“机电元件”中有关导线载流量参数，确定漆包线直径参数。

⑥核算变压器窗口面积

在图 2-3 中，由参数 B 和 C 决定的硅钢片窗口面积 S_0 是一定的，S_0 必须能够容纳绕组，同时又不可以留有过大的剩余空间(剩余空间过大必然增大变压器体积和重量，浪费自然资源，使成本升高)。如果剩余空间不合适，就需要重新调整设计参数，或者重新选择铁芯规格。

由于漆包线圆形截面占正方形面积，线圈层间、组间绝缘材料均需占用一部分窗口面积，每个绕组所占用的窗口空间 S_r 不能够直接用漆包线截面积简单核算，而必须考虑铜线占积率 ε 进行修正：

$$S_r = \frac{S_d N}{100\varepsilon}$$

式中，S_d 为漆包线截面积，单位为 mm^2；N 为绕组匝数。变压器窗口面积 S_0 应该是所有绕组空间参数 S_r 的总和。铜线占积率的选取范围为 0.3～0.5。

实际上，铜线占积率的取值还与绕法有关，一般初学者往往使用廉价的手摇绕线机绕制绕组，导线较细时只能采用乱绕法，导线纵横交错，占用空间会远大于按照上式计算的结果。另一方面，若绕制时导线拉紧力度较小，绕组比较松散，也会增大绕组实际占用空间。铜线占积率是通过实践总结出的经验参数，建议初学者选择 0.3。

2.6　半导体分立器件

半导体分立器件泛指半导体(晶体)二极管、半导体三极管(简称二极管、三极管)及半导体特殊器件。半导体器件的最大特点是具有体积小、重量轻、使用寿命长、输入功率小、功率转换效率高等一系列优点,被广泛应用于电子产品和控制设备。

2.6.1　命名方法

2.6.1.1　国产半导体分立器件型号命名法(表 2-14)

表 2-14　国产半导体分立器件型号命名法

第一部分		第二部分		第三部分				第四部分	第五部分
用数字表示器件电极的数目		用汉语拼音字母表示器件的材料和极性		用汉语拼音字母表示器件的类型				用数字表示器件序号	用汉语拼音表示规格的区别代号
符号	意义	符号	意义	符号	意义	符号	意义		
2	二极管	A	N型,锗材料	P	普通管	D	低频大功率管($f_α<3$ MHz, $P_C \geqslant 1$ W)		
		B	P型,锗材料	V	微波管	A	高频大功率管($f_α \geqslant 3$ MHz $P_C \geqslant 1$ W)		
		C	N型,硅材料	W	稳压管	T	半导体闸流管(可控硅整流器)		
		D	P型,硅材料	C	参量管	Y	体效应器件		
3	三极管	A	PNP型,锗材料	Z	整流管	B	雪崩管		
		B	NPN型,锗材料	L	整流堆	J	阶跃恢复管		
		C	PNP型,硅材料	S	隧道管	C	场效应器件		
		D	NPN型,硅材料	N	阻尼管	S	半导体特殊器件		
		E	化合物材料	U	光电器件	B	复合管		
				K	开关管	T	PIN型管		
				X	低频小功率管($f_α<3$ MHz, $P_C<1$ W)	F	激光器件		
				G	高频小功率管($f_α \geqslant 3$ MHz $P_C<1$ W)	H			
						P			
						I			
						N			
						J			
						G			

国产半导体器件型号由五部分(场效应器件、半导体特殊器件、复合管、PIN 型管、激光器件的型号命名只有第三、四、五部分)组成。五个部分意义如下。

第一部分:用数字表示半导体器件有效电极数目。2－二极管、3－三极管。

第二部分:用汉语拼音字母表示半导体器件的材料和极性。表示二极管时:A－N 型锗材料、B－P 型锗材料、C－N 型硅材料、D－P 型硅材料。表示三极管时:A－PNP 型锗材料、B－NPN 型锗材料、C－PNP 型硅材料、D－NPN 型硅材料。

第三部分:用汉语拼音字母表示半导体器件的内型。P－普通管、V－微波管、W－稳压管、C－参量管、Z－整流管、L－整流堆、S－隧道管、N－阻尼管、U－光电器件、K－开关管、X－低频小功率管($F<3$ MHz,$Pc<1$ W)、G－高频小功率管($f>3$ MHz,$Pc<1$ W)、D－低频大功率管($f<3$ MHz,$Pc>1$ W)、A－高频大功率管($f>3$ MHz,$Pc>1$ W)、T－半导体晶闸管(可控整流器)、Y－体效应器件、B－雪崩管、J－阶跃恢复管、CS－场效应管、BT－半导体特殊器件、FH－复合管、PIN－PIN 型管、JG－激光器件。

第四部分:用数字表示序号。

第五部分:用汉语拼音字母表示规格号。例如,3DG18 表示 NPN 型硅材料高频三极管。

2.6.1.2　国际电子联合会半导体器件型号命名法(表 2-15)

国际电子联合会晶体管型号命名法的特点如下。

(1)这种命名法被欧洲许多国家采用。因此,凡型号以两个字母开头,并且第一个字母是 A,B,C,D 或 R 的晶体管,大都是欧洲制造的产品,或是按欧洲某一厂家专利生产的产品。

(2)第一个字母表示材料(A 表示锗管,B 表示硅管),但不表示极性(NPN 型或 PNP 型)。

(3)第二个字母表示器件的类别和主要特点。如 C 表示低频小功率管,D 表示低频大功率管,F 表示高频小功率管,L 表示高频大功率管,等等。若记住了这些字母的意义,不查手册也可以判断出类别。例如,BL49 型,一见便知是硅大功率专用三极管。

(4)第三部分表示登记顺序号。三位数字者为通用品;一个字母加两位数字者为专用品,顺序号相邻的两个型号的特性可能相差很大。例如,AC184 为 PNP 型,而 AC185 则为 NPN 型。

(5)第四部分字母表示同一型号的某一参数(如 h_{FE}或 N_F)进行分挡。

(6)型号中的符号均不反映器件的极性(指 NPN 或 PNP)。极性的确定须查阅手册或测量。

表 2-15 国际电子联合会半导体器件型号命名法

<table>
<tr><th colspan="2">第一部分</th><th colspan="4">第二部分</th><th colspan="2">第三部分</th><th colspan="2">第四部分</th></tr>
<tr><td colspan="2">用字母表示
使用材料</td><td colspan="4">用字母表示类型及主要特性</td><td colspan="2">用数字或字母加
数字表示登记号</td><td colspan="2">用字母对同一
型号者分挡</td></tr>
<tr><td>符号</td><td>意义</td><td>符号</td><td>意义</td><td>符号</td><td>意义</td><td>符号</td><td>意义</td><td>符号</td><td>意义</td></tr>
<tr><td rowspan="2">A</td><td rowspan="2">锗材料</td><td>A</td><td>检波、开关和
混频二极管</td><td>M</td><td>封闭磁路中的
霍尔元件</td><td rowspan="5">三位
数字</td><td rowspan="5">通用半导
体器件的
登记序号
（同一类
型器件使
用同一登
记号）</td><td rowspan="10">A
B
C
D
E
L</td><td rowspan="10">同一型号器件按
某一参数进行分
挡的标志</td></tr>
<tr><td>B</td><td>变容二极管</td><td>P</td><td>光敏元件</td></tr>
<tr><td rowspan="2">B</td><td rowspan="2">硅材料</td><td>C</td><td>低频小功率
三极管</td><td>Q</td><td>发光器件</td></tr>
<tr><td>D</td><td>低频大功率
三极管</td><td>R</td><td>小功率可控硅</td></tr>
<tr><td rowspan="2">C</td><td rowspan="2">砷化镓</td><td>E</td><td>隧道二极管</td><td>S</td><td>小功率开关管</td></tr>
<tr><td>F</td><td>高频小功率
三极管</td><td>T</td><td>大功率可控硅</td><td rowspan="5">一个
字母
加两
位数
字</td><td rowspan="5">专用半导
体器件的
登记序号
（同一类
型器件使
用同一登
记号）</td></tr>
<tr><td rowspan="2">D</td><td rowspan="2">锑化铟</td><td>G</td><td>复合器件
及其他器件</td><td>U</td><td>大功率开关管</td></tr>
<tr><td>H</td><td>磁敏二极管</td><td>X</td><td>倍增二极管</td></tr>
<tr><td rowspan="2">R</td><td rowspan="2">复合材料</td><td>K</td><td>开放磁路中的
霍尔元件</td><td>Y</td><td>整流二极管</td></tr>
<tr><td>L</td><td>高频大功率
三极管</td><td>Z</td><td>稳压二极管即
齐纳二极管</td></tr>
</table>

示例（命名）：

A F 239 S

- S —— AF239型某一参数的S挡
- 239 —— 普通用登记序号
- F —— 高频小功率三极管
- A —— 锗材料

2.6.1.3 美国半导体器件型号命名法

美国晶体管或其他半导体器件的型号命名法较混乱。这里介绍的是美国晶体管标准型号命名法，即美国电子工业协会（EIA）规定的晶体管分立器件型号的命名法，如表 2-16 所示。

表 2-16　美国电子工业协会半导体器件型号命名法

第一部分		第二部分		第三部分		第四部分		第五部分	
用符号表示用途的类型		用数字表示PN结的数目		美国电子工业协会(EIA)注册标志		美国电子工业协会(EIA)登记顺序号		用字母表示器件分挡	
符号	意义	符号	意义	符号	意义	符号	意义	符号	意义
JAN 或 J	军用品	1	二极管	N	该器件已在美国电子工业协会注册登记	多位数字	该器件在美国电子工业协会登记的顺序号	A B C D …	同一型号的不同挡别
		2	三极管						
无	非军用品	3	3 个 PN 结器件						
		n	n 个 PN 结器件						

例：

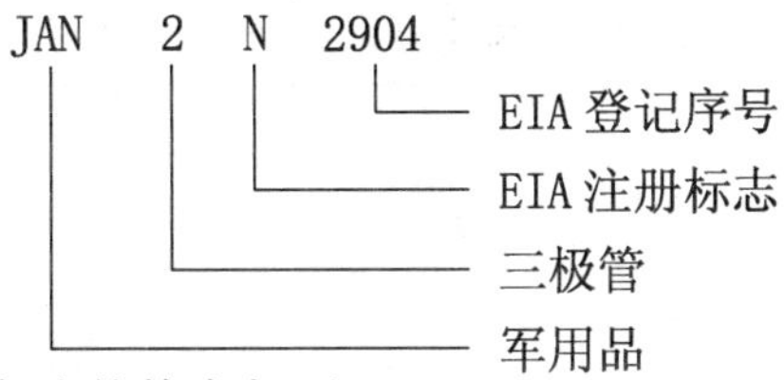

美国晶体管型号命名法的特点如下。

(1)型号命名法规定较早，又未作过改进，型号内容很不完备。例如，对于材料、极性、主要特性和类型，在型号中不能反映出来。例如，2N 开头的既可能是一般晶体管，也可能是场效应管。因此，仍有一些厂家按自已规定的型号命名法命名。

(2)组成型号的第一部分是前缀，第五部分是后缀，中间的三部分为型号的基本部分。

(3)除去前缀以外，凡型号以 1N、2N 或 3N……开头的晶体管分立器件，大都是美国制造的，或按美国专利在其他国家制造的产品。

(4)第四部分数字只表示登记序号，而不含其他意义。因此，序号相邻的两器件可能特性相差很大。例如，2N3464 为硅 NPN 高频大功率管，而 2N3465 为 N 沟道场效应管。

(5)不同厂家生产的性能基本一致的器件，都使用同一个登记号。同一型号中某些参数的差异常用后缀字母表示。因此，型号相同的器件可以通用。

(6)登记序号数大的通常是近期产品。

2.6.1.4　日本半导体器件型号命名法

日本半导体分立器件(包括晶体管)或其他国家按日本专利生产的这类器件，都是按日本工业标准(JIS)规定的命名法(JIS-C-702)命名的。

日本半导体分立器件的型号，由五至七部分组成。通常只用到前五部分。前五部分符号及意义如表2-17所示。第六、七部分的符号及意义通常是各公司自行规定的。第六部分的符号表示特殊的用途及特性，其常用的符号有：

M—松下公司用来表示该器件符合日本防卫厅海上自卫队参谋部有关标准登记的产品。

N—松下公司用来表示该器件符合日本广播协会(NHK)有关标准的登记产品。

Z—松下公司用来表示专为通信用的可靠性高的器件。

H—日立公司用来表示专为通信用的可靠性高的器件。

K—日立公司用来表示专为通信用的塑料外壳的可靠性高的器件。

T—日立公司用来表示收发报机用的推荐产品。

G—东芝公司用来表示专为通信设备制造的器件。

S—三洋公司用来表示专为通信设备制造的器件。

表 2-17　日本半导体器件型号命名法

第一部分		第二部分		第三部分		第四部分		第五部分	
用数字表示类型或有效电极数		S表示日本电子工业协会(EIAJ)的注册产品		用字母表示器件的极性及类型		用数字表示在日本电子工业协会登记的顺序号		用字母表示对原来型号的改进产品	
符号	意义	符号	意义	符号	意义	符号	意义	符号	意义
0	光电(即光敏)二极管、晶体管及其组合管	S	表示已在日本电子工业协会(EIAJ)注册登记的半导体分立器件	A	PNP型高频管	四位以上的数字	从11开始，表示在日本电子工业协会注册登记的顺序号，不同公司性能相同的器件可以使用同一顺序号，其数字越大越是近期产品	AB CD EF … …	用字母表示对原来型号的改进产品
				B	PNP型低频管				
				C	NPN型高频管				
				D	NPN型低频管				
1	二极管			F	P控制极可控硅				
2	三极管、具有两个以上PN结的其他晶体管			G	N控制极可控硅				
				H	N基极单结晶体管				
				J	P沟道场效应管				
3 … …	具有四个有效电极或具有3个PN结的晶体管			K	N沟道场效应管				
				M	双向可控硅				
$n-1$	具有n个有效电极或具有$n-1$个PN结的晶体管								

第七部分的符号，常被用来作为器件某个参数的分挡标志。例如，三菱公司常用 R，G，Y 等字母；日立公司常用 A，B，C，D 等字母，作为直流放大系数 h_{FE} 的分挡标志。

示例：

2SC502A（日本收音机中常用的中频放大管）

2　S　C　502　A

- A —— 2SC502 型的改进产品
- 502 —— 日本电子工业协会登记顺序号
- C —— NPN 型高频三极管
- S —— 日本电子工业协会注册产品
- 2 —— 三极管（两个 PN 结）

日本半导体器件型号命名法有如下特点。

(1)型号中的第一部分是数字，表示器件的类型和有效电极数。例如，用“1”表示二极管，用“2”表示三极管。而屏蔽用的接地电极不是有效电极。

(2)第二部分均为字母 S，表示日本电子工业协会注册产品，而不表示材料和极性。

(3)第三部分表示极性和类型。例如，用 A 表示 PNP 型高频管，用 J 表示 P 沟道场效应三极管。但是，第三部分既不表示材料，也不表示功率的大小。

(4)第四部分只表示在日本工业协会(EIAJ)注册登记的顺序号，并不反映器件的性能，顺序号相邻的两个器件的某一性能可能相差很远。例如，2SC2680 型的最大额定耗散功率为 200 mW，而 2SC2681 型的最大额定耗散功率为 100 W。但是，登记顺序号能反映产品时间的先后。登记顺序号的数字越大，越是近期产品。

(5)第六、七两部分的符号和意义，各公司不完全相同。

(6)日本有些半导体分立器件的外壳上标记的型号，常采用简化标记的方法，即把 2S 省略。例如，2SD764 简化为 D764，2SC502A 简化为 C502A。

(7)在低频管(2SB 和 2SD 型)中，也有工作频率很高的管子。例如，2SD355 的特征频率 f_T 为 100 MHz，所以，它们也可当高频管用。

(8)日本通常把 $P_{cm} \geqslant 1$ W 的管子，称作大功率管。

2.6.2　常用半导体器件

根据物体导电能力(电阻率)的不同，来划分导体、绝缘体和半导体。半导体的导电能力介于导体和绝缘体之间，都为四价元素。典型的半导体有硅(Si)和锗(Ge)。半导体的导电机理不同于其他物质，所以它具有不同于其他物质的特点。例如，半导体的导电性对温度很敏感，在光照和热辐射条件下，导电能力明显变化，可用来制作热敏和光敏器件。半导体材料对温度和光照的敏感性，又是造成半导体器件温度稳定性差的原因。在纯净的半导体中掺入杂质元素时会使它的导电能力明显变化，即导电性具有可控性。本节将详细介绍几种常用的半导体器件。

2.6.2.1　半导体二极管

二极管有多种类型，按制作材料，可分为锗二极管、硅二极管、砷化镓二极管；按制作工艺，可分为点接触二极管和面接触二极管；按用途不同，可分为整流二极管、检波二极管、稳压二极管、光电二极管、发光二极管、开关二极管等。常见的二极管外形如图 2-5 所示。

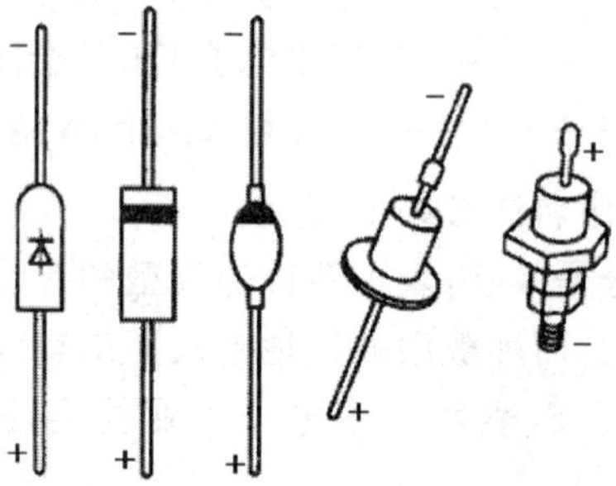

图 2-5　常见的半导体二极管外形

(1)半导体二极管的结构

半导体二极管的构成如图 2-6 所示。当 PN 结两端加上正向电压时，即外加电压的正极接 P 区，负极接 N 区，PN 结呈导通状态，形成较大的电流，其呈现的电阻(称正向电阻)很小。当 PN 结两端加上反向电压时，即外加电压的正极接 N 区，负极接 P 区，PN 结呈截止状态，几乎没有电流通过，呈现的电阻(称反向电阻)远远大于正向电阻。

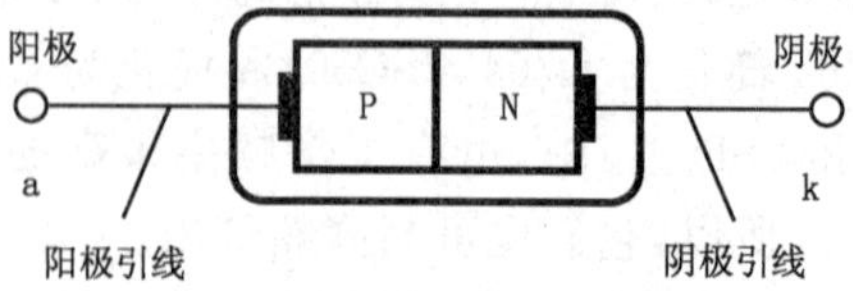

图 2-6　半导体二极管的构成

图 2-7(a)所示的点接触型二极管，由一根金属丝经过特殊工艺与半导体表面相接，形成 PN 结。因为结面积小，不能通过较大电流，但其结电容较小，一般在 1 pF 以下，工作频率可达 100 MHz 以上，因此适用于高频电路和小功率整流。图 2-7(b)所示的面接触型二极管是采用合金法工艺制成的，结面积大，能够流过较大的电流，但其结电容大，因而只能在较低频率下工作，一般仅作为整流管。图 2-7(c)所示的平

面型二极管是采用扩散法制成的，结面积较大的可用于大功率整流，结面积小的可作为脉冲数字电路中的开关管。图 2-7(d)所示为二极管的图形符号。

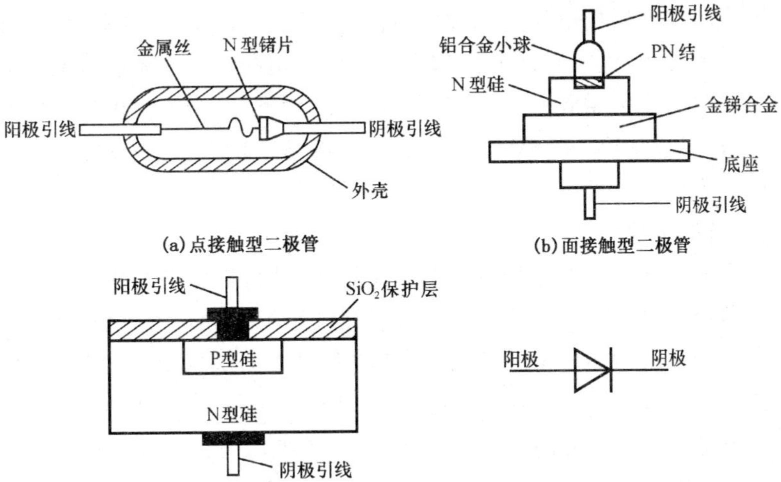

(a)点接触型二极管　(b)面接触型二极管

(c)平面型二极管　(d)二极管的图形符号

图 2-7　二极管的内部结构和图形符号

(2)二极管的伏安特性

二极管的伏安特性如图 2-8 所示。

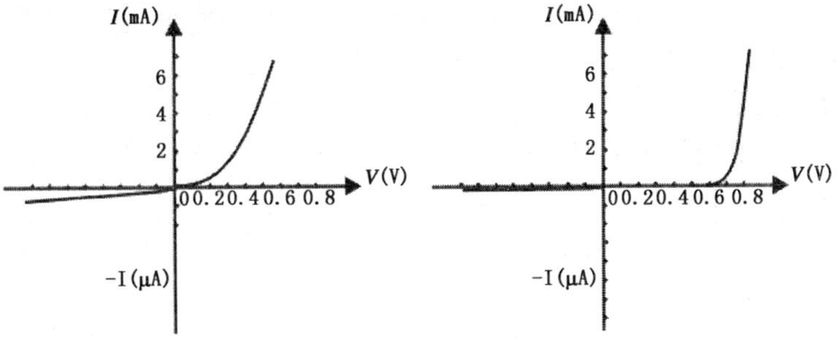

(a)锗二极管伏安特性　(b) 硅二极管伏安特性

图 2-8　二极管伏安特性

①正向特性

在二极管两端加正向电压时，二极管导通：当正向电压很低时，电流很小，二极管呈现较大电阻，这一区域称为死区。锗管的死区电压约为 0.1 V，导通电压约为 0.3 V；硅管的死区电压约为 0.5 V，导通电压约为 0.7 V。当外加电压超过死区电压后，二极管内阻变小，电流随着电压增加而迅速上升，这就是二极管正向导电区。在正向导电区内，当电流增加时，管压降稍有增大。

②反向特性

在二极管两端加反向电压时，此时通过二极管的电流很小，且该电流不随反向电压的增加而变大，这个电流称反向饱和电流。反向饱和电流受温度影响较大，温度每升高 10 ℃，反向电流约增大一倍。在反向电压作用下，二极管呈现较大电阻（反向电阻）。当反向电压增加到一定数值时，反向电流将急剧增大，这种现象称为反向击穿，这时的电压称为反向击穿电压。

(3)二极管的主要参数

选取管子的依据。当使用条件与测试条件不同时，参数会发生变化。

①最大整流电流 *IF*：二极管正常运行时允许通过的最大正向平均电流。

②最高反向工作电压 *UR*：二极管工作时允许加的最大反向电压。超过会反向击穿。通常 *UR* 的值为击穿电压 *U*(*BR*)的一半。

③反向电流 *IR*：未击穿时的反向电流。*IR* 越小，二极管单向性越好。

④最高工作频率 f_M：二极管工作的上限截止频率。超过此值，由于结电容作用不能体现单向导电性。

(4)几种特殊的二极管

①硅稳压二极管

a. 符号、伏安特性如图 2-9 所示。

b. 主要参数：稳定电压 V_Z，稳定电流 I_Z，动态电阻 r_Z，最大稳定电流 I_{ZM}，耗散功率 P_{ZM} 及 V_Z 的温度系数 α_V。

②变容二极管

变容二极管是应用十分广泛的一种半导体器件。如谐振回路的电调谐、压控振荡器、频率调制、参量电路等。其符号如图 2-10 所示。

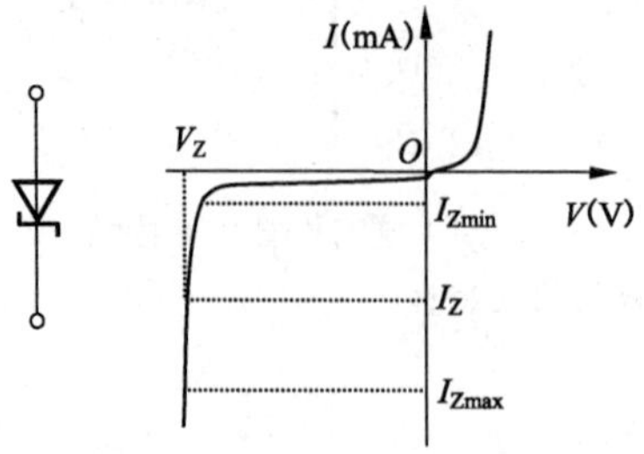

图 2-9　稳压管的符号及伏安特性

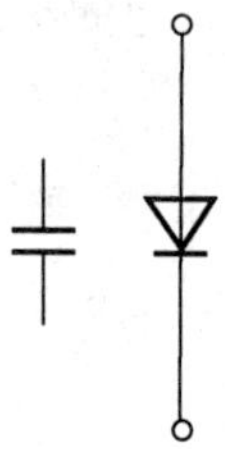

图 2-10　变容二极管的符号

③发光二极管(LED)

发光二极管是将电能转换为光能的一种半导体器件。广泛用来构成七段数字显示器。其符号如图 2-11 所示。

④光敏二极管

光敏二极管是将光能转换为电能的一种半导体器件。其符号如图 2-12 所示。

⑤光电耦合器

光电耦合器是由发光器件和光敏器件组成的一种器件。它是用光传输信号的电隔离器件，应用十分广泛。其符号如图 2-13 所示。

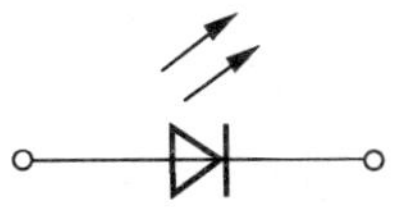

图 2-11　发光二极管

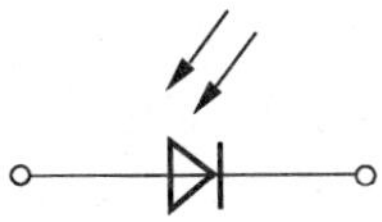

图 2-12　光敏二极管

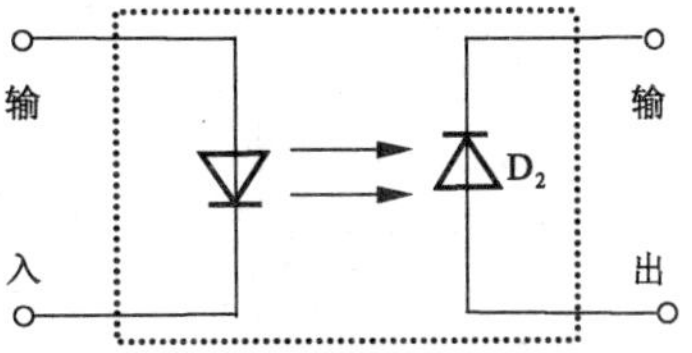

图 2-13　光电耦合器

2.6.2.2　半导体三极管(BJT)

半导体三极管也称为双极型晶体管，简称晶体管或三极管。晶体管有多种类型，按半导体材料不同，可分为硅管和锗管两类；按功率不同，可分为小功率管、中功率管、大功率管；技工作频率不同，可分为低频管、高频管和超高频管；按用途不同，又可分为放大管和开关管等。常见晶体管的外形如图 2-14 所示。

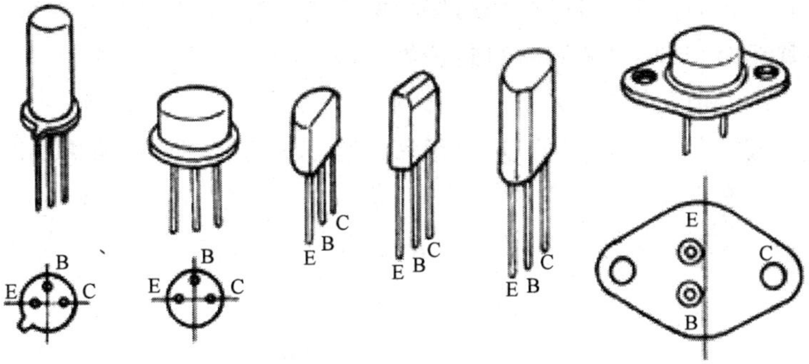

图 2-14　常见半导体三极管

(1)结构、符号

三极管有三个区——发射区、基区、集电区；三根电极——发射极 E、基极 B、集电极 C；两个结——发射结 J_e、集电结 J_c。其结构示意图及相应的符号如图 2-15 所示。

结构特点：发射区重掺杂；基区很薄；集电区轻掺杂且集电结面积大。这正是三

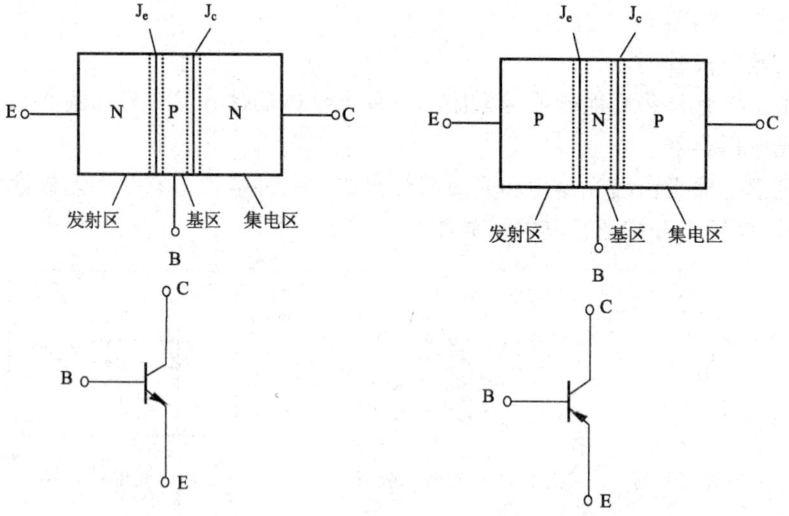

(a) NPN 型三极管　　　(b) PNP 型三极管

图 2-15　三极管的结构及符号

极管具有放大作用的内部物质基础。

(2)分类

按结构不同,可分为 NPN 型和 PNP 型;按材料不同,可分为硅管和锗管;按工作频率不同,可分为高频管、低频管等;按功率不同,可分为大、中、小功率管等。其封装形式有金属封装、玻璃封装和塑料封装等。

(3)放大作用和电流分配关系

①直流偏置条件——J_e 正偏、J_c 反偏。这是三极管实现放大所需要的外部条件。

②直流电流分配关系

$$\begin{cases} I_E = I_C + I_B \\ I_C = \bar{\beta} I_B + I_{CEO} \\ I_{CEO} = (1+\bar{\beta})\ I_{CBO} \end{cases}$$

③伏安特性曲线

a. 共射输入特性曲线　$i_B = f\ (v_{BE})$　v_{CE} 一定

如图 2-16(a)所示,v_{CE} 从零增大到约 1 V,曲线逐渐右移(基区宽度调制效应);当 $v_{CE} > 1$ V 后,曲线几乎不再移动。因此,在工程分析时,近似认为输入特性曲线是一条不随 v_{CE} 而移动的曲线。

b. 共射输出特性曲线　$i_C = f\ (v_{CE})$　i_B 一定

如图 2-16(b)所示,整个曲线族可划分为四个区域。

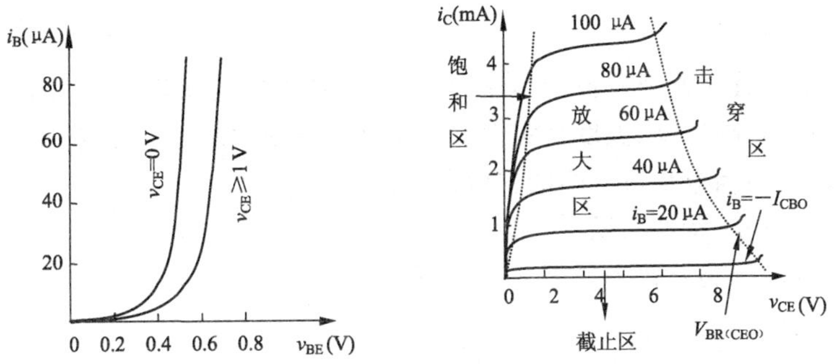

(a) 共射输入特性曲线　　　　(b) 共射输出特性曲线

图 2-16　三极管的 $V—I$ 特性曲线

放大区：J_e 正偏、J_c 反偏。i_C 主要受 i_B 的控制，由于基区宽度调制效应的影响，当 i_B 一定，而 v_{CE} 增大时，i_C 略有增加。曲线上翘的程度与厄尔利电压 V_A 的大小有关。

截止区：J_e、J_c 均反偏。$i_B=-I_{CBO}$ 的那条曲线与横轴间的区域。$i_B\approx 0$，$i_C\approx 0$。

饱和区：J_e、J_c 均正偏。对应于不同 i_B 的输出特性曲线几乎重合，i_C 不受 i_B 控制，只随 v_{CE} 增大而增大。

击穿区：随着 v_{CE} 增大，J_c 的反偏压增大。当 v_{CE} 增大到一定值时，J_c 反向击穿，造成 i_C 剧增。集电极反向击穿电压 $V_{BR(CEO)}$ 随 i_B 的增大而减小。

④主要参数

a. 直流参数

共基极直流电流放大系数 $\bar{\alpha}$，共射极直流电流放大系数 $\bar{\beta}$，极间反向电流 I_{CBO}、I_{CEO}。

b. 交流参数

共基极交流电流放大系数 α，共射极交流电流放大系数 β，共基极截止频率 f_0，共射极截止频率 f_β，特征频率 f_T。

c. 极限参数

集电极最大允许电流 I_{CM}，集电极最大允许耗散功率 P_{CM}，击穿电压 $V_{BR(CEO)}$、$V_{BR(CBO)}$、$V_{BR(EBO)}$。通常将 I_{CM}、P_{CM}、$V_{BR(CEO)}$ 三个参数所限定的区域称为三极管的安全工作区。

(4)温度对三极管参数的影响

严格来讲，温度对三极管的所有参数几乎都有影响，但受影响最大的是 β、I_{CBO}、V_{BE}。

温度每升高 1 ℃，β 增大 0.5%～1%，V_{BE} 减小(2～2.5)mV；温度每升高 10 ℃，I_{CBO} 约增大一倍，即 $I_{CBO}(T_2)=I_{CBO}(T_1)\times 2^{(T_2-T_1)/10}$。

2.6.2.3　场效应管(FET)

晶体场效应管又称为单极型晶体管，它是一种利用电场效应来控制电流的半导体器件，具有输入阻抗高、温度稳定性好、噪声低、抗辐射能力强、集成度高、成本低等特点，因此已成为当今集成电路的主流器件。

(1)分类、符号、特性曲线

场效应管的分类及符号如图 2-17 所示。

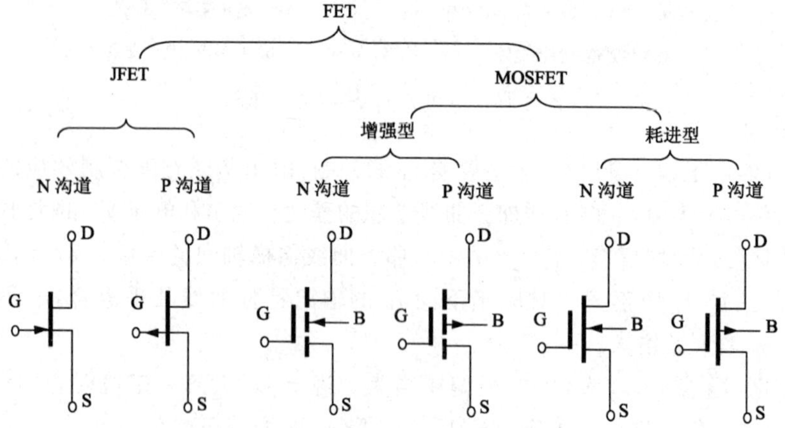

图 2-17　场效应管的分类及符号

各种场效应管的特性曲线如图 2-18 所示。

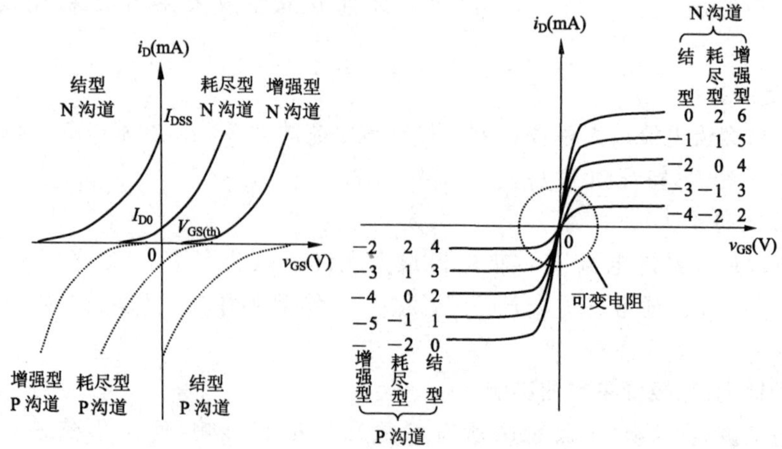

(a) 转移特性　　　　(b) 输出特性

图 2-18　各种场效应管的特性曲线

(2)主要参数

①直流参数

a. 饱和漏极电流 I_{DSS}：I_{DSS}指对应于 $V_{GS}=0$ 时的漏极电流。

b. 夹断电压 $V_{GS(off)}$：当栅源电压 $V_{GS}=V_{GS(off)}$ 时，$I_D=0$。

以上两个参数仅适用于结型场效应管(JFET)和耗进型场效应管(MOSFET)。

c. 开启电压 $V_{GS(th)}$：当 $V_{GS}\geqslant V_{GS(th)}$ 时，管子才形成导电沟道。该参数仅适用于增强型 MOSFET。

d. 直流输入电阻 R_{GS}：指在漏源之间短路的条件下，栅源之间加一定电压时的栅源直流电阻。对 JFET，R_{GS}在 $10^8 \sim 10^{12}\ \Omega$；对 MOSFET，$R_{GS}$在 $10^{10}\sim 10^{15}\ \Omega$。

②极限参数

a. 栅源击穿电压 $V_{(BR)GSO}$

b. 漏源击穿电压 $V_{(BR)DSO}$

c. 最大耗散功率 P_{DM}　　$P_{DM}=I_D V_{DS}$

③交流参数

a. 低频跨导 g_m

$$g_m=\left.\frac{\partial i_D}{\partial v_{GS}}\right|_{V_{DSQ}}\ (\text{mA/V})$$

g_m 的大小反映了栅源电压 v_{GS}对漏极电流 i_D 的控制能力。g_m 可以从转移特性或输出特性中求得。

b. 输出电阻 r_{ds}

$$r_{ds}=\left.\frac{\partial v_{DS}}{\partial i_D}\right|_{V_{DSQ}}$$

r_{ds}说明了 v_{DS}对 i_D 的影响，在饱和区(放大区)，i_D 随 v_{DS}的改变很小，故 r_{ds}很大(几十千欧至几兆欧)。

(3)场效应管工作状态的判断

①截止状态的判断

截止条件：N 沟道管：$V_{GS}<V_{GS(th)}$(或 $V_{GS}<V_{GS(off)}$)

　　　　　P 沟道管：$V_{GS}\geqslant V_{GS(th)}$(或 $V_{GS}\geqslant V_{GS(off)}$)

②非饱和区(可变电阻区)与饱和区(放大区)的判断

若 $|V_{DS}|\geqslant|V_{GS}-V_{GS(th)}|$，则场效应管工作在饱和区；

若 $|V_{DS}|<|V_{GS}-V_{GS(th)}|$，则场效应管工作在非饱和区。

(4)三极管与场效应管的比较

三极管与场效应管的区别如表 2-18 所示。

表 2-18 三极管与场效应管的区别

器件类型 / 比较项目	三极管(BJT)	场效应管(FET)
载流子	两种不同极性的载流子(电子与空穴)同时参与导电,故称为双极型晶体管	只有一种极性的载流子(电子或空穴)参与导电,故称为单极型晶体管
控制方式	电流控制	电压控制
类　型	NPN 和 PNP 型两种	N 沟道、P 沟道两种
放大参数	$\beta=20\sim100$	$g_m=1\sim5$ mA/V
输入电阻	$10^2\sim10^4$ Ω	$10^7\sim10^{14}$ Ω
输出电阻	r_{ce}很高	r_{ds}很高
热稳定性	差	好
制造工艺	较复杂	简单,成本低
对应电极	基极—栅极,发射极—源极,集电极—漏极	

2.7 集成电路

集成电路是按电路结构的要求将所需要的电阻、电容、电感、二极管、三极管、场效应管等及其连线利用半导体工艺或薄膜或厚膜工艺制作在同一块基片上,形成具有一定功能的微型电路称为集成电路。集成电路的英文是 Integrated Circuits,按字头缩写为 IC。由于集成电路具有体积小、重量轻、可靠性高和性能稳定等优点,特别是大规模和超大规模的集成电路的出现,使电子设备在微型化、可靠性和灵活性方面向前推进了一大步。

2.7.1 分类

(1)按功能结构分类

集成电路按其功能、结构的不同,可以分为模拟集成电路和数字集成电路两大类。模拟集成电路用来产生、放大和处理各种模拟信号(指幅度随时间变化的信号,如半导体收音机的音频信号、录放机的磁带信号等);而数字集成电路用来产生、放大和处理各种数字信号(指在时间和幅度上离散取值的信号,如 VCD、DVD 重放的音频信号和视频传号)。

(2)按制作工艺分类

集成电路按制作工艺不同,可分为半导体集成电路和膜集成电路,膜集成电路又分厚膜集成电路和薄膜集成电路。

(3)按集成度高低分类

集成电路按集成度高低的不同,可分为小规模集成电路、中规模集成电路、大规模集成电路和超大规模集成电路。

(4)按导电类型不同分类

集成电路按导电类型不同,可分为双极型集成电路和单极型集成电路。双极型集成电路的制作工艺复杂,功耗较大,有 TTL、ECL、HTL、LST-TL、STTL 等类型。单极型集成电路的制作工艺简单,功耗也较低,易于制成大规模集成电路,有 CMOS、NMOS、PMOS 等类型。

(5)按用途分类

①音频、视频集成电路:如音频放大器、音频/射频信号处理器、视频电路、彩色电视电路、音频数字电路等。

②数字集成电路:如触发器、门电路、解码器、延时器、计数器、时钟/多谐振荡器、分频器、加法器、乘法器、幅值比较器、算术逻辑单元等。

2.7.2　命名方法

集成电路的品种型号繁多,至今国际上对集成电路型号的命名尚无统一标准,各生产厂都按自己所规定的方法对集成电路进行命名。一般情况下,国外许多集成电路制造公司将自己公司名称的缩写字母或者公司的产品代号放在型号的开头,然后是器件编号、封装形式和工作温度范围。现行国家标准对集成电路型号的规定,是完

表 2-19　国产集成电路型号的命名

第一部分		第二部分		第三部分		第四部分		第五部分	
国产 IC		类型		系列与序号		工作温度范围		封装	
符号	意义	符号	意义	符号	意义	符号	意义	符号	意义
C	中国制造	T	TTL 材料	数字		C	0～70℃	W	陶瓷扁平
		H	HTL 材料			E	−40～85℃	B	塑料扁平
		E	ECL 材料			R	−55～85℃	F	全密封扁平
		C	CMOS 材料			M	−55～125℃	D	陶瓷双列直插
		F	放大器					P	塑料双列直插
		D	音响、电视器件					H	玻璃扁平
		W	稳压器件					J	黑陶瓷双列直插
		J	接口器件					K	金属菱形
		B	非线性器件					T	金属圆形
		M	存储器						
		U	微处理器						

全参照世界上通行的型号制定的，除第一部分和第二部分外，其后的部分则与国际通用型号一致，其功能、引出端排列和电特性均与国外同类产品一致。国产集成电路的命名由五部分组成，如表 2-19 所示。

国产 IC 各厂家会采用不同的前缀作为本厂标志(详情请看 IC 前缀与厂家介绍)，同类产品序号也不一样，有的 IC 型号、序号与引进的一样，与国际同类品种一致。

2.8 表面安装元器件

表面安装元器件(SMC 和 SMD)又称为贴片元器件或片式元器件，它包括电阻器、电容器、电感器及半导体器件等，它具有体积小、重量轻、无引线或短引线、安装密度高、可靠性高、抗震性能好、易于实现自动化等特点。表面安装元器件在彩色电视机(高频头)、VCD、DVD、计算机、手机等电子产品中已大量使用。

2.8.1 分类及特点

(1)表面安装元器件的分类

表面安装元器件按其形状可分为矩形、圆柱形和异形(如翼形、钩形等)三类；按其功能可分为无源、有源和机电元器件三类，具体见表 2-20。片式机电元件包括片式开关、连接器、继电器和片式微电机等，多数片式机电元件属翼形结构。

表 2-20 表面安装元器件分类

种类		矩形	圆柱形
片式无源元件	片式电阻器	厚膜、薄膜电阻器、热敏电阻器	碳膜、金属膜电阻器
	片式电容器	陶瓷独石电容器、薄膜电容器、云母电容器、微调电容器、铝电解电容器、钽电解电容器	陶瓷电容器、固体钽电解电容器
	片式电位器	电位器、微调电位器	
	片式电感器	绕线电感器、叠层电感器、可变电感器	绕线电感器
	片式敏感元件	压敏电阻器、热敏电阻器	
	片式复合元件	电阻网络、滤波器、谐振器、陶瓷电容网络	
片式有源器件	小型封装二极管	塑封稳压、整流、开关、齐纳、变容二极管	玻封稳压、整流、开关、齐纳、变容二极管
	小型封装晶体管	塑封 PNP、NPN 晶体管、塑封场效应管	
	小型集成电路	扁平封装、芯片载体	
	裸芯片	带形载体、倒装芯片	

(2)表面安装元器件的特点

①体积小,重量轻,可采用双面贴装,有利于提高贴装密度,有利于电子设备的小型化。

②高频特性好。由于无引线或者短引线,寄生参数(电容、电感)小、噪声小、去耦合效果好。

③有利于提高可靠性——焊点面接触。

④耐振动,抗冲击。

⑤适合自动化生产,生产效率高,劳动强度低。

⑥可采用再流焊工艺,工序简单,焊接缺陷少。

⑦有利于降低成本。PCB 层数减少,元件不需成行,工序短。

⑧由于体积小、组装密度高,也带来一些问题。例如,散热性能差,PCB 设计和制造难度大,一些大功率、高电压及插拔力大的连接器等无法片式化,等等。

2.8.2　常见表面安装元件

在表面贴装技术生产的过程中,我们会接触到各种各样的电子物料,通常将这些物料分为 SMT 元件(也称 SMC,包含表面贴装电阻、电容、电感等)和 SMT 器件(也称 SMD,包含表面贴装二极管、三极管、插座、集成电路等)两大类,下面就我们常用的电子元器件作介绍。

2.8.2.1　表面贴装电阻

贴片电阻在电子线路中与电阻一样,以大写英文字母 R 代表,其基本单位为欧姆,符号为 Ω 。

主要参数:阻值、尺寸、功率、误差、温度系数和包装类型等。

(1)表面贴装电阻的阻值大小一般丝印于元件表面,常用三位或四位数表示。

当用三位数字表示阻值大小时,第一、二位为有效数字,第三位为在有效数字后添加“0”的个数,单位为 Ω。例如:

103	表示	10 000 Ω	10 kΩ
101	表示	100 Ω	
124	表示	120 000 Ω	120 kΩ

但对于阻值小的电阻,有如下的表示方法:

6R8	表示	6.8 Ω	
2R2	表示	2.2 Ω	用 R 代表小数点
000	表示	0.0 Ω	

当用四位数字表示阻值大小时,第一、二、三位为有效数字,第四位为在有效数字后添加“0”的个数,单位为 Ω。例如:

3301	表示	3 300 Ω	3.3 kΩ
1203	表示	120 000 Ω	120.0 kΩ
4702	表示	47 000 Ω	47.0 kΩ

(2)表面贴装电阻的尺寸常用其体积的长度与宽度尺寸表示，有公制(单位为毫米)和英制(单位为英寸)两种尺寸代码，由四位数字组成，前两位数表示电阻的长度，后两位数表示电阻的宽度。另外，不同尺寸的电阻，其额定功率也不同，有1/16 W、1/10 W、1/8 W、1/4 W、1/2 W、1 W等。表2-21为几种常用贴片电阻的尺寸代码、实际尺寸和额定功率的相对应关系。

表2-21　常用贴片电阻的尺寸代码、实际尺寸和额定功率

英制代码	公制代码	实际尺寸(mm)	额定功率(W)	英制代码	公制代码	实际尺寸(mm)	额定功率(W)
0402	1005	1.0×0.5	1/16	1210	3225	3.2×2.5	1/4
0603	1608	1.6×0.8	1/16	2010	5025	5.0×2.5	1/2
0805	2012	2.0×1.2	1/10	2512	6432	6.4×3.2	1
1206	3216	3.2×1.6	1/8				

(3)电阻元件在生产过程中其阻值不可能达到绝对的精确，为了判定其是否合格，常统一规定其阻值的上、下限，即误差范围，对其进行检测。电阻常用的误差等级有±1%、±5%、±10%等，分别用字母M、J、K代表。

(4)温度系数：贴片电阻的温度系数有2级，即W级(±200 ppm/℃)、X级(±100 ppm/℃)。只有误差为M级的电阻温度系数采用X级，其他误差值的电阻温度系数一般采用W级。

(5)包装：贴片电阻主要有散装和卷装两种包装方式。

(6)贴片电阻的工作温度范围为−55～+125 ℃。最大工作电压与尺寸有关：1005与1608为50 V；2012为150 V；其他尺寸为200 V。在元器件取用时，必须确保其主要参数一致，方可代用，但必须经过品质人员确认。

2.8.2.2　表面贴装电容

表面贴装电容以字母C代表。基本单位为法拉，符号为F。表面贴装电容根据使用材料的不同种类较多，比较常用的有多层陶瓷电容、独石电容、电解电容(铝电解电容和钽质电容)等，如图2-19所示。其主要参数有容值、尺寸、误差、温度系数、耐压值和包装方式等。

(1)容值：贴片电容的容值因所用的介质不同而各异，如独石电容的容值范围是0.5 pF ～ 4.7 μF；多层陶瓷电容的范围是0.5 pF ～ 47 μF，而电解电容的容值通常是1～470 μF，容值的表示方法有直接表示法和三位数表示法，直接表示法直接给出电容的容值，如4.7 μF、33 μF等；三位数表示法是指用三位数字表示电容的容值，其中第一、二位为有效数字，第三位为在有效数字后添加“0”的个数，单位为 pF。例如：

101　表示　100 pF

104　表示　100 000 pF　0.1 μF

473　表示　47 000 pF

0R5　表示　0.5 pF

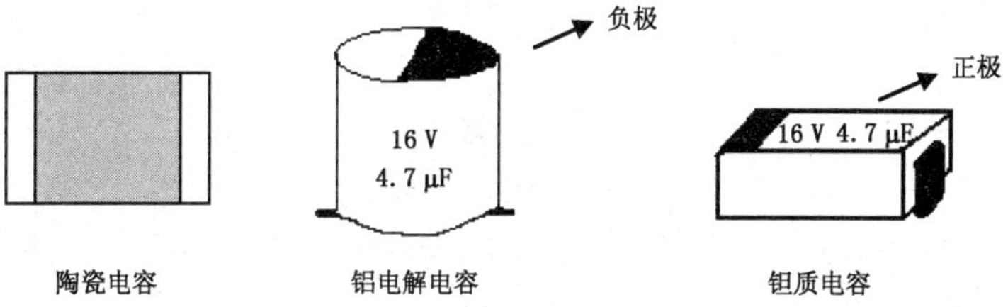

图 2-19　常用贴片电容

铝电解电容颜色较深(或有负号标记)的一极为负极，钽质电容颜色较深(或有标记)的一极为正极。因陶瓷电容其容值没有丝印在元件表面，且同样大小、厚度、颜色的元件，容值大小不一定相同，故对其容值的判定必须借助检测仪表测量。

(2)尺寸：不同介质的电容尺寸不同，多层陶瓷贴片电容的尺寸同贴片电阻尺寸，有公制(单位为毫米)和英制(单位为英寸)两种尺寸代码，由四位数字组成，前两位数表示电容的长度，后两位数表示电容的宽度，如表 2-22 所示。

表 2-22　电容尺寸

英制代码	公制代码	实际尺寸(mm)	英制代码	公制代码	实际尺寸(mm)
0402	1005	1.0×0.5	1210	3225	3.2×2.5
0603	1608	1.6×0.8	2010	5025	5.0×2.5
0805	2012	2.0×1.2	2512	6432	6.4×3.2
1206	3216	3.2×1.6			

(3)误差：误差是表示容值大小在允许偏差范围内均为合格品。常用的容值误差有 ±5%、±10%、±20%、±25%、−20%～+80%等，分别用字母 J、K、M、H、Z 表示。借助元件误差大小，方可准确的判定其所归属的容值。例如：

104K　表示　容值在 90 ～ 110 nF 为合格品

104Z　表示　容值在 80 ～ 180 nF 为合格品

(4)温度系数：电容的温度系数分为Ⅰ级与Ⅱ级，如表 2-23 所示，其中Ⅰ级的电容又分为 8 级，Ⅱ级的电容又分为 5 级，一般Ⅰ级高于Ⅱ级，前面的高于后面的。

(5)耐压值：耐压值表示此电容允许的工作电压，若超过此电压，将影响其电性能，乃至被击穿而损坏。不同介质的电容器其耐压也不同，常见的耐压值有下面几种（表 2-24），常用数字或字母代码表示于文字描述之中。

表 2-23 电容的温度系数

	温度系数符号	温度系数(PPM/℃)	温度范围(℃)
Ⅰ级	COG(NPO)	0 ±30	−55～+125
	CH	0 ±60	−25～+85
	PH(P2H)	−150 ±60	−25～+85
	RH(R2H)	−220 ±60	−25～+85
	SH(S2H)	−330 ±60	−25～+85
	TH(T2H)	−470 ±60	−25～+85
	UJ(U2J)	−750 ±120	−25～+85
	SL	−1 000～+350	20～85
	温度系数符号	电容变化量(%)	温度范围(℃)
Ⅱ级	X8R	±15	−55～+150
	X7R	±15	−55～+125
	X7S	±22	−55～+125
	Z5U	+22,−56	10～85
	Y5V	+22,−82	−30～+85

表 2-24 常见耐压值

字母代码	耐压值(V)	字母代码	耐压值(V)
G	4	D	20
J	6.3	E	25
A	10	V	35
C	16	H	50

例如，一种电容描述为：50 V 332 ±10% X7R 0603

即耐压值： 50 V

容值： 3 300 pF

误差： ±10%(2 970～3 630 pF 合格)

温度系数：X7R(电容变化量 ±15%，温度范围−55～+125 ℃)

外观尺寸：长×宽为 1.6 mm×0.8 mm

(6)包装：与贴片式电阻包装方式相同，有散装和卷装两种。

2.8.2.3 表面贴装电感

表面贴装电感以大写英文字母 L 代表，其基本单位为亨利（亨），符号为 H，平时常被称为磁珠，其外形与表面贴装电容类似，但色泽较深，可用检测仪表区分，并测量其电感量。常用的换算单位有微亨（μH）、纳亨（nH）。贴片电感有线绕式和非线绕式（如多层片状电感）两大类，主要参数有尺寸、电感量、误差、包装方式等。

（1）尺寸：不同结构、电感量的电感，其外观尺寸不同，比较常见的多层片状电感尺寸较小，同样有公制（单位为毫米）和英制（单位为英寸）两种尺寸代码，由四位数字组成，前两位数表示电容的长度，后两位数表示电容的宽度，如表 2-25 所示。

表 2-25　表面贴装电感尺寸

英制代码	公制代码	实际尺寸（mm）	英制代码	公制代码	实际尺寸（mm）
0402	1005	1.0×0.5	0805	2012	2.0×1.2
0603	1608	1.6×0.8	1206	3216	3.2×1.6

（2）电感量：结构与材料不同的电感，其电感量的范围也不同。例如，使用材料代码为 A 的多层片状电感，其电感量从 0.047 ～ 1.5 μH；而使用材料代码为 M 的多层片状电感，其电感量从 2.2～100 nH。电感量的大小同贴片电阻、电容一样也由三位数字表示，单位为 μH，例如：

100	表示	10 μH	
331	表示	330 μH	
R15	表示	0.15 μH	其中 R 代表小数点
1R0	表示	1.0 μH	

有时三位数字中出现 N 时，表示单位为 nH，同时 N 还表示小数点，例如：

47N　表示　47.0 nH　0.047 μH

电感元件的频率特性这一参数特别重要，目前一般将电感按频率特性分为高频电感和中频电感两类，高频电感的电感量较小，一般范围在 0.05 ～ 1 μH，而中频电感的电感量范围较大。

（3）误差：线绕式电感的精度可以做得很高，有 G、J 级；而薄膜电感、多层片状电感的精度较低，一般为 K、M 级。表 2-26 为常见的电感误差级别代码和误差值。

表 2-26　常见电感误差级别代码和误差

级别	G	J	K	M	N	C	S	D
误差	±2%	±5%	±10%	±20%	±30%	±0.2 nH	±0.3 nH	±0.5 nH

（4）包装：一般情况下有带状卷装和散装两种方式。

2.8.3　常见表面安装器件

2.8.3.1　表面贴片二极管

在表面贴装生产中，比较常见的有玻璃二极管和塑封二极管两种类型，如图2-20所示。

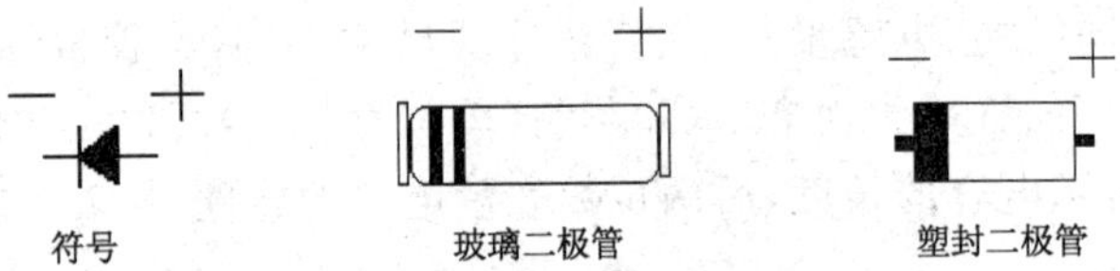

图 2-20　常用贴片二极管符号和构成

(1)二极管(又称为整流子)(DIODE)

目前比较常用的二极管主要有以下这些类型。

①IN4148、IN914、IN60　通常为玻璃管(小讯号用)。

②IN750、IN751A、IN5235、BEX55C10、BZX85C6V8、3V9、6V8、12V 等通常为有色玻璃管，印有编号(稳压用)，称为稳压二极管。

③IN4001、IN4002、IN4004、IN4005、IN40070 等通常为黑色塑胶封二极管，印有编号(大电流用)，称为整流子。

(2)发光二极管(LED)

发光二极管通常作为指示灯、彩灯或小亮度照明(如手机按键)等用，在现实生活中应用广泛。根据所用材料的不同，发光二极管可以发出不同颜色的光，在其可以承受的电压范围内，施加不同的电压，其可发出不同亮度的光。常见贴片二极管的外形主要有以下几种(图 2-21)。

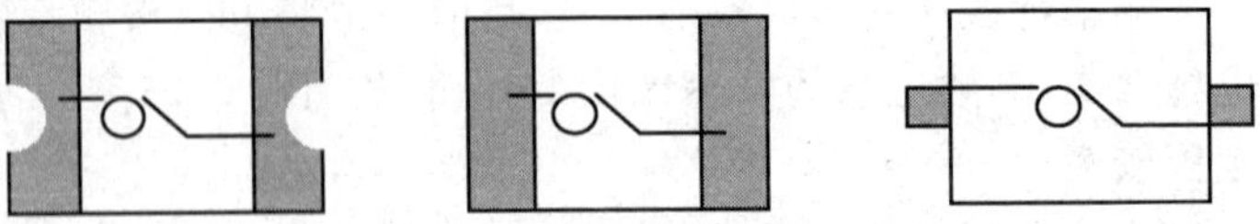

图 2-21　常用贴片二极管的外形

2.8.3.2　表面贴片三极管

三极管是有极性的器件，贴装时方向要与 PCB 板丝印标识一致。为了区分不同的型号类型，常在贴片三极管的表面丝印数字或者字母，在贴装和检查时，可根据其丝印判定型号类别。常见贴片三极管的外形如图 2-22 所示。

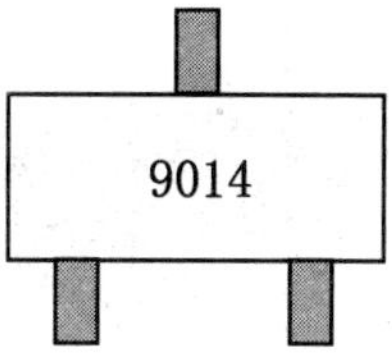

图 2-22 常见贴片三极管外形

2.8.3.3 表面贴片插座

插座主要用于排线插接，是排线与 PCB 板上线路连接的接口。在电子线路中常用 CN、CON、XS 等字母表示，常见的贴片形式有接口朝上的立式插座和与 PCB 板面呈水平的卧式插座，其中有些立式插座在贴装时要注意方向性，要和 PCB 板丝印标识一致，防止贴反，如图 2-23 所示。

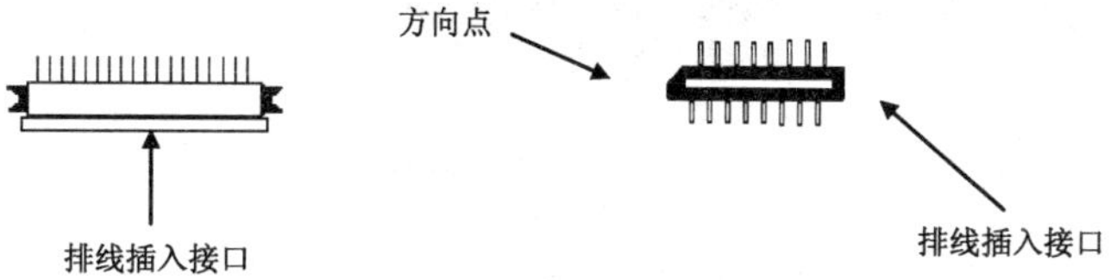

图 2-23 表面贴片插座外形

2.8.3.4 表面贴片集成电路

集成电路也称为 IC，在电子线路中常用 IC 、U 等来表示。它是有极性的器件，有很多种不同的封装形式，是静电敏感器件，接触时需戴静电带(防静电手套)。另外，因为集成电路的引脚细小密集，容易变形，故在搬运、使用时要小心轻放，防止损伤引脚。

(1) 集成电路的分类

IC 根据其不同的封装方式分为很多种类型，最常见的类型有以下几种。

① SOP 只在 IC 对称的两边有“ L ”形脚，见图 2-24。

图 2-24 SOP 引脚外形

② SOJ　只在 IC 对称的两边有“ J ”形脚，见图 2-25。

图 2-25　SOJ 引脚外形

③ PLCC　在 IC 的四边有“ J ”形脚，见图 2-26。

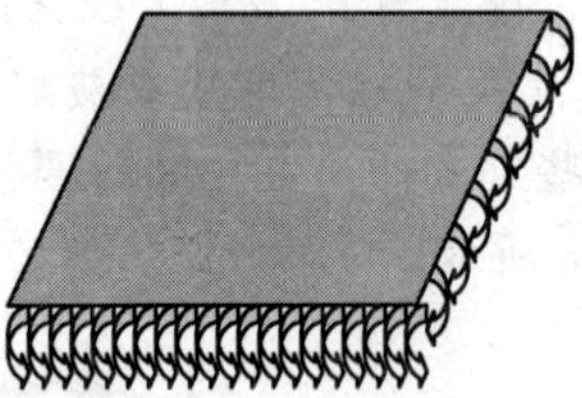

图 2-26　PLCC 引脚外形

④ QFP　在 IC 的四边有“ L ”形脚，见图 2-27。

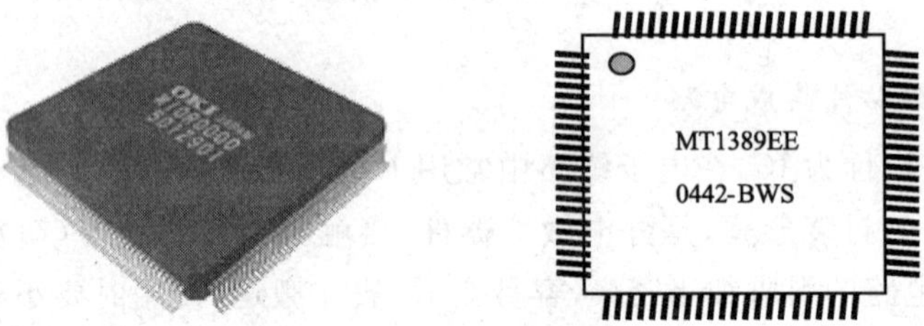

图 2-27　QFP 引脚外形

⑤ BGA　引脚在集成电路底部以“球形阵列式”排列，见图 2-28。

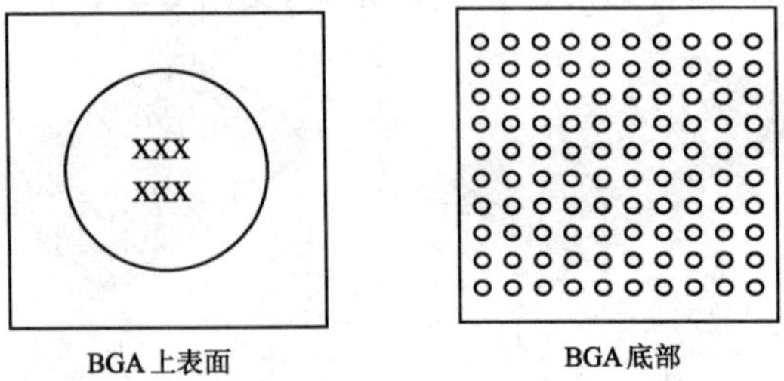

图 2-28　BGA 引脚外形

(2)集成电路的方向

通常情况下,所有 IC 都会在其本体上标示出方向点,如图 2-29 所示,根据其方向点,可以判定出 IC 第一只脚所在位置。判定方法为:正放 IC,边角有缺口(或凹坑、白条线、圆点等)标识边的左下角第一引脚为集成电路的第 1 只脚,再以逆时针方向依次计为第 2、3、4……引脚。

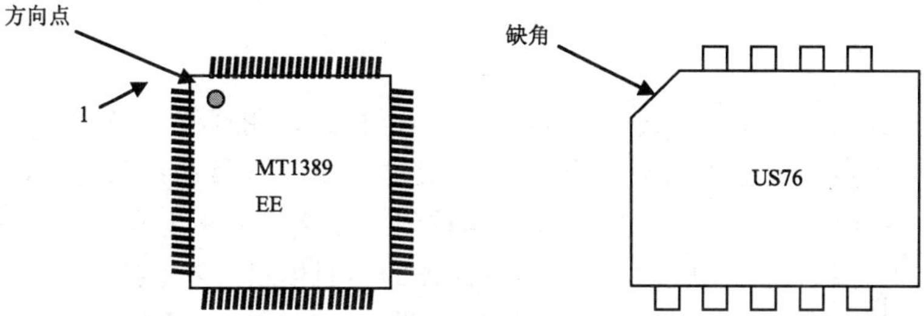

图 2-29　集成电路方向标志

贴装 IC 时,必须确保其第一引脚与 PCB 上相应丝印标识(斜口、圆点、圆圈或“1”)相对应,且要保证各引脚在同一平面,无损伤变形。

第3章　印刷电路板的设计与制作

印刷电路板(Printed Circuit Board,PCB)也称为印制线路板、印刷线路板,简称印制板。它是电子元器件的支撑体,是电子元器件电气连接的提供者。印制电路的概念是1936年由Eisler博士首先提出,他首创了在绝缘基板上全面覆盖金属箔,涂上耐蚀刻油墨后,再将不需要的金属箔腐蚀掉的印制板制造基本技术。

几乎每种电子设备,小到电子手表、计算器,大到计算机、通讯电子设备、军用武器系统,只要有集成电路等电子元器件,为了使它们之间的电气互连,都要使用印制板。在较大型的电子产品研究过程中,最基本的成功因素是该产品的印制板的设计、文件编制和制造。印刷电路板的应用降低了传统方式下的接线工作量,简化了电子产品的装配、焊接、调试工作,缩小了整机的体积,降低了产品的成本,提高了电子设备的质量和可靠性。另外,印刷电路板具有良好的产品一致性,可以采用标准化设计,有利于生产过程中实现机械化和自动化,也便于整机产品的互换和维修。随着电子工业的飞速发展,印制板的使用已日趋广泛,可以说它是电子设备的关键互联件,任何电子设备均需配备。因此,印刷电路板的设计与制作已成为我们学习电子技术和制作电子装置的基本功之一。

3.1　印刷电路板基础知识

3.1.1　印刷电路板

印制电路板的创造者是奥地利人保罗·爱斯勒(Paul Eisler)。1936年,他首先在收音机里采用了印刷电路板。1943年,美国人将该技术运用于军用收音机;1948年,美国正式认可此发明可用于商业用途。自20世纪50年代中期,印刷线路板才开始被广泛运用。

在PCB出现之前,电子元器件之间的互连都是依托电线直接连接完成的。而如今,电路板仅用在实验室做试验应用而存在;印刷电路板在电子工业中已占据了绝对控制的地位。

3.1.1.1　印制板的组成

印制板主要由绝缘底板(基板)和印制电路(也称导电图形)组成,具有导电线路和绝缘底板的双重作用。

(1)基板(Base Material)

基板是由绝缘隔热、并不易弯曲的材料所制作成,一般常用的基板是敷铜板,又称覆铜板,全称敷铜箔层压板。敷铜板的整个板面上通过热压等工艺贴敷着一层铜箔。

(2)印制电路(Printed Circuit)

覆铜板被加工成印刷电路板时,许多覆铜部分被蚀刻处理掉,留下来的那些各种形状的铜膜材料就是印制电路,它主要由印制导线和焊盘等组成(图 3-1)。

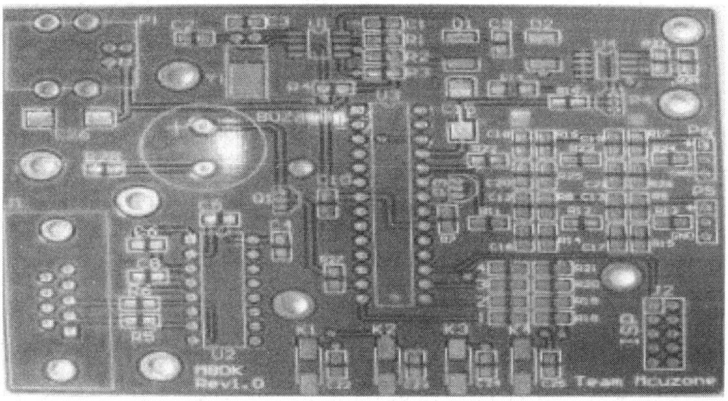

图 3-1　印制电路板

①印制导线(Conductor):用来形成印制电路的导电通路。

②焊盘(Pad):用于印制板上电子元器件的电气连接、元件固定或两者兼备。

③过孔(Via)和引线孔(Component Hole):分别用于不同层面的印制电路之间的连接以及印制板上电子元器件的定位。

(3)助焊膜和阻焊膜

在印刷电路板的焊盘表面可看到许多比之略大的各浅色斑痕,这就是为提高可焊性能而涂覆的助焊膜。印刷电路板上非焊盘处的铜箔是不能粘锡的,因此印制板上焊盘以外的各部位都要涂覆一层绿色或棕色的涂料——阻焊膜。这一绝缘防护层,不但可以防止铜箔氧化,也可以防止桥焊的产生。

(4)丝印层(Overlay)

为了方便元器件的安装和维修等,印制板的板上有一层丝网印刷面(图标面)——丝印层,这上面会印上标志图案和各元器件的电气符号、文字符号(大多是白色)等,主要用于标示出各元器件在板子上的位置,因此,印制板上有丝印层的一面常称为元件面。

3.1.1.2 印制板的种类

根据其基板材质刚、柔强度不同，分为刚性板、挠性板和刚挠结合板。

根据板面上印制电路的层数，分为单面板、双面板和多层板。

(1)单面板(Single-Sided)

仅一面上有印制电路的印制板。这是早期电路(THT 元件)才使用的板子，元器件集中在其中一面——元件面(Component Side)，印制电路则集中在另一面——印制面或焊接面(Solder Side)，两者通过焊盘中的引线孔形成连接。单面板在设计线路上有许多严格的限制，如布线间不能交叉而必须绕独自的路径。

(2)双面板(Double-Sided Boards)

双面板的两面都有布线。不过要用上两面的导线，必须要在两面间有适当的电路连接才行。这种电路间的"桥梁"叫作导孔(via)。导孔是在 PCB 上，充满或涂上金属的小洞，它可以与两面的导线相连接。因为双面板的面积比单面板大了一倍，而且布线可以互相交错(可以绕到另一面)，所以它更适合用在比单面板更复杂的电路上。

(3)多层板(Multi-Layer Boards)

由多于两层的印制电路与绝缘材料交替黏结在一起，且层间导电图形互连的印制板。如用一块双面作内层、两块单面作外层，每层板间放进一层绝缘层后压合，便有了四层的多层印制板。板子的层数就代表了有几层独立的布线层，通常层数都是偶数，并且包含最外侧的两层。比如，大部分计算机的主机板都是 4～8 层的结构。目前，技术上已经可以做到近 100 层的印制板。在多层板中，各面导线的电气连接采用埋孔(buried via)和盲孔(blind via)技术来解决。

3.1.1.3 印制板的安装技术

印刷电路板的安装技术可以说是现代发展最快的制造技术，目前常见的主要有传统的通孔插入式和代表着当今安装技术主流的表面贴式。

(1)通孔插入式安装技术(Through Hole Technology，THT)

通孔插入式安装也称为通孔安装。此封装形式有引脚出来，并将引脚直接插入印刷电路板(PWB)中，再由浸锡法进行波峰焊接，以实现电路连接和机械固定。安装时将元件安置在印刷电路板的一面，而将元件的管脚焊在另一面上。由于引脚直径和间距都不能太小，故印刷电路板上的通孔直径、间距乃至布线间距都不能太小，而且它只用到印刷电路板的一面，从而难以实现高密度封装。

(2)表面贴式安装技术(Surface Mounted Technology，SMT)

表面贴式安装也称为表面安装，适用于短管脚的表面粘贴式封装的元件。安装时,管脚与元件是焊在印刷电路板的同一面。这种方式无疑将节省印制板的面积,同时表面粘贴式封装的元件较插入式封装的元件体积也要小许多,因此,SMT技术的组装密度和可靠性都很高。当然,这种安装技术因为焊点和元件的管脚都非常小,要用人工焊接确实有一定的难度。

3.1.2 印刷电路板设计前的准备

3.1.2.1 设计要求

这是设计工作开始时首先应该明确的,同时也是在整个设计中需要时刻关注的,主要包括以下两个方面。

(1)功能和性能

早期的电子产品根据电路原理图进行正确的逻辑连接后,其功能就可实现、性能也可保证稳定。但随着电子技术的飞速发展,信号的速率越来越快,电路的集成度越来越高,仅仅做到这一步已远远不够了。目标能否很好完成,无疑是印制板设计过程中的重点,也是难点。

(2)工艺性和经济性

这些都是衡量印制板设计水平的重要指标。设计优良的印刷电路板应该方便加工、维护、测试,同时在生产制造成本上有优势。这是需要多方面相互协调的,并不是件容易的事。

3.1.2.2 设计前准备工作

进入印制板设计阶段前,许多具体要求及参数应该基本确定了,如电路方案、整机结构、板材外形等。但在印制板设计过程中,这些内容都可能要进行必要的调整。

(1)确定电路方案

设计出的电路方案一般首先应进行实验验证——用电子元器件把电路搭出来或者用计算机仿真,这不仅是原理性和功能性的,同时也应当是工艺性的。

①通过对电气信号的测量,调整电路元器件的参数,改进电路的设计方案。

②根据元器件的特点、数量、大小以及整机的使用性能要求,考虑整机的结构尺寸。

③从实际电路的功能、结构与成本,分析成品适用性。

在电路方案实验的时候,必须审核考察产品在工业化生产过程中的加工可行性和生产费用,以及产品的工作环境适应性和运行、维护、保养消耗。

通过对电路实验的结果进行分析,以下几点将得到确认。

①电路原理。整个电路的工作原理和组成,各功能电路的相互关系和信号流程。

②印刷电路板的工作环境及工作机制。

③主要电路参数。

④主要元器件和部件的型号、外形尺寸及封装。

(2)确定整机结构

当电路和元器件的电气参数和机械参数得以确定后，整机的工艺结构还仅仅是初步成型，在后面的印制板设计过程中，需要综合考虑元件布局和印制电路布设这两方面因素才可能最终确定。

(3)确定印制板的板材、形状、尺寸和厚度

①印制板的板材

对于印制电路板的基板材料的选择，不同板材的机械性能与电气性能有很大的差别。目前国内常见覆铜板的种类见表 3-1。

确定板材主要是从整机的电气性能、可靠性、加工工艺要求、经济指标等方面考虑。

通常情况下，希望印制板的制造成本在整机成本中只占很小的比例。对于相同的制板面积来说，双面板的制造成本是一般单面板的 3～4 倍，而多层板至少要贵 20 倍。分立元器件的引线少，排列位置便于灵活变换，其电路常用单面板。双面板多用于集成电路较多的电路。

②印制板的形状

印刷电路板的形状由整机结构和内部空间的大小决定，外形应该尽量简单，最佳形状为矩形(正方形或长方形，长∶宽＝3∶2 或 4∶3)，避免采用异形板。当电路板面尺寸大于 200 mm×150 mm 时，应考虑印刷电路板的机械强度。

表 3-1　常用覆铜板及特点

名称	铜箔厚(μm)	特点	应用
覆铜酚醛纸质层压板	50～70	多呈黑黄色或淡黄色，价格低，阻燃强度低，易吸水，不耐高温	中低档民用品，如收音机、录音机等
覆铜环氧纸质层压板	35～70	价格高于覆铜酚醛纸质层压板，机械强度、耐高温和防潮湿等性能较好	工作环境好的仪器、仪表及中档以上民用品
覆铜环氧玻璃布层压板	35～50	多呈青绿色并有透明感。价格较高，性能优于覆铜环氧纸质层压板	工业、军用设备，计算机等高档电器
覆铜聚四氟乙烯玻璃布层压板	35～50	价格高，介电常数低，介质损耗低，耐高温，耐腐蚀	微波、高频、航空航天

③印制板的尺寸

尺寸的大小根据整机的内部结构和板上元器件的数量、尺寸及安装、排列方式来决定，同时要充分考虑到元器件的散热和邻近走线易受干扰等因素。

a. 面积应尽量小，面积太大则印制线条长而使阻抗增加，抗噪声能力下降，成本也高。

b. 元器件之间保证有一定间距，特别是在高压电路中，更应该留有足够的间距。

c. 要注意发热元件安装散热片占用面积的尺寸。

d. 板的净面积确定后，还要向外扩出 5～10 mm，便于印制板在整机中的安装固定。

④印制板的厚度

覆铜板的厚度通常为 1.0 mm、1.5 mm、2.0 mm 等。在确定板的厚度时，主要考虑对元器件的承重和振动冲击等因素。如果板的尺寸过大或板上的元器件过重，都应该适当增加板的厚度或对电路板采取加固措施，否则电路板容易产生翘曲。当印制板对外通过插座连线时(图 3-2)，插座槽的间隙一般为 1.5 mm，板材过厚则插不进去，过薄则容易造成接触不良。

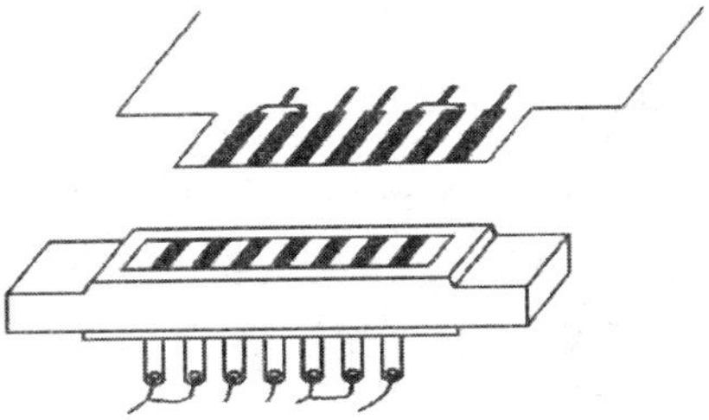

图 3-2　印制板经插座对外引线

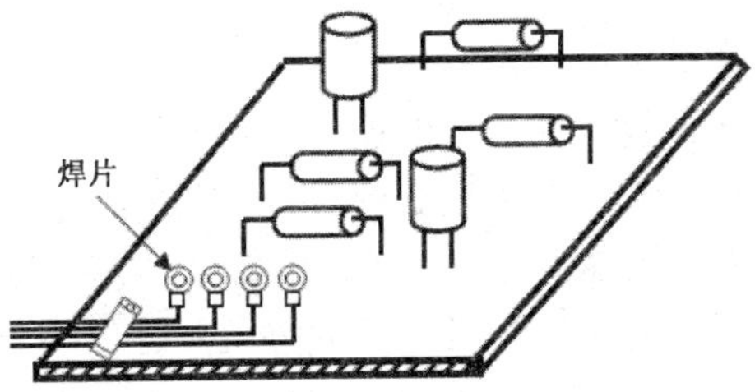

图 3-3　焊接式对外引线

在选定了印制板的板材、形状、尺寸和厚度后，还要注意查看铜箔面有无气泡、划痕、凹陷、胶斑，以及整块板是否过分翘曲等质量问题。

(4)确定印制板对外连接的方式

印制板是整机的一个组成部分，必然存在对外连接的问题。例如，印制板之间，印制板与板外元器件、印制板与设备面板之间，都需要电气连接。这些连接引线的总数要尽量少，并根据整机结构选择连接方式。总的原则应该是：连接可靠，安装、调试、维修方便，成本低廉。

①导线焊接方式

这是一种最简单、廉价而可靠的连接方式，不需要任何接插件，只要用导线将印制板上的对外连接点与板外的元器件或其他部件直接焊接即可(图 3-3)。它的优点是成本低、可靠性高,可以避免因接触不良而造成的故障;缺点是维修不够方便,一般适用于对外引线比较少的场合。

采用导线焊接方式应该注意以下几点。

a. 板的对外焊点尽可能引到整板的边缘,按统一尺寸排列,以利于焊接与维修。

b. 用印制板对外引线焊接方式时,为了加强导线在印制板上的连接可靠性,要避免焊盘直接受力,印制板上应该设有穿线孔。连接导线先由焊接面穿过穿线孔至元件面,再由元件面穿入焊盘的引线孔焊好(图 3-4)。

c. 线排列或捆扎整齐,通过线卡或其他紧固件将线与板固定,避免导线因移动而折断(图 3-5)。

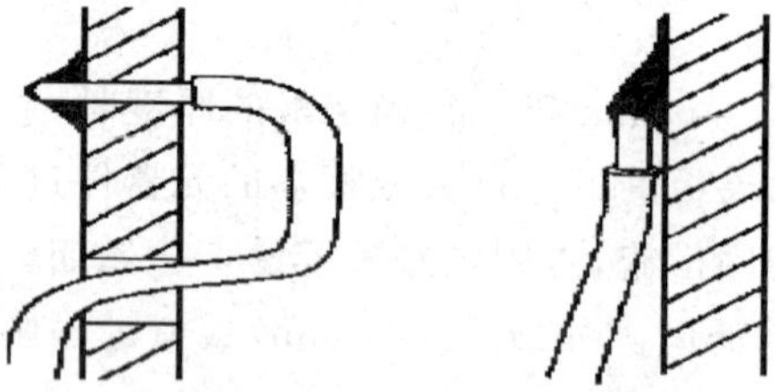

图 3-4 制板对外引线焊接方式

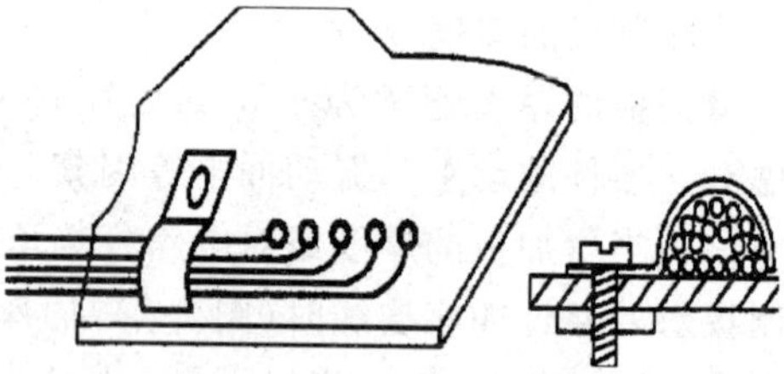

图 3-5 用紧固件将引线固定在板上

②插接件连接

在比较复杂的仪器设备中,经常采用接插件连接方式。这种"积木式"的结构不仅保证了产品批量生产的质量,降低了成本,也为调试、维修提供了极为便利的条件。

a. 板插座:板的一端做成插头,插头部分按照插座的尺寸、接点数、接点距离、定位孔的位置等进行设计。此方式装配简单、维修方便,但可靠性较差,常因插头部分被氧化或插座簧片老化而接触不良。

b. 插针式接插件:插座可以装焊在印制板上,在小型仪器中用于印刷电路板的对外连接。

c. 电缆接插件:扁平电缆由几十根导线并排粘连在一起,电缆插头将电缆两端连接起来,插座的部分直接装焊在印制板上。电缆插头与电缆的连接不是焊接,而是靠压力使连接端上的刀口刺破电缆的绝缘层来实现电气连接,其工艺简单可靠。这种方式适于低电压、小电流的场合,能够可靠地同时连接几路或几十路微弱信号,不适合用在高频电路中。

(5)印制板固定方式的选择

印制板在整机中的固定方式有两种:一种采用插接件连接方式固定;另一种采用螺钉紧固,即将印制板直接固定在基座或机壳上,这时要注意当基板厚度为 1.5 mm 时,支承间距不超过 90 mm,而厚度为 2 mm 时,支承间距不超过 120 mm,支承间距过大,抗振动或冲击能力降低,影响整机可靠性。

3.2　印刷电路板的排版设计

3.2.1　印刷电路板的设计原则

所谓排版布局就是把电路图上所有的元器件都合理地安排到面积有限的印制板上。这是印制板设计的第一步,关系着整机是否能够稳定、可靠地工作,乃至今后的生产工艺和造价等多方面。

整机电路的布局原则如下。

(1)就近原则

当板上对外连接确定后,相关电路部分就应该就近安排,避免绕原路,尤其忌讳交叉。

(2)信号流原则

将整个电路按照功能划分成若干个电路单元,按照电信号的流向,依次安排各个功能电路单元在板上的位置,使布局便于信号流通,并使信号流尽可能保持一致的方向,即从上到下或从左到右。

①与输入、输出端直接相连的元器件应安排在输入、输出接插件或连接件的地方。

②对称式的电路,如桥式电路、差动放大器等,应注意元器件的对称性,尽可能使其分布参数一致。

③每个单元电路,应以核心元器件为中心,围绕它进行布局,尽量减少和缩短各元器件之间的引线和连接。如以三极管或集成电路等元器件作为核心元器件时,可根据其各电极的位置布排其他元器件。

(3)优先考虑确定特殊元器件的位置

在着手设计板面决定整机电路布局时,应该分析电路原理,首先决定特殊元器件的位置,然后再安排其他元器件,尽量避免可能产生干扰的因素。

①发热量较大的元器件,应加装散热器,尽可能放置在有利于散热的位置以及靠近机壳处。热敏元器件要远离发热元器件。

②对于重量超过 15 g 的元器件(如大型电解电容),应另加支架或紧固件,不能直接焊在印制板上。

③尽可能缩短高频元器件之间的连线,设法减少它们的分布参数和相互间的电磁干扰。易受干扰的元器件应加屏蔽。

④同一板上的有铁心的电感线圈,应尽量相互垂直放置,且距离较远,以减少相互间的耦合。

⑤某些元器件或导线之间可能有较高的电位差，应加大它们之间的距离，以免放电引出意外短路。高压电路部分的元器件与低压部分应分隔不少于 2 mm。

⑥高频电路与低频电路不宜靠太近。

⑦电感器、变压器等元器件放置时要注意其磁场方向，尽量避免磁力线对印制导线的切割。

⑧做显示用的发光二极管等，因在应用过程中要用来观察，应该考虑放于印制板的边缘处。

（4）注意操作性能对元器件位置的要求

①对于电位器、可调电容、可调电感等可调元器件的布局，应考虑整机的结构要求。若是机内调节，应放在印制板上方便于调节的地方；若是机外调节，其位置要与调节旋钮在机箱面板上的位置相适应。

②为了保证调试、维修时的安全，特别要注意对于带高电压的元器件，要尽量布置在操作时人手不易触击的地方。

3.2.2 元器件的安装与布局

3.2.2.1 元器件的布局

在印制板的排版设计中，元器件的布设是至关重要的，不仅决定了板面的整齐美观程度以及印制导线的长度和数量，对整机的性能也有一定的影响。元器件的布设应遵循以下几点原则。

（1）元器件在整个板面上的排列要均匀、整齐、紧凑。单元电路之间的引线应尽可能短，引出线的数目应尽可能少。

（2）元器件不要占满整个板面，注意板的四周要留有一定的空间。位于印制板边缘的元器件距离板的边缘应该大于 2 mm。

（3）每个元器件的引脚要单独占一个焊盘，不允许引脚相碰。

（4）对于通孔安装，无论单面板还是双面板，元器件一般只能布设在板的元器件面上，不能布设在焊接面上。

（5）相邻的两个元器件之间，要保持一定的间距，以免元器件之间的碰接。个别密集的地方须加装套管。若相邻的元器件的电位差较高，要保持不小于 0.5 mm 的安全距离。

（6）元器件的布设不得立体交叉和重叠上下交叉，避免元器件外壳相碰（图 3-6）。

（7）元器件的安装高度要尽量低，一般元器件体和引线离开板面不要超过 5 mm，过高则承受振动和冲击的稳定性较差，容易倒伏与相邻元器件碰接。如果不考虑散热问题，元器件应紧贴板面安装。

（8）根据印制板在整机中的安装位置及状态，确定元器件的轴线方向。规则排列的元器件应使体积较大的元器件的轴线方向在整机中处于竖立状态，这样可以提高元器件在板上的稳定性(图 3-7)。

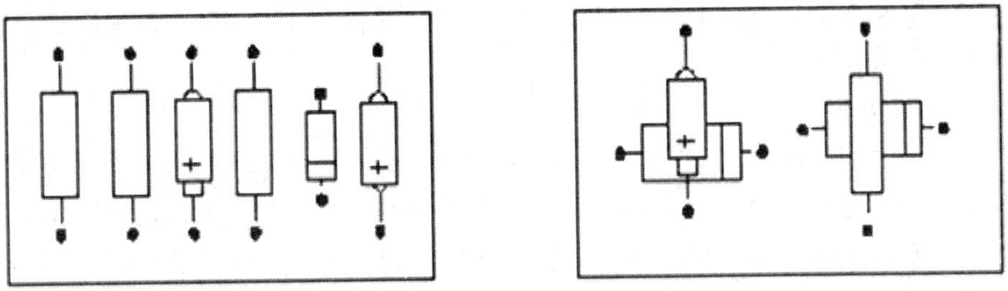

图 3-6　元器件的布设

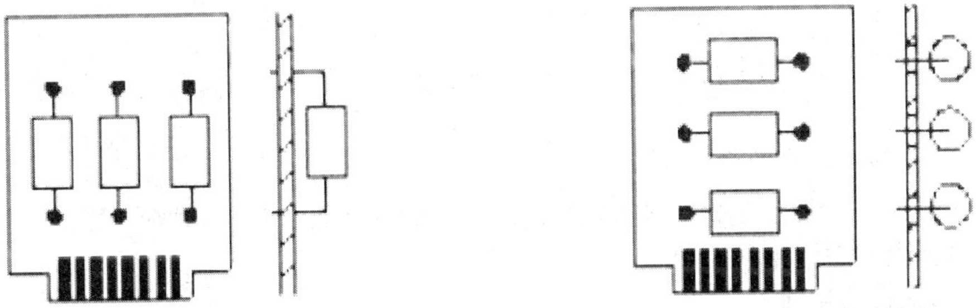

图 3-7　元器件的布设方向

3.2.2.2　元器件的安装方式

在将元器件按原理图中的电气连接关系安装在电路板上之前，应通过查资料或实测元件，确定元器件的安装数据，这样再结合板面尺寸的面积大小，便可选择元器件的安装方式了。

在印制板上，元器件的安装方式可分为卧式与立式两种(图 3-8)。卧式是指元器件的轴向与板面平行，立式则是垂直的。

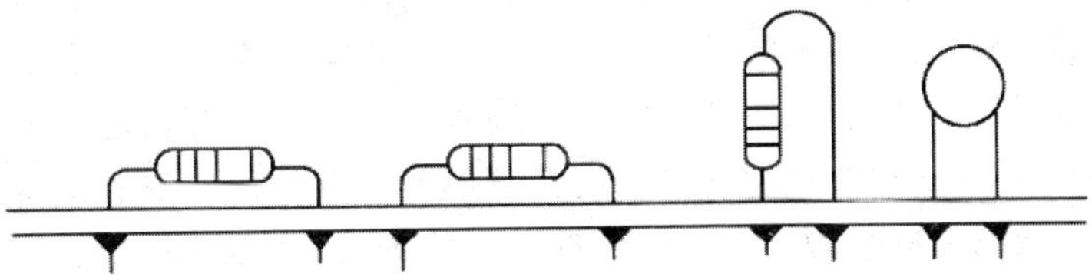

图 3-8　元器件的安装方式

(1)立式安装

立式固定的元器件占用面积小,单位面积上容纳元器件的数量多。这种安装方式适合于元器件排列紧凑的产品。立式安装的元器件要求体积小、重量轻,过大、过重的元器件不宜使用。

(2)卧式安装

与立式安装相比,元器件具有机械稳定性好、板面排列整齐等优点,卧式安装使元器件的跨距加大,两焊点之间容易走线,导线布设十分有利。无论选择那种安装方式进行装配,元器件的引线都不要齐根弯折,应该留有一定的距离,不小于 2 mm,以免损坏元器件(图 3-9)。

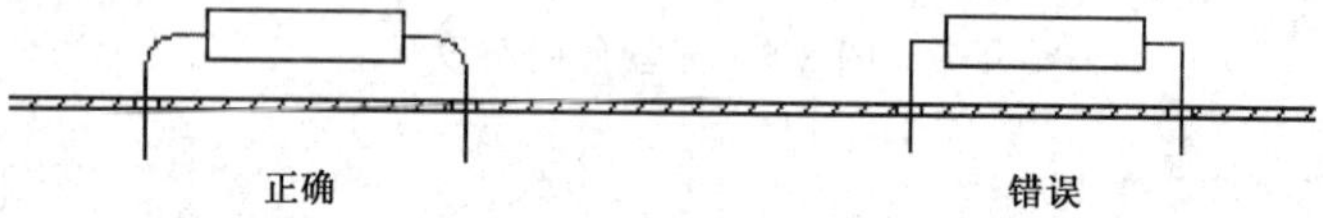

图 3-9　卧式安装方式

3.2.2.3　元器件的排列格式

元器件在印制板上的排列格式与产品种类和性能要求有关,通常有不规则排列、规则排列以及栅格排列三种。

(1)不规则排列

不规则排列也称为随机排列。元器件的轴线方向彼此不一致,在板上的排列顺序也没有一定的规则(图 3-10)。

这种方式排列的元器件,看起来显得杂乱无章,但由于元器件不受位置与方向的限制,印制导线布设方便,可以缩短、减少元器件的连线,降低了板面印制导线的总长度。这对于减少线路板的分布参数、抑制干扰很有好处,特别对于高频电路极为有利。此方式一般还在立式安装固定元器件时常被采纳。

(2)规则排列

规则排列也称为坐标排列。元器件的轴线方向排列一致,并与板的四边垂直、平行(图 3-11)。这种排列格式美观、易装焊并便于批量生产。

除了高频电路之外,一般电子产品中的元器件都应当尽可能平行或垂直地排列,卧式安装固定元器件的时候,更要以规则排列为主。此方式特别适用于板面相对宽松、元器件种类相对比较少而数量较多的低频电路。电子仪器中的元器件常采用这种排列方式。元器件的规则排列要受到方向和位置的一定限制,印制板上导线的布设要复杂一些,导线的长度也会相应增加。

(3)栅格排列

栅格排列也称为网格排列。与规则排列相似但要求焊盘的位置一般要在正交网格的交点上。这种排列格式整齐美观、便于测试维修，尤其利于自动化设计和生产。栅格为等距正交网格，在国际 IEC 标准中栅格格距为 2.54 mm(0.1 英寸)，即 1 个 IC 间距。对于计算机自动化设计和元器件自动化焊装，这一格距标准有着十分重要的实际意义。绝大多数小功率阻容抗元件和晶体管器件的管脚是柔软可弯折的，而像大功率的电位器和晶体管以及集成电路芯片的管脚是不允许弯折的，其管脚间距均为 IC 间距的倍数。

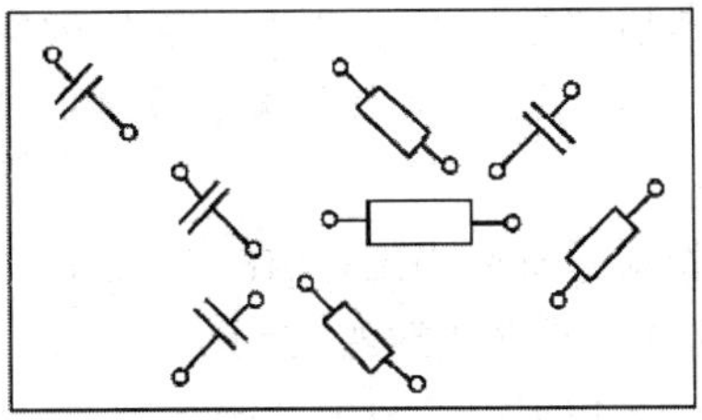

图 3-10　元器件的不规则排列

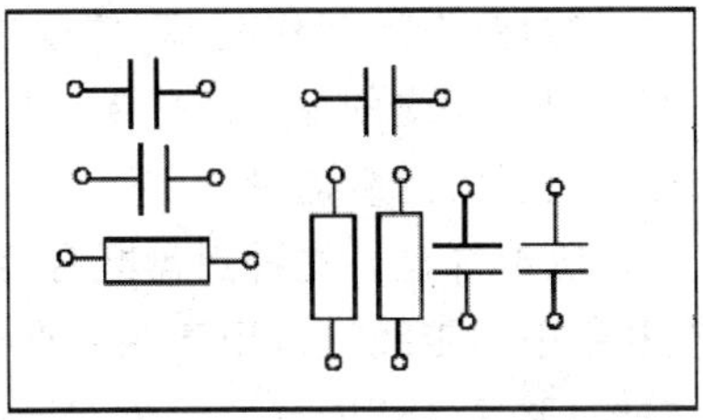

图 3-11　元器件的规则排列

3.2.3　焊盘的设计

焊盘是印制在引线孔周围的铜箔部分，供焊装元器件的引线和跨接导线用。设计元器件的焊盘时，要综合考虑该元器件的形状、大小、布置形式、振动以及受热情况、受力方向等因素。

3.2.3.1　焊盘的形状

焊盘的形状很多，常见的有圆形、岛形、方形以及椭圆形等(图 3-12)。

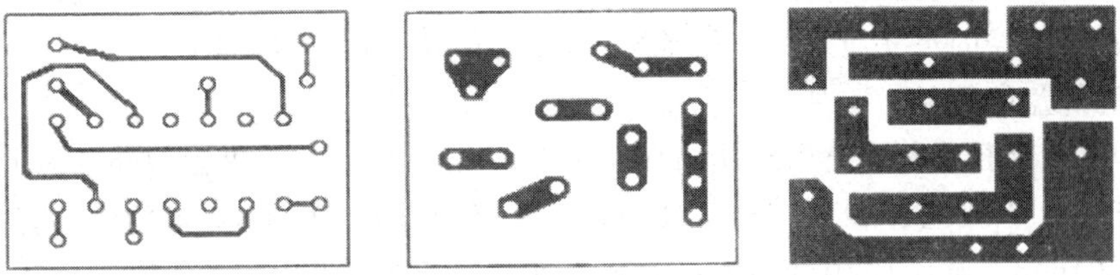

(a)圆形　(b)岛形　(c)方形

图 3-12　焊盘的几种形状

(1)圆形焊盘。最常用的焊盘形状，焊盘与引线孔是同心圆，焊盘的外径一般为孔的 2～3 倍。在同一块板上，除个别大元件需要大孔以外，一般焊盘的外径应取为一致，这样不仅美观，而且容易绘制。圆形焊盘多在元件规则排列方式中使用，双面印制板也多采用圆形焊盘。

(2)岛形焊盘。焊盘与焊盘之间的连线合为一体，犹如水上小岛，故称为岛形焊盘。岛形焊盘常用于元件的不规则排列，特别是当元器件采用立式不规则固定时更为普遍。岛形焊盘适合于元器件密集固定，可大量减少印制品导线的长度与数量，能在一定程度上抑制分布参数对电路造成的影响，可以说它是顺应高频电路的要求而形成的。另外，焊盘与印制导线合为一体后，铜箔的面积加大，焊盘和印制导线的抗剥强度增加，能降低覆铜板的档次，降低产品成本。

(3)方形焊盘。印制板上元器件体积大、数量少且线路简单时，多采用方形焊盘。这种形式的焊盘设计制作简单，精度要求低，容易实现。在一些手工制作的印制板中，只需用刀刻断或刻掉一部分铜箔即可。在一些大电流的印制板上也多用这种形式，它可以获得大的载流量。

(4)椭圆形焊盘。这种焊盘既有足够的面积增强抗剥强度，又在一个方向上尺寸较小有利于中间走线。常用于双列直插式集成电路器件或插座类元件。

焊盘的形状另外还有泪滴式、开口式、矩形、多边形以及异形孔等多种，在印制电路设计中，不必拘泥于一种形式的焊盘，要根据实际情况灵活变换。

3.2.3.2 焊盘的大小

圆形焊盘的大小主要取决于引线孔的直径和焊盘的外径(其他焊盘种类可参考其确定)。

(1)引线孔的直径

引线孔钻在焊盘中心，孔径应该比焊接的元器件引线的直径略大一些，这样才能便于插装元器件，但是孔径也不宜过大，否则在焊接时不仅用锡量多，也容易因为元器件的活动而形成虚焊，使焊接的机械强度降低，同时过大的焊点也可能造成焊盘的剥落。元器件引线孔的直径优先采用 0.5 mm、0.8 mm、1.0 mm 等尺寸。在同一块电路板上，孔径的尺寸应规格应尽量统一，要避免异型孔，以便加工。

(2)焊盘的外径

焊盘的外径一般要比引线孔的直径大 1.3 mm 以上，即若焊盘的外径为 D，引线孔的直径为 d，则应有 $D>(d+1.3)$mm；在高密度的电路板上，焊盘的最小直径 $D=(d+1.0)$mm。设计时，在不影响印制板的布线密度的情况下，焊盘的外径宜大不宜小，否则会因过小的焊盘外径，在焊接时造成焊盘沾断或剥落。

3.2.3.3 焊盘的定位

元器件的每个引出线都要在印制板上占据一个焊盘，焊盘的位置随元器件的尺寸及其固定方式而改变。总的定位原则是：焊盘位置应该尽量使元器件排列整齐一致，尺寸相近的元件，其焊盘间距应力求统一。这样不仅整齐、美观，而且便于元器件装配及引线弯脚。

(1)对于立式固定和不规则排列的板面，焊盘的位置可以不受元器件尺寸与间距的限制。

(2)对于卧式固定和规则排列的板面,要求每个焊盘的位置及彼此间的距离必须遵守一定标准。

(3)对于栅格排列的版面,要求每个焊盘的位置一定在正交网格的交点上。

无论采用哪种固定方式或排列规则,焊盘的中心距离印制板的边缘一般应在2.5 mm以上,至少应该大于板的厚度。

3.2.4 印制导线的设计

焊盘之间的连接铜箔即印制导线。设计印制导线时,更多要考虑的是其允许载流量和对整个电路电气性能的影响。

(1)印制导线的宽度

印制导线的宽度主要由铜箔与绝缘基板之间的黏附强度和流过导线的电流强度来决定,宽窄要适度,与整个板面及焊盘的大小相协调。印制导线的最大电流一般取20 A/mm^2,一般情况下(印制板上的铜箔厚度多为0.05 mm),导线的宽度选在1～1.5 mm就完全可以满足电路的需要。印制导线宽度与最大工作电流的关系见表3-2。

表3-2 印制导线最大允许工作电流

导线宽度(mm)	1	1.5	2	2.5	3	3.5	4
导线电流(A)	1	1.5	2	2.5	3	3.5	4

①对于集成电路的信号线,导线的宽度可以选1 mm以下,甚至0.25 mm。

②对于电源线、地线及大电流的信号线,应适当加大宽度。若条件允许,电源线和地线的宽度可以放宽到4～5 mm,甚至更宽。

只要印制板面积及线条密度允许,就应尽可能采用较宽的印制导线。

(2)印制导线的间距

导线之间的间距,应当考虑导线之间的绝缘电阻和击穿电压在最坏的工作条件下的要求。印制导线越短,间距越大,绝缘电阻按比例增加。

导线之间距离为1.5 mm时,绝缘电阻超过10 MΩ,允许的工作电压可达300 V以上,间距为1 mm时,允许电压为200 V。一般设计中,间距、电压的安全参考值见表3-3。

表3-3 印制导线间距最大允许工作电压

导线间距(mm)	0.5	1	1.5	2	3
工作电压(V)	100	200	300	500	700

为了保证产品的可靠性，应该尽量使印制导线的间距不小于 1 mm。

(3)避免导线的交叉

在设计印制板时，应尽量避免导线的交叉。这一要求，对于双面板比较容易实现，单面板相对要困难一些。在设计单面板时，可能遇到导线绕不过去而不得不交叉的情况，这时可以在板的另一面(元件面)用导线跨接交叉点，即"跳线"、"飞线"，当然，这种跨接线应尽量少。使用"飞线"时，两跨接点的距离一般不超过 30 mm，"飞线"可用 1 mm 的镀铝铜线，要套上塑料管。

(4)印制导线的形状与走向

由于印制板上的铜箔粘贴强度有限，浸焊时间较长会使铜箔翘起和脱落，同时考虑到印制导线的间距，因此对印制导线的形状与走向是有一定的要求的(图 3-13 和图 3-14)。

①以短为佳，能走捷径就不要绕远。尤其对于高频部分的布线应尽可能短且直，以防自激。

②除了电源线、地线等特殊导线外，导线的粗细要均匀，不要突然由粗变细或由细变粗。

③走线平滑自然为佳，避免急拐弯和尖角，拐角不得小于 90°，否则会引起印制导线的剥离或翘起，同时尖角对高频和高电压的影响也较大。最佳的拐角形式应是平缓的过渡，即拐角的内角和外角都是圆弧。

图 3-13 避免采用的印制导线形状与走向

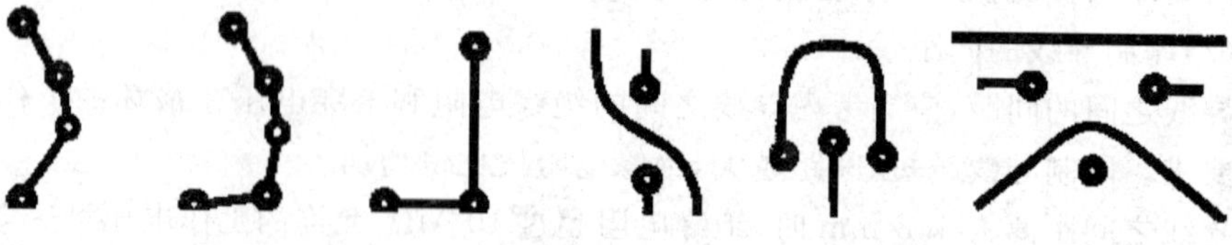

图 3-14 优先采用的印制导线形状与走向

④印制导线应避免呈一定角度与焊盘相连，要从焊盘的长边中心处与之相连，并且过渡要圆滑 (图 3-15)。

⑤有时为了增加焊接点(焊盘)的牢固，可在单个焊盘或连接较短的两焊盘上加一小条印制导线，即辅助加固导线，也称工艺线，这条线不起导电的作用。

⑥导线通过两焊盘之间而不与它们连通时，应与它们保持最大且相等的间距（图 3-15）；同样，导线之间的距离也应当均匀地相等并保持最大。

⑦如果印制导线的宽度超过 5 mm，为了避免铜箔因气温变化或焊接时过热而鼓起或脱落，要在线条中间留出圆形或缝状的空白处——镂空处理（图 3-16）。

图 3-15　印制导线圆滑过渡和通过焊盘

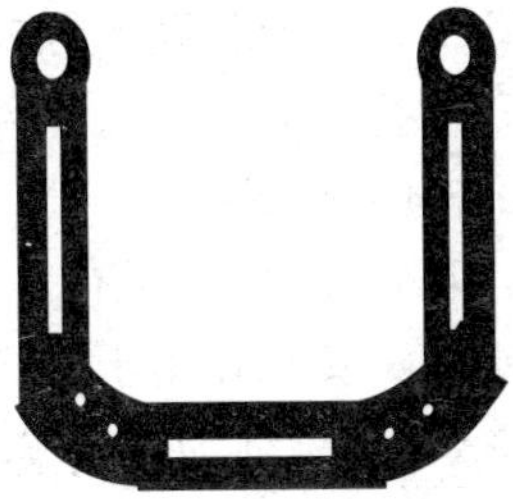

图 3-16　导线中间开槽

⑧尽量避免印制导线分支。

⑨在板面允许的条件下，电源线及地线的宽度应尽量宽一些，即使面积紧张，一般也不要小于 1 mm。特别是地线，即使局部不允许加宽，也应在允许的地方加宽，以降低整个地线系统的电阻。

⑩布线时应先考虑信号线，后考虑电源线和地线。因为信号线一般比较集中，布置的密度比较高，而电源线和地线要比信号线宽得多，对长度的限制要小得多。

3.2.5　过孔和引线孔的设计

过孔和引线孔也是印制电路的重要组成部分之一，前者用作各层间电气连接，后者用作元器件固定或定位。

(1)过孔

过孔是连接电路的“桥梁”，也称为通孔、金属化孔。通常用化学沉积的方法在过孔的孔壁圆柱面上镀上一层金属。

过孔一般分为三类：盲孔、埋孔和通孔。盲孔位于印刷线路板的顶层和底层表面，是将几层内部印制电路连接并延伸到印制板表面的导通孔；埋孔位于印刷线路板内层，是连接内部的印制电路而不延伸到印制板表面的导通孔；通孔则穿过整个线路板。其中，通孔在工艺上易于实现、成本较低，因此使用也最多；但要注意，通孔一般只用于电气连接，不用于焊接元件。

一般而言，设计过孔时有以下原则。

①尽量少用过孔。对于两点之间的连线而言，经过的过孔太多会导致可靠性下降。

②过孔越小则布线密度越高，但过孔的最小极限往往受到技术设备条件的制约。

一般过孔的孔径可取 0.6～0.8 mm。

③需要的载流量越大，所需的过孔尺寸越大，如电源层和地层与其他层连接所用的过孔就要大一些。

(2)引线孔

引线孔也称为元件孔，兼有机械固定和电气连接的双重作用。

引线孔的孔径取决于元器件引线的直径大小。若器件引线的直径为 d_1，引线孔的孔径为 d，通常取 $d=(d_1+0.3)$mm。

另外，印刷电路板上还有一些不属于印制电路范畴的安装孔和定位孔，设计时同样要认真对待。安装孔用于机械安装印制板或机械固定大型元器件，其孔径按照安装需要选取，优选系列为 2.2、3.0、3.5、4.0、4.5、5.0、6.0 mm；定位孔(可以用安装孔代替)用于印制板加工和检测定位，一般采用三孔定位方式，孔径根据装配工艺选取。

3.2.6 印刷电路板的抗干扰设计

在印刷电路板的设计中，为了使所设计的产品能够更好地有效工作，就必须考虑它的抗干扰能力。印刷电路板的抗干扰设计与具体电路有着密切的关系，这里仅就几项常用措施做一些说明。

3.2.6.1 地线设计

电路中接地点的概念表示零电位，其他电位均相对于这一点而言。在实际的印刷电路板上，地线并不能保证是绝对零电位，往往存在一个很小的非零电位值。由于电路中的放大作用，这小小的电位便可能产生影响电路性能的干扰——地线共阻抗干扰。

消除地线共阻抗干扰的方法主要有以下几点。

(1)尽量加粗接地线

若接地线很细，接地电位则随电流的变化而变化，致使电子设备的定时信号电平不稳，抗噪声性能变坏。因此，应将接地线尽量加粗，使它能通过三倍于印刷电路板的允许电流。如有可能，接地线的宽度应大于 3 mm。

(2)单点接地

单点接地(也称一点接地)是消除地线干扰的基本原则，即将电路中本单元(级)的各接地元器件尽可能就近接到公共地线的一段或一个区域里(图 3-17(a))，也可以接到一个分支地线上(图 3-17(b))。

①这里所说的“点”是可以忽略电阻的几何导电图形，如大面积接地、汇流排、粗导线等。

②单点接地除了本单元的板内元器件外，还包括与本单元直接连接或通过电容

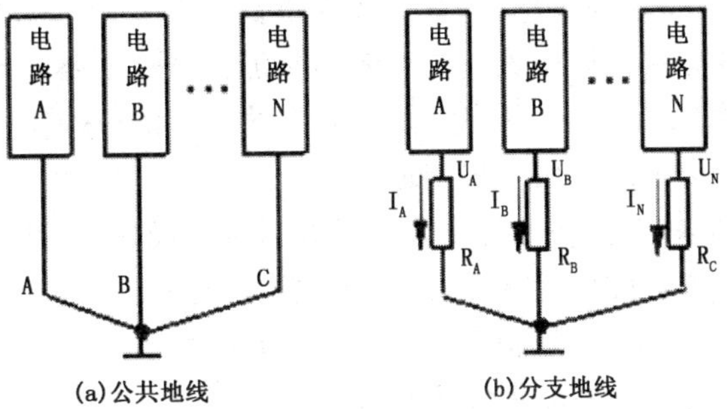

图 3-17　单点接地

连接的板外元器件。

③为防止因接地元器件过于集中而造成排列拥挤，在一级电路中可采用多个分支(分地线)，但这些分支不可与其他单元的地线连接。

④高频电路采用大面积接地方法，不能采用分地线，但单点接地一样十分必要——将本单元(级)的各接地元器件尽可能安排在一个较小的区域里。

另外，当一块印刷电路板由多个单元电路组成、一个电子产品由多块印刷电路板组成时，都应该采用单点接地方式以消除地线干扰(图 3-18)。

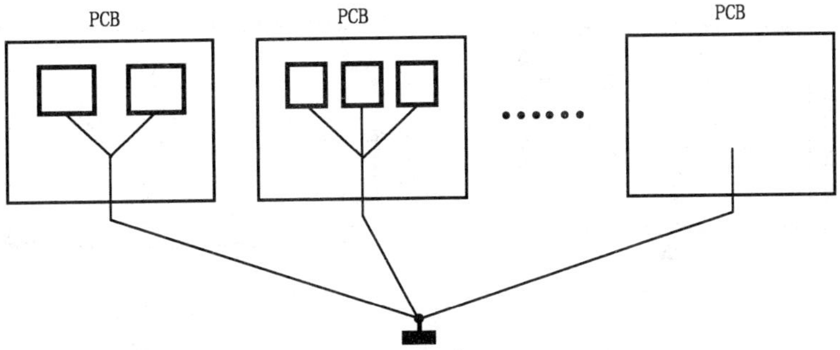

图 3-18　多板多单元单点接地

(3)合理设计板内地线布局

通常一块印刷电路板都有若干个单元电路，板上的地线是用来连接电路各单元或各部分之间接地的。板内地线布局主要应防止各单元或各部分之间的全电流共阻抗干扰。

①各部分(必要时各单元)的地线必须分开，即尽量避免不同回路的电流同时流经某一段共用地线。

a. 在高频电路和大电流回路中，尤其要讲究地线的接法。把“交流电”和“直流电”分开，是减少噪声通过地线串扰的有效方法。

b. 电路板上既有高速逻辑电路，又有线性电路，应使它们尽量分开，两者的地线不要相混，分别与电源端地线相连。同时要尽量加大线性电路的接地面积。

c. 对于既有小信号输入端、又有大信号输出端的电路，它们的接地端务必分别用导线引到公共地线上，不能共用一根接地线。

②为消除或尽量减少各部分的公共地线段，总地线的引出点必须合理。

③为防止各部分通过总地线的公共引出线而产生的共阻抗干扰，在必要时可将某些部分的地线单独引出。特别是数字电路，必要时可以按单元、按工作状态或按集成块分别设置地线，各部分并联汇集到一点接地。

④设计只由数字电路组成的印刷电路板的地线系统时，将接地线做成闭环路可以明显提高抗噪声能力。因为印刷电路板上有很多集成电路元件，尤其遇到耗电多的元件时，因受接地线粗细的限制，会在地线上产生较大的电位差，引起抗噪声能力下降，若将接地结构成环路，则会缩小电位差值，提高电子设备的抗噪声能力。

板内地线布局的方式有以下几种。

①并联分路式

一块板内有几个子电路（或几级电路）时，各子电路（各级）地线分别设置，并联汇集到一点接地（图 3-19(a，b)）。

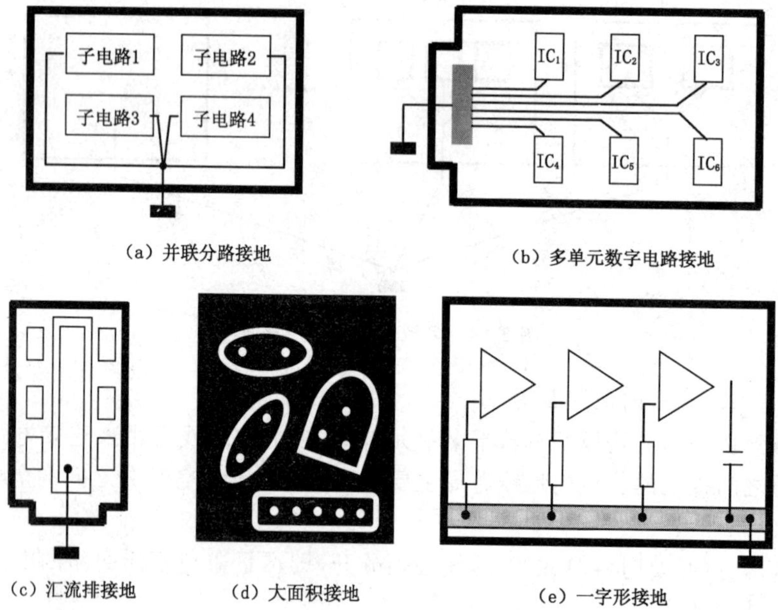

(a) 并联分路接地　(b) 多单元数字电路接地

(c) 汇流排接地　(d) 大面积接地　(e) 一字形接地

图 3-19　板内地线布局方式

②汇流排式

该方式适用于高速数字电路(图 3-19(c)),布设时板上所有 IC 芯片的地线与汇流排接通。汇流排是由 0.3～0.5 mm 铜箔板镀银而成,直流电阻很小,又具有条形对称传输线的低阻抗特性,可以有效减少干扰,提高信号传输速度。

③大面积接地

该方式适用于高频电路(图 3-19(d)),布设时板上所有能使用的面积均布设为地线。采用这种布线方式的元器件一般都采用不规则排列并按信号流向布设,以求最短的传输线和最大的接地面积。

④一字形地线

当板内电路不复杂时可采用一字形地线布设,简单明了(图 3-19(e))。布设时要注意,地线应足够宽且同一级电路接地点尽可能靠近,总接地点在最后一级。

3.2.6.2　电源线设计

任何电子仪器都需要电源供电,绝大多数直流电源是由交流电通过降压、整流、稳压后供出的。供电电源的质量会直接影响整机的技术指标。因此在排版设计中,电源及电源线的合理布局对消除电源干扰有着重要的意义。

(1) 稳压电源的布局

稳压电源在布局时尽可能安排在单独的印制板上。这样可以使电源印制板的面积减小,便于放置在滤波电容和调整管附近,有利于在调试和检修设备时将负载与电源断开。而当电源与电路合用印制板时,在布局中应避免稳压电源与电路元件混合布设或电源和电路合用地线。这样的布局不仅容易产生干扰,同时也给维修带来麻烦。

(2) 电源线的布局

尽管电路中有电源的存在,合理的电源线布设对抑制干扰仍有着决定性作用。

①根据印制线路板电流的大小,尽量加宽电源线宽度,减少环路电阻。同时使电源线、地线的走向和数据传递的方向一致,这样有助于增强抗噪声能力。

②在设计印制电路时,应当尽量将电源线和地线紧紧布设在一起,以减少电源线耦合所引起的干扰。

③退耦电路应布设在各相关电路附近,而不要集中放置在电源部分。这样既影响旁路效果,又会在电源线和地线上因流过脉动电流造成串扰。

④由于末级电路的交流信号往往较大,因此在安排各部分电路内部的电源走向时,应采用从末级向前级供电的方式(图 3-20)。这样的安排对末级电路的旁路效果最好。

3.2.6.3　电磁兼容性设计

电磁兼容性是指电子设备在各种电磁环境中仍能够协调、有效地工作的能力。

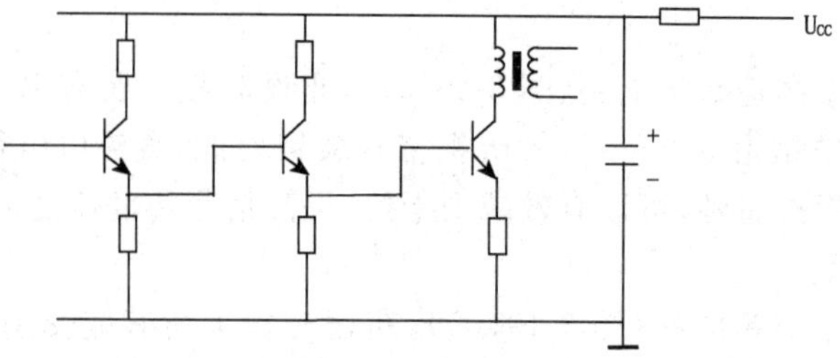

图 3-20 电路内部的电源

印制板使元器件紧凑，连接密集，如果设计不当则会产生电磁干扰，给整机工作带来麻烦。电磁干扰无法完全避免，只能在设计中设法抑制。

(1) 采用正确的布线策略

①选择合理的导线宽度

由于瞬变电流在印制线条上所产生的冲击干扰主要是由印制导线的电感成分造成的，因此应尽量减小印制导线的电感量。印制导线的电感量与其长度成正比，与其宽度成反比，因而短而精的导线对抑制干扰是有利的。时钟引线、行驱动器或总线驱动器的信号线常常载有大的瞬变电流，印制导线要尽可能地短。对于分立元件电路，印制导线宽度在 1.5 mm 左右时，即可完全满足要求；对于集成电路，印制导线宽度可在 0.2～1.0 mm 选择。

②避免印制导线之间的寄生耦合

两条相距很近的平行导线，他们之间的分布参数可以等效为相互耦合的电感和电容，当信号从一条线中通过时，另外一条线路内也会产生感应信号——平行线效应。

平行线效应与导线长度成正比，所以为了抑制印制板导线之间的串扰，布线时导线越短越好，并尽可能拉开线与线之间的距离。在一些对干扰十分敏感的信号线之间设置一根接地的印制线，可以有效地抑制串扰。

③避免成环

由无线电理论可知，一定形状的导体对一定波长的电磁波可实现发射或接收——天线效应。在高频电路的印制板设计中，天线效应尤其不可忽视。

印制板上的环形导线相当于单匝线圈或环形天线，使电磁感应和天线效应增强。布线时最好按信号去向顺序，忌迂回穿插，以避免成环或减少环形面积。

④远离干扰源或交叉通过

布线时信号线要尽量远离电源线、高电平导线这些干扰源。如果实在无法躲避，最好采用井字形网状布线结构——交叉通过。对于单面板用“飞线”过渡；对于双面板印制板的一面横向布线，另一面纵向布线，交叉孔处用金属化孔相连。

⑤一些特殊用途的导线布设要点

a. 反馈元件和导线连接输入和输出，设置不当容易引入干扰。布线时，输出导线要远离前级元件，避免干扰(图 3-21)。

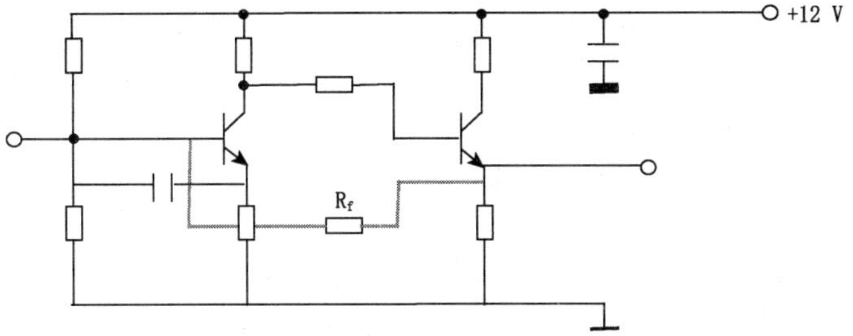

图 3-21　放大电路反馈布线

b. 时钟信号引线最容易产生电磁辐射干扰，走线时应与地线回路靠近，驱动器应紧挨着连接器。

c. 总线驱动器应紧挨其欲驱动的总线。对于那些离开印刷电路板的引线，驱动器应紧挨着连接器。

d. 数据总线的布线应每两根信号线之间夹一根信号地线。最好是紧挨着最不重要的地址引线放置的回路，因为后者常载有高频电流。

⑥印制导线屏蔽

有时某种信号线密集地平行排列，而且无法摆脱较强信号的干扰，可采取大面积屏蔽地、专置电线环、使用专用屏蔽线等措施来解决干扰的问题。

⑦抑制反射干扰

为了抑制出现在印制线条终端的反射干扰，除了特殊需要之外，应尽可能缩短印制线的长度和采用慢速电路。必要时可加终端匹配，即在传输线的末端对地和电源端各加接一个相同阻值的匹配电阻。根据经验，对速度较快的 TTL 电路，其印制线条长于 10 cm 以上时就应采用终端匹配措施。匹配电阻的阻值应根据集成电路的输出驱动电流及吸收电流的最大值来决定。

(2)设法远离干扰磁场

①电源变压器、高频变压器、继电器等元件通过交变电流所形成的交变磁场，会因闭合线圈(导线)的垂直切割而产生感生环路电流，对电路造成干扰。因此，布线时除尽量不形成环形通路外，还要在元件布局时选择好变压器与印制板的相对位置，使印制板的平面与磁力线平行。

②扬声器、电磁铁、永磁式仪表等元件由于自身特性所形成的恒定磁场，会对磁棒、中周线圈等磁性元件和显像管、示波管等电子束元件造成影响。因此，元件布局时应尽可能使易受干扰的元件远离干扰源，并合理选择干扰与被干扰元件的相对位

置和安装方向。

③配置抗扰器件——去耦电容

在印制板的抗干扰设计中,经常要根据干扰源的不同特点,选用相应的抗扰器件:用二极管和压敏电阻等吸收浪涌电压;用隔离变压器等隔离电源噪声;用线路滤波器等滤除一定频段的干扰信号;用电阻器、电容器、电感器等元件的组合对干扰电压或电流进行旁路、吸收、隔离、滤除、去耦等处理。其中,为防止电磁干扰通过电源及配线传播,而在印制板的各个关键部位配置适当的滤波去耦(退耦)电容已成为印制板设计的常规做法之一。

去耦电容通常在电原理图中并不反映出来。要根据集成电路芯片的速度和电路的工作频率选择电容量(可按 $C=1/f$,即 10 MHz 取 0.1 μF),速度越快、频率越高,则电容量越小且需使用高频电容。

去耦电容的一般配置原则如下。

a. 电源输入端跨接一个 10～100 μF 的电解电容器(如果印刷电路板的位置允许,采用 100 μF 以上的电解电容器效果会更好),或者跨接一个大于 10 μF 的电解电容和一个 0.1 μF 的陶瓷电容并联。当电源线在板内走线长度大于 100 mm 时应再加一组。该处的去耦电容一般可选用钽电解电容。

b. 原则上每个集成电路芯片都应布置一个 0.1 μF～680 pF 的瓷片电容,这种方法对于多片数字电路芯片更不可少。如遇印制板空隙不够,可每 4～8 个芯片布置一个 1～10 pF 的钽电解电容器。注意,去耦电容必须要加在靠近芯片的电源端(Vcc)和地线(GND)之间(图 3-22)。这一要求同样适用于那些抗噪声能力弱、关断时电流变化大的器件和 ROM、RAM 等存储型器件。

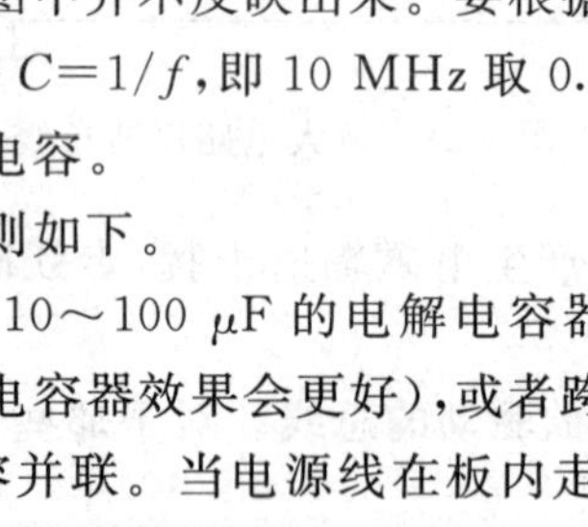

图 3-22 布设去耦电容

c. 去耦电容的引线不能太长,尤其是高频旁路电容不能有引线。

3.2.6.4 器件布置设计

印制板上器件布局不当也是引发干扰的重要因素,所以应全面考虑电路结构,合理布置印制板上的器件。

(1)印制板上器件布局应以尽量获得较好的抗噪声效果为首要目的。将输入输出部分分别布置在板的两端;电路中相互关联的器件应尽量靠近,以缩短器件间连接导线的距离;工作频率接近或工作电平相差大的器件应相距远些,以免相互干扰。易产生噪声的器件、小电流电路、大电流电路等应尽量远离逻辑电路,如有可能,应另做印制板。如常用的以单片机为核心的小型开发系统电路,在设计印制板时,宜将时钟发生器、晶振和 CPU 的时钟输入端等易产生噪声的器件相互靠近布置,让有关的逻辑电路部分尽量远离这类噪声器件。同时,考虑到电路板在机柜内的安装方式,最好将 ROM、RAM、功率输出器件以及电源等易发热器件布置在板的边缘或偏上方部位,以利于散热(图 3-23)。

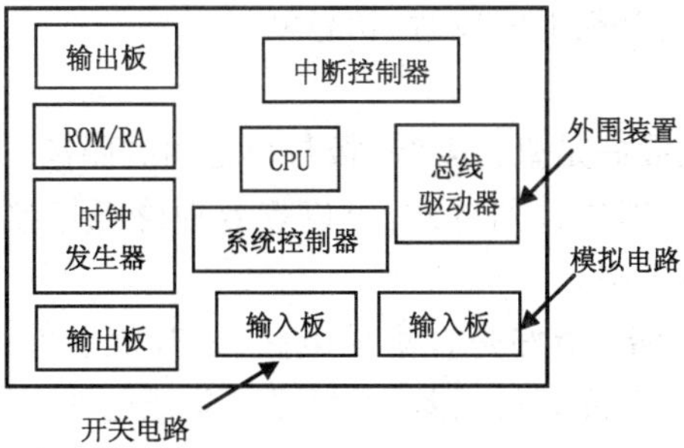

图 3-23　单片机开发系统的器件布置

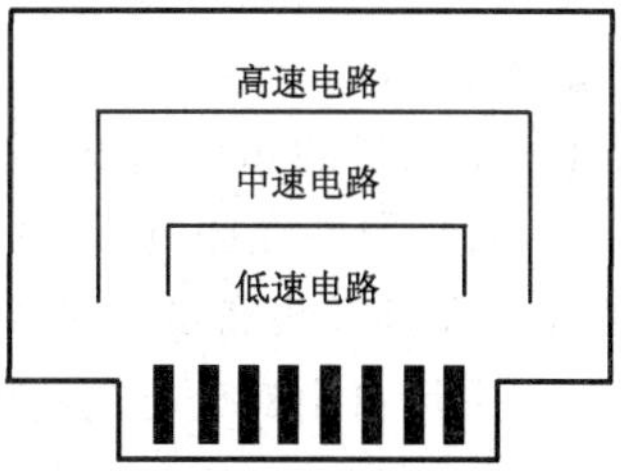

图 3-24　逻辑电路的布置

(2)在印刷电路板上布置逻辑电路,原则上应在输出端子附近放置高速电路,如光电隔离器等,在稍远处放置低速电路和存储器等,以便处理公共阻抗的耦合、辐射和串扰等问题。在输入输出端放置缓冲器,用于板间信号传送,可有效防止噪声干扰(图 3-24)。

(3)如果印制板中有接触器、继电器、按钮等元件,操作时均会产生较大的火花放电,必须采用相应的 RC 电路来吸收放电电流。一般 R 取 1～2 kΩ,C 取 2.2～47 μF。

(4)CMOS 的输入阻抗很高,且易受感应,因此在使用时不用端要接地或接正电源。

3.2.6.5　散热设计

多数印刷电路板都存在着元器件密集布设的现实问题,电源变压器、功率器件、大功率电阻等发热元器件所形成的“热源”,将可能对电路乃至整机产品的性能造成不良影响。一方面许多元件如电解电容、瓷片电容等是典型的怕热元件,而几乎所有的半导体器件都有不同程度的温度敏感性;另一方面印刷电路板基材的耐温能力和导热系数都比较低,铜箔的抗剥离强度随工作温度的升高而下降(印刷电路板的工作温度一般不能超过 85 ℃)。因此,如何做好散热处理是印刷电路板设计中必须考虑的问题。

印刷电路板散热设计的基本原则是:有利于散热,远离热源。具体措施包括以下几个方面。

(1)特别“关照”热源的位置

①热源外置。将发热元器件放置在机壳外部,如许多的电源设备就将大功率调整管固定于金属机壳上,以利于散热。

②热源单置。将发热元器件单独设计为一个功能单元,置于机内靠近板边缘容易散热的位置,必要时强制通风,如台式计算机的电源部分。

③热源高置。发热元器件在印刷电路板上安装时,切忌贴板。

(2)合理配置器件

从有利于散热的角度出发,印制板最好是直立安装,板与板之间的距离一般应不小于 2 cm,而且器件在印制板上采用合理的排列方式,可以有效地降低印制电路的温升,从而使器件及设备的故障率明显下降。

①对于采用自由对流空气冷却的设备,最好是将集成电路(或其他器件)按纵长方式排列(图 3-25(a));对于采用强制空气冷却的设备,最好是将集成电路(或其他器件)按横长方式排列(图 3-25(b))。

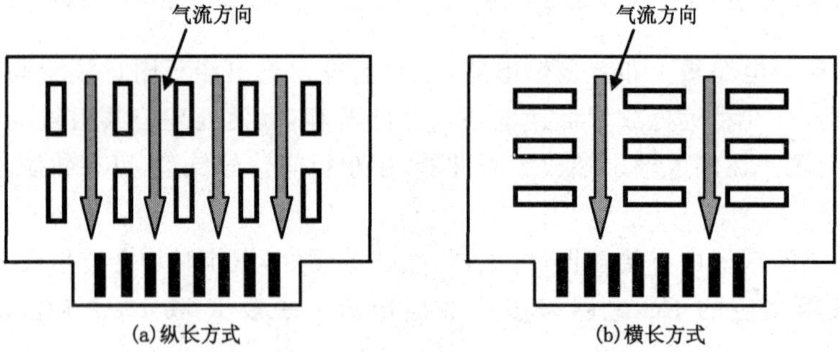

图 3-25　元器件板面排列的散热设计

②同一块印制板上的器件应尽可能按其发热量大小及散热程度分区排列,发热量小或耐热性差的器件(如小信号晶体管、小规模集成电路、电解电容等)放在冷却气流的最上流(入口处),发热量大或耐热性好的器件(如功率晶体管、大规模集成电路等)放在冷却气流最下游。

③在水平方向上,大功率器件尽量靠近印制板边沿布置,以便缩短传热路径;在垂直方向上,大功率器件尽量靠近印制板上方布置,以便减少这些器件工作时对其他器件温度的影响。

④对温度比较敏感的器件最好安置在温度最低的区域(如设备的底部),千万不

要将它放在发热器件的正上方，多个器件最好是在水平面上交错布局。

⑤设备内印制板的散热主要依靠空气流动，空气流动时总是趋向于阻力小的地方，所以在印刷电路板上配置器件时，要避免在某个区域留有较大的空域。整机中多块印刷电路板的配置也应注意同样的问题。

如果因工艺需要板面必须有一定的空域，可人为添加一些与电路无关的零部件，以改变气流使散热效果提高(图 3-26)。

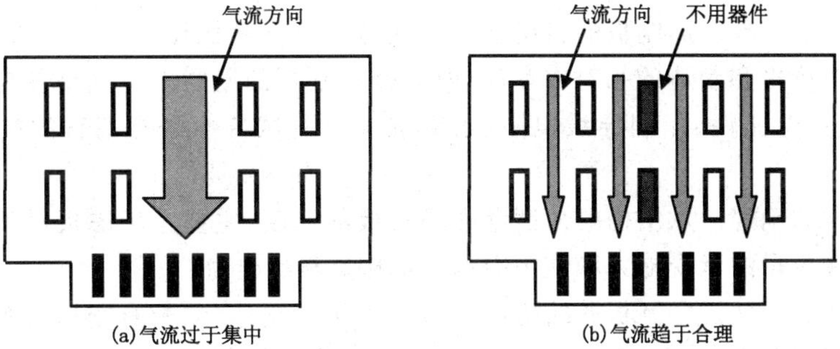

图 3-26　板面加引导散热

3.2.6.6　板间配线设计

板间配线会直接影响印制板的噪声敏感度，因此，在印制板联装后，应认真检查、调整，对板间配线作合理安排，彻底清除超过额定值的部位，解决设计中遗留的不妥之处。

(1)板间信号线越短越好，且不宜靠近电力线，或可采取两者相互垂直配线的方式，以减少静电感应、漏电流的影响，必要时应采取适宜的屏蔽措施；板间接地线需采用“一点接地”方式，切忌使用串联型接地，以避免出现电位差。地线电位差会降低设备抗扰度，是时常出现误动作的原因之一。

(2)远距离传送的输入输出信号应有良好的屏蔽保护，屏蔽线与地应遵循一端接地原则，且仅将易受干扰端屏蔽层接地。应保证柜体电位与传输电缆地电位一致。

(3)当用扁平电缆传输多种电平信号时，应用闲置导线将各种电平信号线分开，并将该闲置导线接地。扁平电缆力求贴近接地底板，若串扰严重，可采用双绞线结构的信号电缆。

(4)交流中线(交流地)与直流地严格分开，以免相互干扰，影响系统正常工作。

3.2.7　草图设计

3.2.7.1　设计印刷电路板应具备的条件

(1)根据总体设计要求，划分电路单元并确定所设计印制板的电路，选定该电路的元器件。

(2)确定对元器件的特殊要求,如哪些元器件需要屏蔽、经常调换或更换,哪些导线要求屏蔽,工作频率和工作电压高低,以及电路工作时的环境条件等。

(3)确定印制板与整机的连接形式以及连接器件的型号规格等。

3.2.7.2　印制板的设计方法和步骤

(1)选定印制板的材料、厚度和版面尺寸

①材料的选择。印制板的材料选择必须考虑电气和机械特性,当然还要考虑到购买的相对价格和制造的相对成本,从而选择印制板的基材。电气特性是指基材的绝缘电阻、抗电弧性、印制导线电阻、击穿强度。机械特性是指基材的抗拉强度和硬度。

②厚度的确定。从结构的角度考虑印制板的厚度,主要是考虑板对其上安装的所有元器件重量的承受能力和使用中承受机械负荷的能力。

③形状和尺寸。印制板的结构尺寸与印制板的制造、装配有密切关系。从装配工艺角度考虑两个方面的问题:一方面是便于自动化组装,使设备的性能得到充分的利用,能使用通用化、标准化的工具和夹具;另一方面是便于将印制板组装成不同规格的产品,安装方便,性能可靠。

(2)印刷电路板坐标尺寸图的设计

用坐标纸绘制电路板坐标尺寸图。借助于坐标格,正确地表达印制板上印制图的坐标位置。在设计和绘制坐标尺寸图时,应根据电路图并考虑元器件布局和布线的要求。如哪些元器件在板内,哪些要加固、要散热、要屏蔽,哪些元器件在板外,需要多少板外连线,引出端的位置如何,等等。必要时还应绘制面板外元器件接线图。

①典型元器件的尺寸。典型元器件是所有安装元器件中在几何尺寸上具有代表性的元件,它是布置元器件时的基本单元。根据其尺寸大小可以估计其他元器件的尺寸(相当于典型元件的倍数),这样就可以算出整个印制板需要多大尺寸,或者在规定的版面尺寸,一个元件能占多少面积。

②元件安装孔的位置。各元件的安装孔的圆心必须置于坐标格交点上。

(3)根据电路原理图绘制印制图草图

①选定排版方向及主要元器件的位置。排版方向是指印制板上电路从前级向后级布线的走向,如从左向右,或从右向左。

②绘制单线不交叉草图。原理图的绘制一般以信号流经过程及反映元器件在图中的作用为原则,因而原理图中走线交叉现象很多,这对读图毫无影响。但在印制板中交叉现象是不允许的,因此在排版中,首先要绘制单线不交叉图,可通过重新排列元器件位置和方向来解决。在较复杂的电路中,有时要做到完全不交叉是比较困难的,可用“路线”解决。跨线,即在印制的交叉处切断一根,从板的元件面用一根短接

线连接。但跨线过多,会影响板的质量,不能算成功的解决方案。

③绘制排版设计草图。根据单线不交叉草图,按照元器件大小,在方格纸上绘出的图叫排版设计草图。它包括焊接元器件的引线孔,印制导线的形状,印制板的尺寸及有关安装孔等。

3.3 印刷电路板制造工艺

3.3.1 基本环节

印刷电路板的制造工艺发展很快,不同类型和不同要求的印刷电路板采取不同的工艺,但其基本工艺流程是一致的。一般都要经历胶片制版、图形转移、化学蚀刻、过孔和铜箔处理、助焊和阻焊处理等过程。

(1)胶片制版

①绘制底图

大多数的底图是由设计者绘制的,而PCB生产厂家为了保证印制板加工的质量,要对这些底图进行检查、修改,不符合要求的,需要重新绘制。

②照相制版

用绘制好的制板底图照相制版,版面尺寸应与PCB尺寸一致。PCB照相制版过程与普通照相大体相同,即"软片剪裁—曝光—显影—定影—水洗—干燥—修版"。执行照相前应检查核对底图的正确性,特别是长时间放置的底图。曝光前,应调好焦距,双面板的相版应保持正反面照相的两次焦距一致。相版干燥后需要修版。

(2)图形转移

把相版上的PCB印制电路图形转移到覆铜板上,称PCB图形转移。PCB图形转移的方法很多,常用的有丝网漏印法和光化学法等。

丝网漏印与油印机类似,即在丝网上附一层漆膜或胶膜,然后按技术要求将印制电路图制成镂空图形。执行丝网漏印是一种古老的印制工艺,操作简单,成本低;可以通过手动、半自动或自动丝印机实现。手动丝网漏印的步骤为:

①将覆铜板在底板上定位,印制材料放到固定丝网的框内;

②用橡皮板刮压印料,使丝网与覆铜板直接接触,在覆铜板上就会形成组成的图形;

③烘干、修版。

(3)光学方法

①直接感光法

其工艺过程为:覆铜板表面处理—涂感光胶—曝光—显影—固膜—修版。修版是蚀刻前必须要做的工作，可以对毛刺、断线、砂眼等进行修补。

②光敏干膜法

工艺过程与直接感光法相同，只是不使用感光胶，而是用一种薄膜作为感光材料。这种薄膜由聚酯薄膜、感光胶膜和聚乙烯薄膜三层材料组成，感光胶膜夹在中间，使用时揭掉外层的保护膜，使用贴膜机把感光胶膜贴在覆铜板上。

③化学蚀刻

它是利用化学方法除去板上不需要的铜箔，留下组成图形的焊盘、印制导线及符号等。常用的蚀刻溶液有酸性氯化铜、碱性氯化铜、三氯化铁等。

(4)过孔与铜箔处理

①金属化孔

金属化孔就是把铜沉积在贯通两面导线或焊盘的孔壁上，使原来非金属的孔壁金属化，也称沉铜。在双面和多层 PCB 中，这是一道必不可少的工序。实际生产中要经过：钻孔—去油—粗化—浸清洗液—孔壁活化—化学沉铜—电镀—加厚等一系列工艺过程才能完成。

金属化孔的质量对双面 PCB 是至关重要的，因此必须对其进行检查，要求金属层均匀、完整，与铜箔连接可靠。在表面安装高密度板，这种金属化孔采用盲孔方法(沉铜充满整个孔)来减小过孔所占面积，提高密度。

②金属涂覆

为了提高 PCB 印制电路的导电性、可焊性、耐磨性、装饰性及延长 PCB 的使用寿命和提高电气可靠性，往往在 PCB 的铜箔上进行金属涂覆。常用的涂覆层材料有金、银和铅锡合金等。

(5)助焊与阻焊处理

PCB 经表面金属涂覆后，根据不同需要可进行助焊或阻焊处理。涂助焊剂可提高可焊性；而在高密度铅锡合金板上，为使板面得到保护、确保焊接的准确性，可在板面上加阻焊剂，使焊盘裸露，其他部位均在阻焊层下。阻焊涂料分热固化型和光固化型两种，色泽为深绿或浅绿色。

3.3.2　生产过程

要想设计出合乎要求的印刷板图，电子产品设计人员需要深入了解现代印刷电路板的一般工艺流程。下面分别介绍单面、双面和多层板的制作工艺。

(1)单面印刷板

单面印刷板适用于简单的电路制作。其工艺流程如下：

单面覆铜板→下料→刷洗、干燥→网印线路抗蚀刻图形→固化→检查、修板→蚀刻铜→去抗蚀印料、干燥→钻网印及冲压定位孔→刷洗、干燥→网印阻焊图形(常用绿油)、uv 固化→网印字符标注图形、uv 固化→预热、冲孔及外形加工→电气开、短路测试→刷洗、干燥→预涂助焊防氧化剂(干燥)→检验、包装→成品。

(2)双面印刷板

双面印刷板适用于比较复杂的电路，是最常见的印刷电路板。近年来，制造双面金属印刷板的典型工艺是图形电镀法和 SMOBC 法。在某些特定场合也有使用工艺导线法的。其工艺流程如下：

双面覆铜板→下料→钻基准孔→数控钻导通孔→检验、去毛刺刷洗→化学镀(导通孔金属化)→全板电镀薄铜→检验刷洗→网印负性电路图形、固化(干膜或湿膜、曝光、显影)→检验、修板→线路图形电镀→电镀锡(抗蚀镍/金)→去印料(感光膜)→蚀刻铜→退锡→清洁刷洗网印阻焊图形(贴感光干膜或湿膜、曝光、显影、热固化，常用感光热固化绿油)→清洗、干燥→网印标记字符图形、固化→外形加工→清洗、干燥→电气通断检测→喷锡或有机保焊膜→检验、包装→成品。

(3)多层印刷板

多层印刷板具有装配密度高、体积小、重量轻、可靠性高等待点。随着电子技术朝高速、多功能、大容量、便携和低耗的方向发展，多层印刷板的应用越来越广泛，其层数及密度也越来越高，结构也越来越复杂。其主要工艺流程如下：

内层程铜板双面开料→刷洗→干燥→钻定位孔→贴光致抗蚀干膜或涂覆光致抗蚀剂→曝光→显影→蚀刻、去膜→内层粗化、去氧化→内层检查→外层单面覆铜板线路制作→板材黏结片检查→钻定位孔→层压→钻孔→孔检查→孔前处理与化学镀铜→全板镀薄铜→镀层检查→贴光致耐电镀干膜或涂覆光致耐电镀剂→面层底板曝光→显影、修板→线路图形电镀→电镀锡铝合金或金镀→去膜和蚀刻→检查→网印阻焊图形或光致阻焊图形→热风平整或有机保护膜→数控洗外形→成品检验→包装成品。

(4)流程主要工艺说明

①下料：从一定板厚和铜箔厚度的整张覆铜板大料上剪出便于加工的尺寸。

②钻孔：在板上按电脑钻孔程序钻出导电孔或插件孔。

③沉铜：在钻出的孔内沉积一层薄薄的化学铜，目的是在不导电的基材上通过化学方法沉积上一层铜，便于后面电镀导通形成线路。

④全板镀铜：保护基材上的化学沉铜，以防其在空气中氧化。

⑤图形电镀：在已做好的图形线路板上进行线路加厚镀锁，使孔内和线路铜厚达到一定厚度、可以负载一定的电流。

⑥蚀刻：包括内层蚀刻，褪掉图形油墨或干膜，蚀刻掉多余的铜箔，从而得到导电线路图形。

⑦层压：把内层与半固化片、铜箔叠合在一起经高温压制成多层板，4 层板需要

一张内层，两张铜箔；6 层板需要两张内层，两张铜箔。

⑧丝印阻焊油墨或贴阻焊干膜：在板上印刷一层阻焊油墨，大约 35 μm 厚；或贴上一层阻焊干膜，经曝光、显影后做成阻焊图形。

3.3.3 手工制板

在电子产品样机尚未设计定型的试验阶段，或当爱好者进行业余制作时，经常只需要制作一两块供分析测试使用的印刷电路板。按照正规的工艺步骤，要绘制出黑白底图之后，再送到专业制版厂去加工。这样制出的板子当然是质量高的，但往往因加工周期太长而耽误时间，并且从经济费用考虑也太不合算。因此，掌握几种在非专业条件下手工自制印刷电路板的简单方法是必要的。

(1)漆图法

用漆图法自制印刷电路板的主要步骤如下：

下料→拓图→打孔→调漆→描漆图→腐蚀→去漆膜→清洗→涂助焊剂。

各步骤简单说明如下。

①下料：按板画的实际设计尺寸剪裁覆铜板(可用小钢锯条沿边线锯开)。

②拓图：用复写纸将已设计好的印制板布线草图拓印在覆铜板的铜箔面上。印制导线用单线表示，焊盘用小圆点表示。拓制双面板时，为保证两画定位准确，板与草图均应有 3 个以上孔距尽量大的定位孔。

③打孔：拓图后，对照草图检查覆铜板上面的焊盘与导线是否有遗漏。然后在板上用手锤打出定位眼，按定位眼用小型台式钻床打出焊盘上的通孔。打孔过程中，注意钻床应取高转速，钻头刀刃要锋利，进刀不宜太快，以免将铜箔挤出毛刺；并注意保持导线图形清晰，避免损伤。清除孔的毛刺时不要用粗砂纸，以免损伤铜箔。

④调漆：在描图之前应先把所用的漆调配好。通常用稀料调配，并配入一些甲基紫使描图颜色清晰。要注意稀稠适宜，以免描不上或是流淌，画焊盘的漆应比画线条用的稍稠一些。

⑤描漆图：按照拓好的图形，用漆描绘焊盘及导线。应该先描焊盘，可以用比焊盘外径稍细的硬导线或纫木棍蘸漆点画，注意与印制的孔同心，大小尽量均匀。然后用鸭嘴笔与直尺描绘导线，注意直尺不要将未干的图形蹭坏，可将直尺两端垫高架起。

⑥腐蚀：腐蚀前应检查图形质量，修整线条、焊盘。腐蚀液一般使用三氯化铁水溶液，可以从化工商店购买三氯化铁粉剂自己配制，浓度在 28%～42%。将覆铜板全部浸入腐蚀液，把没有被漆膜覆盖的铜箔腐蚀掉。

⑦去漆膜：用热水浸泡后，可将板面漆膜剥掉，未擦净处可用稀料清洗。

⑧清洗：漆膜去除干净以后，用碎布蘸着去污粉在板面上反复擦拭，去掉铜箔的氧化膜，使线条及焊盘展现出铜的光亮本色。注意应按某一固定方向擦拭，这样可使

铜箔反光方向一致，看起来更加美观。擦拭后用清水冲洗、晾干。

⑨涂助焊剂：把已经配好的松香酒精溶液立即涂在洗净晾干的印刷电路板上，作为助焊剂。助焊剂可使板面受到保护，提高可焊性。

(2)贴图法

在用漆图法自制印刷电路板的过程中，图形靠描漆或其他抗蚀材料描绘而成，虽然简单易行，但描绘质量很难保证，往往是焊盘大小不均，印制导线粗细不匀。近年来，电子器材商店已有一种薄膜图形出售，这种具有抗蚀能力的薄膜厚度只有几微米，图形种类有几十种，都是印刷电路板上常见的图形，有各种焊盘、接插件、集成电路引线和各种符号等。这些图形贴在一块透明的塑料软片上，使用时可用刀尖把图形从软片上挑下来，转贴到覆铜板上。焊盘和图形贴好后，再用各种宽度的抗蚀胶带连接焊盘，构成印制导线。整个图形贴好以后即可进行腐蚀。用这种方法制作的印制板效果极好，与照相制版所做的板子几乎没有质量的差别。这种图形贴膜为印制板的制作开辟了新的途径。

(3)铜箔粘贴法

这是手工制作印刷电路板最简捷的方法，既不需要描绘图形，也不需要腐蚀。只要把各种所需的焊盘及一定宽度的导线粘贴在绝缘基板上，就可以得到一块印制电路扳。具体方法与图形贴膜法很类似，只不过所用的贴膜不是抗蚀薄膜，而是用铜箔制成的各种电路图形。铜箔背面涂有压敏胶，使用时只要用力挤压，就可以把铜箔图形牢固地粘贴在绝缘板材上。

目前，我国已有一些电子器材商店出售这种铜箔图形，但因价格较高，使用并不广泛。

(4)刀刻法

对于一些电路较简单、线条较少的印制板，可以用刀刻法来制作。在进行布局排版设计时，要求导线形状尽量简单，一般把焊盘与导线合为一体，形成多块矩形。由于平行的矩形图形具有较大的分布电容，所以刀刻法制板不适合高频电路。

刻刀可以用废的锋钢锯条自己磨制，要求刀尖既硬且韧。制作时，按照拓好的图形，刻刀沿钢尺刻铜箔，使刀刻深度把铜箔划透。然后，把不需要的铜箔的边角用刀尖挑起，用钳子夹住，把它们撕下来。

3.4　印制电路的计算机辅助设计

3.4.1　计算机辅助设计简介

随着电子行业的飞速发展，电子线路的设计日趋复杂，传统的人工方式早已无法适应，取而代之的是便捷、高效的计算机辅助设计方式，许多电子设计 CAD 软件也应运而生。在 PCB 设计软件中，一般都包含了原理图设计和 PCB 设计两大模块，一些强大的 PCB 设计软件甚至将以上的模块都包括在内。本书中，我们主要讲 PCB 设计软件，指的是原理图设计和 PCB layout 两部分。

PCB 设计软件种类很多，如 Protel、Altium Designer、OrCAD、Viewlogic、PowerPCB、Cadence PSD、Mentor Graphices 的 Expedition PCB、Zuken CADSTAR、Winboard/Windraft/Ivex－SPICE、PCB Studio、TANGO、PCBWizard、ultiBOARD7 等。

(1)Altium Protel 系列

Altium Protel 当之无愧地排在众多 PCB 设计软件的前面。Protel 系列较早就在国内开始使用，基本上所有高校的电子专业都开设相关课程，甚至许多大公司在招聘电子设计人才时，其条件栏上常要求会使用 Protel。Altium 曾声称中国有 73％的工程师和 80％的电子工程相关专业在校学生正在使用其所提供的解决方案。至今，计算机辅助设计工具众多，历经新考验的 Protel 99 SE 仍以其易用、高效等优点赢得了众多电子设计者的青睐。

Protel 是 Protel(现为 Altium)公司在 1985 年推出的 PCB 设计软件，从最初的 Protel for DOS，再升级为 Protel for Windows，然后在 1998 年，推出 Protel 98，在 1999 年推出了划时代的 Protel 99 及其升级版 Protel 99 SE，基本上每年都有新版本发布，后又发布了以 Altium Designer＋季节命名的版本，最新版本是 2013 年 12 月新发布的 Altium Designer 14.1。

目前，使用 Protel 99 SE 进行 PCB 设计工作的人员，数量还相当巨大。Protel 99 SE 对 PCB 设计行业的贡献相当巨大。无论是广泛使用的 Protel 99 还是后续的各个版本，均提供了一个集成的设计环境，包括了原理图设计和 PCB 布线工具，集成的设计文档管理，支持通过网络进行工作组协同设计功能。自 Protel DXP/DXP 2004 开始，提供了全新的 FPGA 设计的功能；自 Altium Designer 6.0 开始，将设计流程、集成化 PCB 设计、可编程器件(如 FPGA)设计和基于处理器设计的嵌入式软件开发功能整合在一起；自 Altium Designer 6.8 开始，添加了三维 PCB 可视化和导航技术，通过该功能，设计师可以随时查看板卡的精确成型，以及与设计团队的其他成员共享信息；在发布 Altium Designer 10 时，同时推出了基于互联网的 Altium Vaults 和 Altium Live。Altium Vaults 构成了 Altium 智能数据管理技术的核心，它存储并管理电子设计数据；Altium Live 是一个适用于下载、交易和共享电子设计内容的在线环境。

(2)Cadence 产品

Cadence 公司的产品是 concept/allegro 和收购来的 OrCAD。Cadence 公司将 OrCAD 的强项原理图设计 capture CIS 和 CADENCE 原来的原理图设计 concept

HDL，PCB 工具 allegro 及其他信号仿真等工具一起推出并统称为 CADENCE PSD，现在叫 SPB。

(3)Mentor 产品

Mentor 公司的产品是 boardstation(EN)和 expeditionpcb(WG)以及收购来的 pads(powerPCB)。PCB 工具 Mentor 已经逐渐整合到一起，最高端的就是 Board Station RE 和 WG 的 PCB 工具 Expedition PCB 无缝切换，说起 PCB 工具不得不提的就是 team PCB 平台，它可以让几个 PCB 工程师在不同的客户端共同设计一个 PCB，这样可以大大提高产品设计进度。

(4)Zuken　CADSTAR

CADSTAR 安装文件小，特别是由原理图转到 PCB 时，功能非常强大，原理图和 PCB 之间可以随意跳转，而且成功转出网络表后出错的机会就没有了，因为它对原理图的正确要求非常高。用户能够对零部件和元件的版本进行管理，储存 PCB 设计中包含的零部件资讯，安装复杂层堆栈以满足埋孔和盲孔技术需求，并执行阻抗受控布线工作。最新版本的 CADSTAR 12.0 还具有扩展式 ODB＋＋生产输出功能，可使用多种颜色标注网路，并在设计编辑器中添加了现场可编程门阵列(FPGA)设计整合功能及全面整合零部件库管理器。

3.4.2　Protel 99 SE 电路设计

Protel 是 Altium 公司在 20 世纪 80 年代末推出的 EDA 软件，在电子行业的 CAD 软件中，它当之无愧地排在众多 EDA 软件的前面，是电子设计者的首选软件，它较早就在国内开始使用，在国内的普及率也最高，有些高校的电子专业还专门开设了相关的课程，几乎所有的电子公司都要用到它，许多大公司在招聘电子设计人才时常要求应聘者会使用 Protel。

3.4.2.1　Protel 99 SE 内容简介

早期的 Protel 主要作为印制板自动布线工具使用，运行在 DOS 环境中，对硬件的要求很低，在无硬盘 286 机的 1 MB 内存下就能运行。但它的功能也较少，只有电路原理图绘制与印制板设计功能，其印制板自动布线的布通率也低。而现今的 Protel 已发展到 Protel 99(网络上可下载到它的测试板)，是个庞大的 EDA 软件，完全安装有 200 多兆。它工作在 Windows 95 环境下，是个完整的板级全方位电子设计系统。它包含了电路原理图绘制、模拟电路与数字电路混合信号仿真、多层印刷电路板设计(包含印刷电路板自动布线)、可编程逻辑器件设计、图表生成、电子表格生成、支持宏操作等功能，并具有 Client/Server(客户/fll 最务器)体系结构，同时还兼容一些其他设计软件的文件格式，如 ORCAD，PSPICE，EXCEL 等，其多层印制线路板的自动布线可实现高密度 PCB 的 100%布通率。在国内 Protel 软件较易买到，有关 Protel 软件及其使用说明的书也有很多,这为它的普及提供了基础。

Protel 99 SE 采用数据库的管理方式。Protel 99 SE 软件沿袭了 Protel 以前版本方便易学的特点,内部界面与 Protel 99 大体相同,新增加了一些功能模块,功能更加强大。新增的层堆栈管理功能可以设计 32 个信号层、16 个地电层、16 个机械层。新增的 3D 功能可在加工印制板之前看到板的三维效果。增强的打印功能,可以轻松修改打印设置,控制打印结果。Protel 99 SE 容易使用的特性还体现在"这是什么"帮助,按下右上角的小问号,然后输入所要的信息,可以很快地看到特性的功能,然后用到设计中。按下状态栏末端的按钮,可使用自然语言帮助顾问。Protel 99 SE 共分 5 个模块,分别是原理图设计、PCB 设计(包含信号完整性分析)、自动布线器、原理图混合信号仿真、PLD 设计。以下介绍一些 Protel 99 SE 的部分最新功能:

★可生成 30 多种格式的电气连接网络表;

★强大的全局编辑功能;

★在原理图中选择一级器件,PCB 中同样的器件也将被选中;

★同时运行原理图和 PCB,在打开的原理图和 PCB 图间允许双向交叉查找元器件、引脚、网络;

★既可以进行正向注释元器件标号(由原理图到 PCB),也可以进行反向注释(由 PCB 到原理图),以保持电气原理图和 PCB 在设计上的一致性;

★满足国际化设计要求(包括国标标题栏输出,GB 4728 国标库),方便易用的数模混合仿真(兼容 SPICE3F5);

★支持用 CUPL 语言和原理图设计 PLD,生成标准的 JED 下载文件,PCB 可设计 32 个信号层,16 个电源—地层和 16 个机加工层;

★强大的"规则驱动"设计环境,符合在线的和批处理的设计规则检查;

★智能敷铜功能,敷铀可以自动重铺;

★提供大量的工业化标准电路板作为设计模板;

★放置汉字功能,可以输入和输出 DXF、DWG 格式文件,实现和 AutoCAD 等软件的数据交换;

★智能封装导航(对于建立复杂的 PGA、BGA 封装很有用);

★方便的打印预览功能,不用修改 PCB 文件就可以直接控制打印结果;

★独特的 3D 显示可以在制板之前看到装配事物的效果;

★强大的 CAM 处理轻松实现输出光绘文件、材料清单、钻孔文件、贴片机文件、测试点报告等;

★经过充分验证的传输线特性和仿真精确计算的算法,信号完整性分析直接从 PCB 启动;

★反射和串扰仿真的波形显示结果与便利的测量工具相结合;

★专家导航帮您解决信号完整性问题。

3.4.2.2　Protel 99 SE 的主要特点

Protel 99 SE 是一个 Client/Server 型的应用程序，它提供了一个基本的框架窗口和相应的 Protel 99 SE 组件之间的用户接口，在运行主程序时各服务器程序可在需要的时间调用，从而加快了主程序的启动速度，而且极大地提高了软件本身的可扩展性。Protel 99 SE 中的这些服务程序基本上可以分为 5 大组件，即原理图设计组件、PCB 设计组件、布线组件、可编程逻辑器件组件和仿真组件。其中，原理图设计组件和 PCB 设计组件是一般设计工作中的重点，而其他组件可以说是为这两个组件服务的。

(1)原理图设计组件

包括电路图编辑器、电路图元件库编辑器和各种文本编辑器。为用户提供了智能化的高速原理图编辑方法，能够准确地生成原理图设计输出，具有自动化的连线工具，同时具有强大的电气规则检测(ERC)功能。其主要特点归纳如下：

①模块化的原理图设计；

②强大的原理图编辑功能；

③强大的电气检测功能；

④完善的库元件编辑和管理功能；

⑤同步设计功能。

(2)PCB 设计组件

进行电路设计最终是要设计出一个高质量的可加工的 PCB，这是一个电子产品的基础。因而 PCB 设计系统的功能往往是用户在选用 EDA 软件时最关心的，而 Protel 99 SE 在这方面做出了突出的表现。其主要特点归纳如下：

①具有 32 位高精度设计系统；

②丰富而灵活的编辑功能；

③功能完善的元件封装编辑和管理器；

④强大的布线功能；

⑤完备的设计规则检查(DRC)功能。

(3)PCB 自动布线组件

Protel 99 SE 的自动布线组件是通过 PCB 编辑器实现与用户的交互的。其布局方法是基于人工智能，对 PCB 版面进行优化设计，采用了拆线重组的多层迷宫布线算法，可以同时处理全部信号层的自动布线，并不断进行优化(图 3-27)。

(4)可编程逻辑器件设计组件

Protel 99 SE 中包含一个新的 SCH-to-PLD 符号库，使得可编程逻辑器件设计更容易实现。设计时从 PLD 符号库中使用组件，再从唯一的器件库中选择目标器件

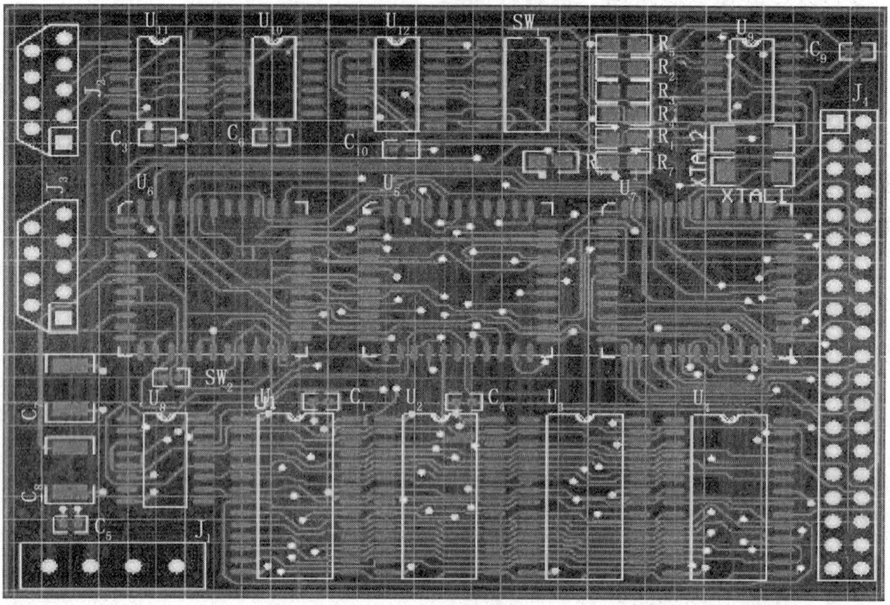

图 3-27　自动布线过程

进行编译，将原理图转换成 CPUL. PLD 文件后，即可生成下载文件。此外，用户还可以使用 Protel 99 SE 文本编辑器中易掌握而且功能强大的 CPUL 硬件描述语言(VHDL)直接编写 PLD 描述文件，然后选择目标器件进行编译。

(5)电路仿真组件

Protel 99 SE 提供了优越的混合信号电路仿真引擎，全面支持含有模拟和数字元件的混合电路设计。同时还提供了大量的仿真用元件，每个都链接到标准的 SPICE 模型。用户在进行信号仿真时操作十分简单，只需要选择所需元件，连接好原理图，加上激励源即可。

3.4.3　电路原理图设计

通常情况下，计算机辅助印刷电路板的设计最基本的过程有三个部分。

(1)电路原理图的设计，主要是利用 Protel 99 的原理图设计系统绘制电路原理图，还包括使用库编辑、绘图工具和各种编辑功能。

(2)网络表的生成，网络表是电路板自动布线的灵魂。它是原理图设计系统与印刷电路板设计系统的接口。它可根据电路原理图来建立，然后用于 PCB 设计；也可通过已完成的 PCB 板图获取，然后进行比较核对。

(3)印刷电路板的设计，利用 Protel 99 的另一个主要部分 PCB 编辑器进行电路板面的设计，完成自动布局和自动布线任务。也包括库编辑、绘图工具和各种编辑功能。

本节主要对原理图的一般设计过程进行讲述。

3.4.3.1 电路原理图设计的一般流程

一般来说，设计一个电路的原理图主要包括设置编辑器参数、规划布局、放置元件、布线、检查调整以及保存和输出等步骤(图 3-28)。

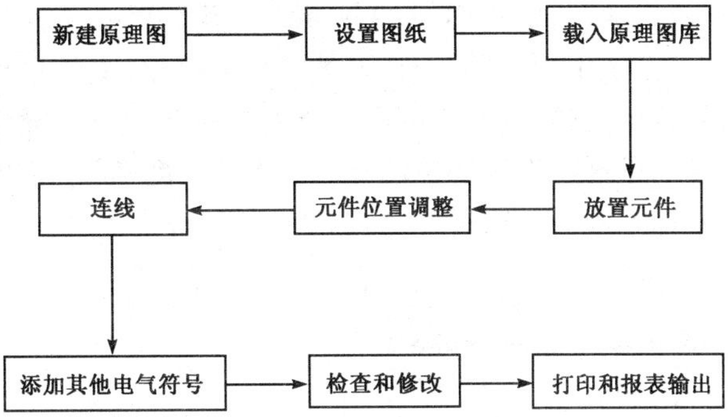

图 3-28 原理图设计的一般流程

(1)设置图纸及工作界面参数

绘制原理图之前，需要根据设计内容的复杂程度选择合适的图纸，并根据需要及用户的习惯对工作区作一些设置，方便具体的原理图设计操作。此项内容本章不作具体的介绍。

(2)放置元件和布局

规划元件布局，从元件库中找到所需要的元件，并放置到图纸上，然后对元件的标号、属性等进行设置。

(3)布线和调整

放置好元件后，就可以将各个引脚按功能用导线连接到一起了，同时根据布线的需要进行一些必要的调整。

(4)对原理图进行检查和修改

完成原理图的绘制后，还需要对其进行检查和修改。主要包括：①确保原理图绘制的正确性，这一点可以借助于 Protel 99 提供的电气检查功能(ERC)来实现；②从逻辑上检查所设计的电路是否能够实现所需要的功能，确保电路在原理上的正确性。

(5)生成网络表文件

设计好的原理图需要生成网络表，用以进行后续的 PCB 设计。

(6)保存输出

对最终完成的原理图设计要进行保存，在设计的过程中，也要经常注意对设计的保存，避免发生意外导致设计资料的丢失。

3.4.3.2　电路原理图设计的具体步骤

(1)元件的放置

打开一个原理图文件进入原理图编辑器，可以看到在左侧的主浏览窗口的库文件浏览区默认地加载了混合器件(Miscellaneou Devces. lib)库文件，在子浏览区中拖动滚动条找到所要放置的元件，如图 3-29 所示。这里的“＊”是通配符，表示后面可以有一个或多个字符。选中所需的元件，单击 Place 按钮，或直接双击鼠标左键，光标出现在绘图区，带着所选的元器件，单击鼠标左键进行元件的放置，此时光标仍处于待放置状态，通过空格键可以循环切换元件的旋转角度，同时可以继续放置下一个相同的元件，单击鼠标左键可取消放置，如图 3-30 所示。

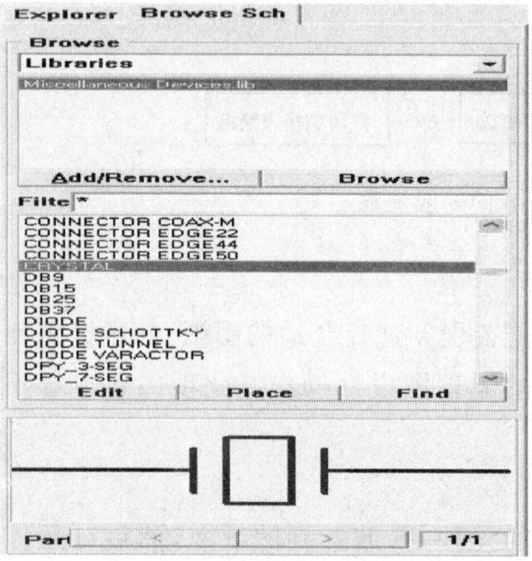

图 3-29　选择元件

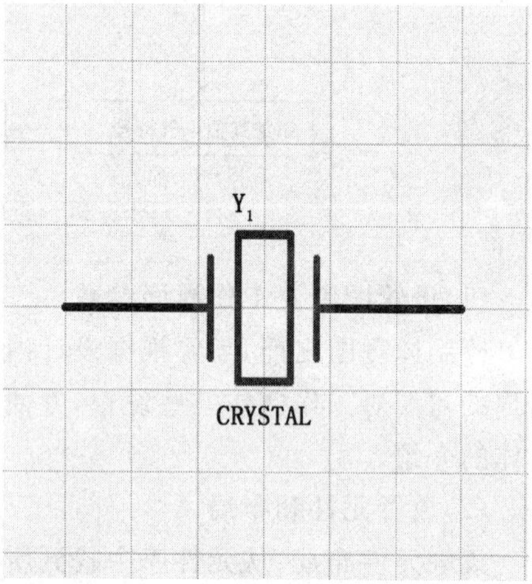

图 3-30　放置一个电阻元件

如果已经知道了所需元件所在的库文件或是会用到某一库文件中的原件定义，则可以通过单击原理图编辑界面中主浏览窗口下的 Add/Remove 按钮，弹出如图 3-31所示的对话框，查找并选择所需的库文件，单击 OK 按钮进行加载。

(2)元件的布局

Protel 99 SE 提供了两种选择模式，要实现某一个单一对象的操作，只需要用鼠标单击即可，这时元件会被一个虚线框包围，如果单击另一个对象，则前一个对象自动取消选择。

如果在某一对象上按住鼠标左键不放，则该对象就会变为待放置状态，然后拖动鼠标到指定位置释放左键，则可实现单一对象的移动。

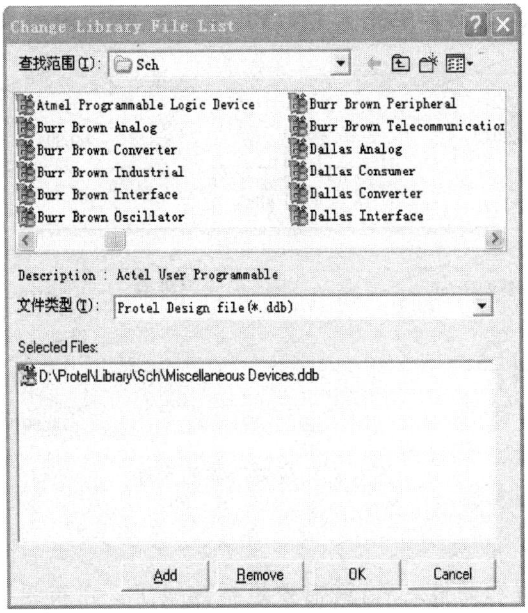

图 3-31　添加/移除库文件

如果要对多个对象进行操作，则可以对操作对象进行选取，直接拖动鼠标左键进行框选。被选中的对象被实线框包围(图 3-32)。

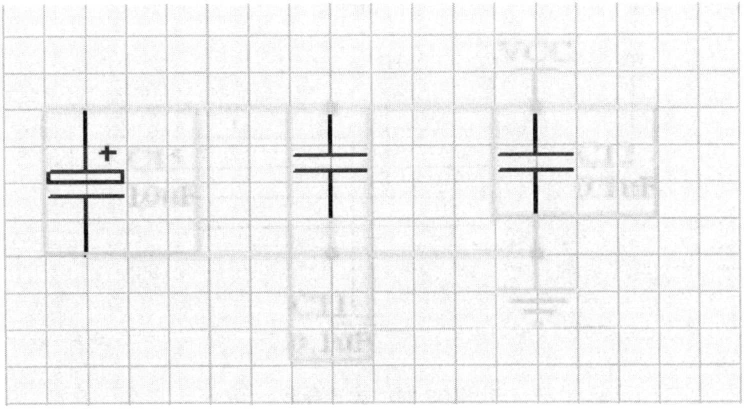

图 3-32　被框选的原件

被选取的对象的选中状态不会自动取消，需要通过取消命令来实现。也可以通过主菜单栏上的 ✂ 来实现。

通过放置元件及对其进行布局，放置所需的元件，如图 3-33 所示。

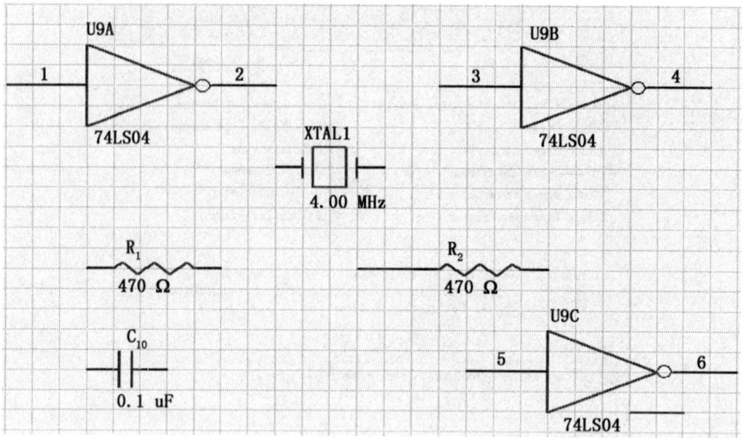

图 3-33　放置所需的元件

(3)布线和调整

完成元件的放置和调整之后，就需要进行连线了。在布线工具栏中有一个  按钮，用来放置导线。单击该按钮，光标会变成十字形，通过单击鼠标左键在图纸设置导线的起始点，拖动鼠标到下一点，单击左键设置终点，就可以完成一条导线的放置(图 3-34)。此时光标仍处于放置导线状态，并自动以上一点为起始点，通过单击鼠标右键，取消下一条连续导线的放置，再次单击右键，则可以退出导线的放置状态。

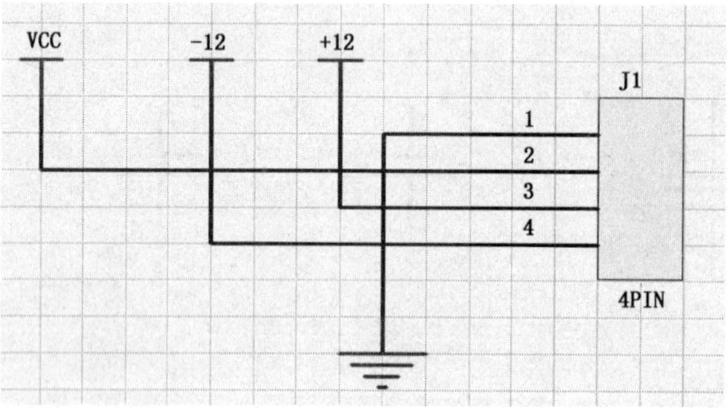

图 3-34　放置导线

在布线工具栏中，有一个  按钮，用于在原理图上放置电路节点。节点用来表示两条相交导线的电气连接状态，当两条导线相交时，若交点处没有电路节点，则表示这两条导线没有电气上的关系；若需要连通，则需要放置电路节点，如图 3-35 所示。

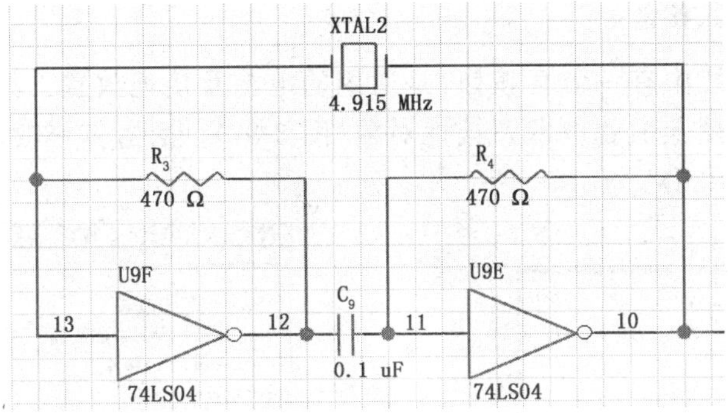

图 3-35 放置电路节点

(4)编辑元件属性

鼠标左键双击要编辑的元件,即可弹出图 3-36 所示的元件属性对话框。

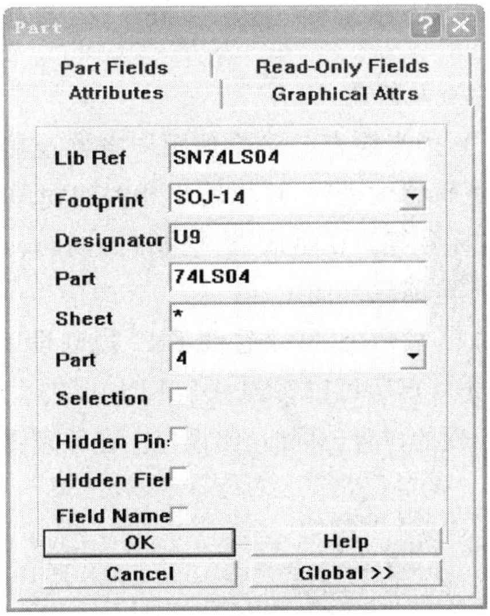

图 3-36 元件属性对话框

在属性选项卡中,用来设置元件的一般属性,在设计中较为常用。下面对较为常用的选项进行介绍。

Lib Ref:元件在元件库中的定义,名称一般不会显示在原理图中。

Footprint:元件指定的封装类型,元件在 PCB 设计时都表现为封装形式。

Designator:元件编号,由用户自己定义。

Part Type:元件类型,默认与 Lib Ref 相同。

根据电路原理图的需要,对每一个元件属性进行设置。

(5)放置电源、接地

在布线工具栏中有一个 ⏚ 按钮，是通用的电源及接地放置工具，通过单击鼠标左键即可在原理图上放置电源及接地对象(图 3-37)。通过其修改属性得到所要的电源或接地(图 3-38)。

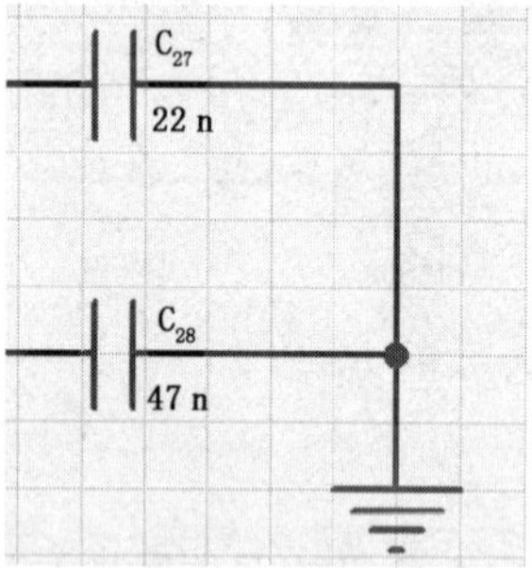

图 3-37　放置接地

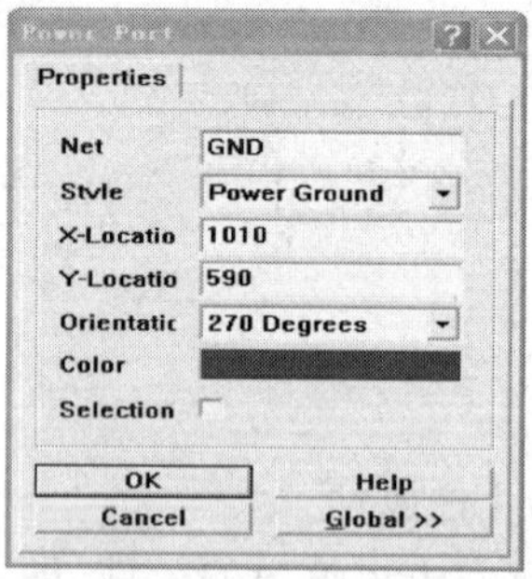

图 3-38　接地属性对话框

(6)对原理图进行检查及修改

电气规则检查(ERC)，用来检查电路原理图中电器连接的完整性。电气规则检查可以按照用户指定的逻辑特性进行，可以输出相关的物理逻辑冲突报告，例如悬空的管脚、没有连接的网络标号等。在生成测试报告的同时，程序还会对 ERC 的结果以符合的形式直接标注在电路原理图上。

通过选择 Tools 中的 ERC 命令，可以看到 ERC 规则设置对话框(图 3-39)。这里我们采用默认地选择，单击“OK”，可以看到一个 ERC 报表文件(图 3-40)，其中标注了电气检查的结果及错误出现的位置。同时，错误也会在原理图中标示出来(图 3-41)。

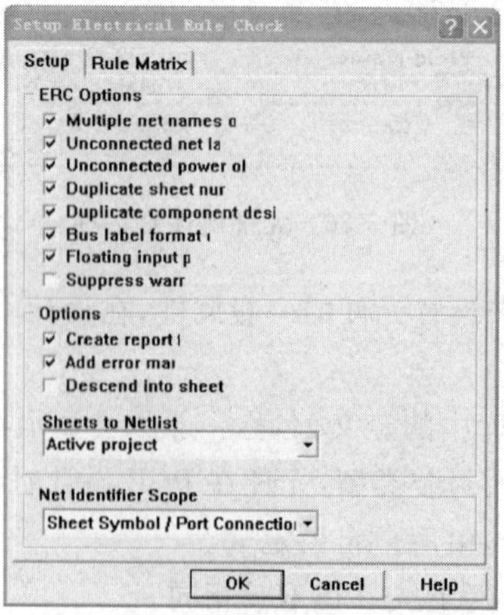

图 3-39　ERC 规则设置对话框

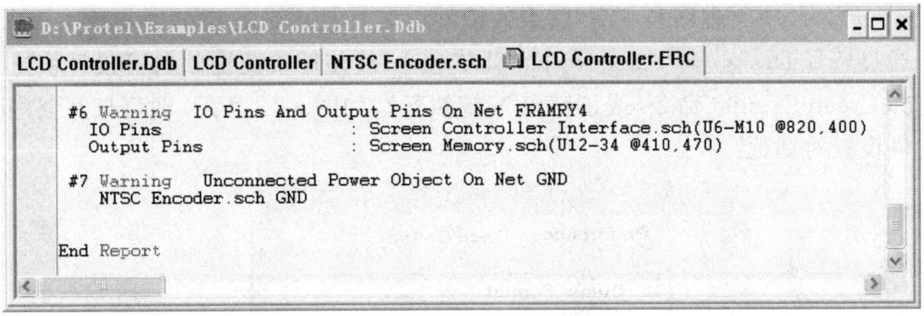

图 3-40　ERC 检查结果

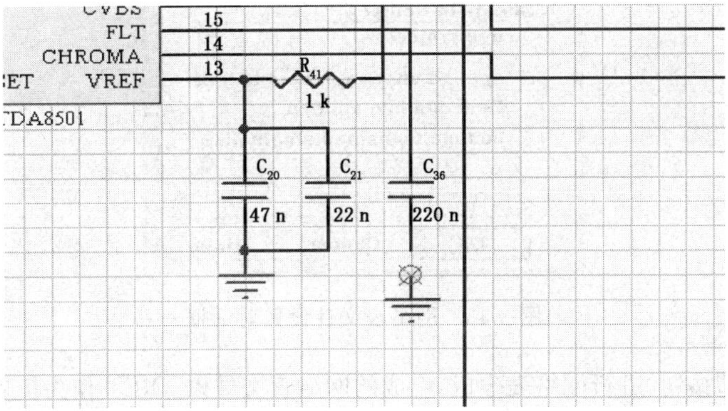

图 3-41　出现错误的标示

通过修改原理图，直到没有错误为止，如图 3-42 所示。

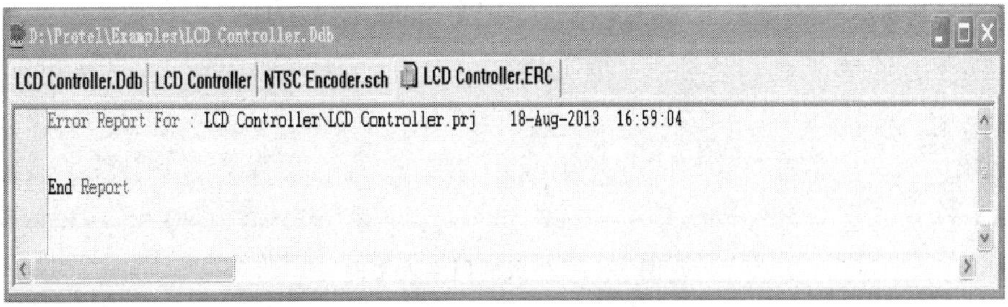

图 3-42　ERC 检查没有错误

(7)生成网络表

绘制原理图的最终目的是制作出印刷电路板。Protel 99 SE 支持从原理图直接将原件编号、连接关系以及封装形式等信息传到 PCB 编辑器中生成 PCB 文件。网络表文件是一种文本文件，记录了原理图中的元件类型、编号、封装以及连接关系等信息，是 Protel 中原理图与 PCB 联系的桥梁。

通过选择 Design→Create Netlist 菜单命令，或使用快捷键 D 打开设计快捷菜单后选择 Create Netlist 命令(或按键盘 N 键执行)，如图 3-43 所示，即可打开创建网络表文件设置对话框。

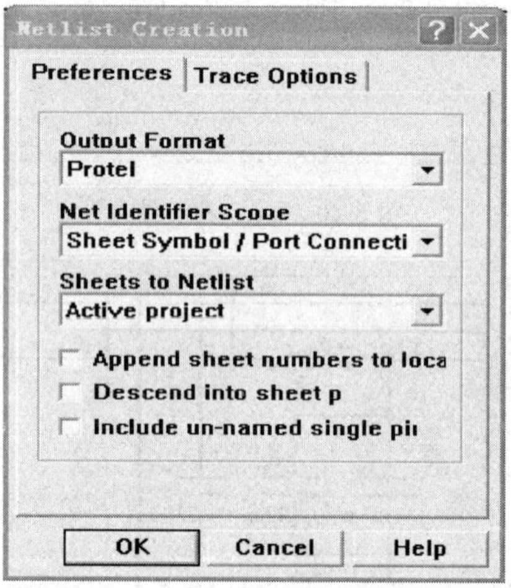

图 3-43 网络表文件设置对话框

单击“OK”按钮，进行网络表生成，生成的网络表文件以 .NET 作为扩展名(图 3-44)。

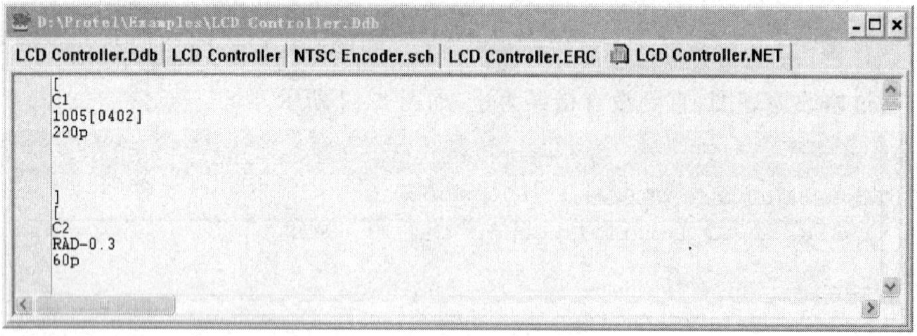

图 3-44 生成的网络表文件

网络表文件由两种格式的单元构成。

一种是包含在方括号“[”和“]”中的，这部分内容记录了原理图中每个元件的基本信息，包括元件的编号、封装形式、元件类型或大小等内容，每一对方括号包含了一个元件的信息，其数目与元件个数相等。

另一种是包含在圆括号“(”和“)”中的，这部分内容则描述了原理图中各个元件的连接关系，每一对圆括号中包含了彼此之间相连的各个电气节点的名称，并会根据元件引脚的信息自动赋予这一组电气节点一个名称，作为一个电气网络。所有与该网络具有电气连接关系的电气节点都会包含在该网络中，不会多也不会少。

[	元件描述开始标志
C101	元件编号
RB.3/.6	元件封装形式
1000u	元件其他信息
]	元件描述结束标志
(	网络描述开始标志
VCC	网络名称
C103－1	与该网络具有电气连接关系的元件引脚信息，前面为元件编号，后面为网络相连的引脚序号，如 C103－1 表示元件 C103 的 1 脚与该网络相连
C104－1	
Q101－1	
R102－2	
U1－3	
)	网络描述结束标志

本节中介绍了原理图设计的一般流程，对绘制原理图的基本操作、元件属性的编辑、基本设计工具和绘图工具的使用以及输出原理图的方法等内容进行了细致的讲解。这些内容是进行原理图设计的基础，希望能够熟练地掌握。

3.4.4　印刷电路板(PCB)设计

印刷电路板的设计过程一般可分为以下几个步骤：规划电路板，引入网络表，元件布局，布线，规则检查，导出 PCB 以及打印。

(1)规划电路板

①用鼠标左键单击放置对象工具栏上的按钮，选择 Place→Keep Out→Track 命令，用来绘制电气边框，此时光标变为十字形，通过单击鼠标左键确定边框线的一端，然后单击鼠标左键确定另一端，即可绘制出一条边框线，如此绘制一个矩形区域作为电气边界。

②单击鼠标右键，退出绘制边框线状态。这样就确定好了 PCB 的电气范围。

(2)引入网络表

下面具体地介绍其操作步骤。

①选择 Design→Load Nets 菜单命令，如图 3-45 所示，这时会打开加载网络表设置对话框。

②用鼠标左键单击“Browse”按钮，打开如图 3-46 所示的网络表文件选择对话框。

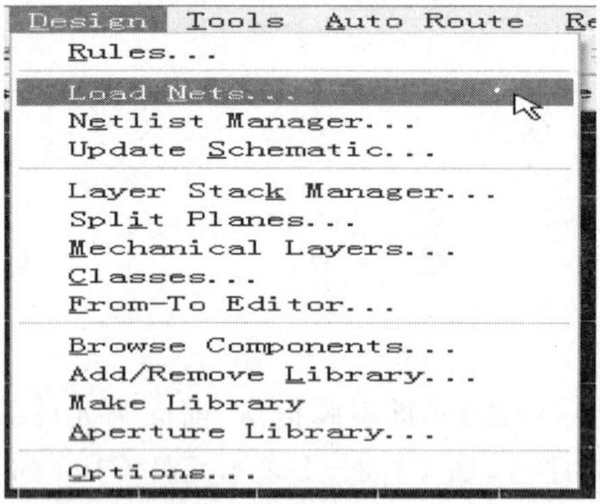

图 3-45　打开文件

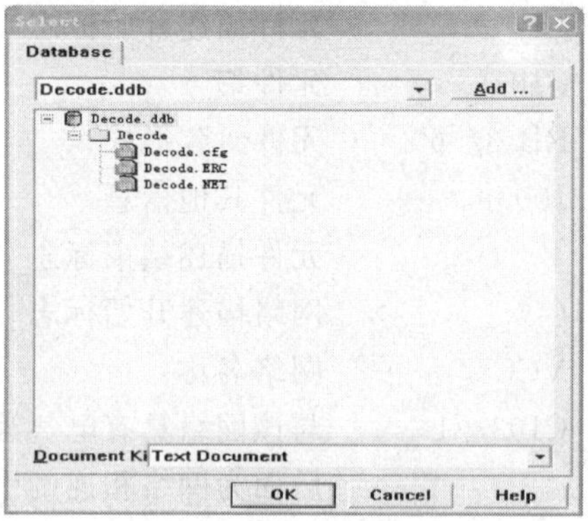

图 3-46　网络表文件属性

③选择要加载的网络表文件，单击“OK”按钮，回到加载网络表设置对话框，如图 3-47 所示，所选网络表会将当前 PCB 文件所做的修改列在对话框中。

④用鼠标左键单击“Execute”按钮即可将所选网络表加载，结果如图 3-48 所示。

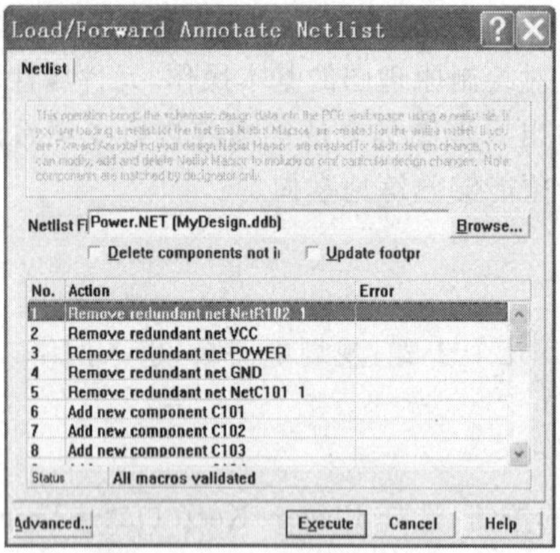

图 3-47　网络表设置

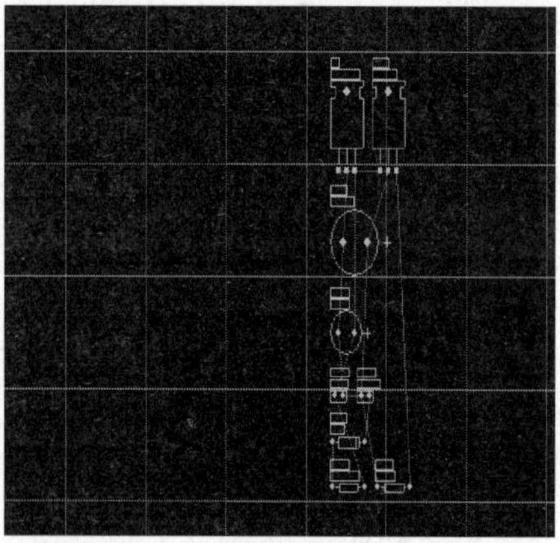

图 3-48　网络表加载结果

(3)元件布局

加载网络表并完全正确后，PCB 中就有了与原理图中相对应的各个元件，同时，各个元件之间的电气连接关系也根据原理图的定义用飞线表示出来，如图 3-49 所示。

(4)自动布线

调整好布局后，就可以进行 PCB 的布线了。这里仅对 PCB 的自动布线功能进行一些简单介绍。对于元件比较少、连接关系不复杂的 PCB 应用，使用默认的自动

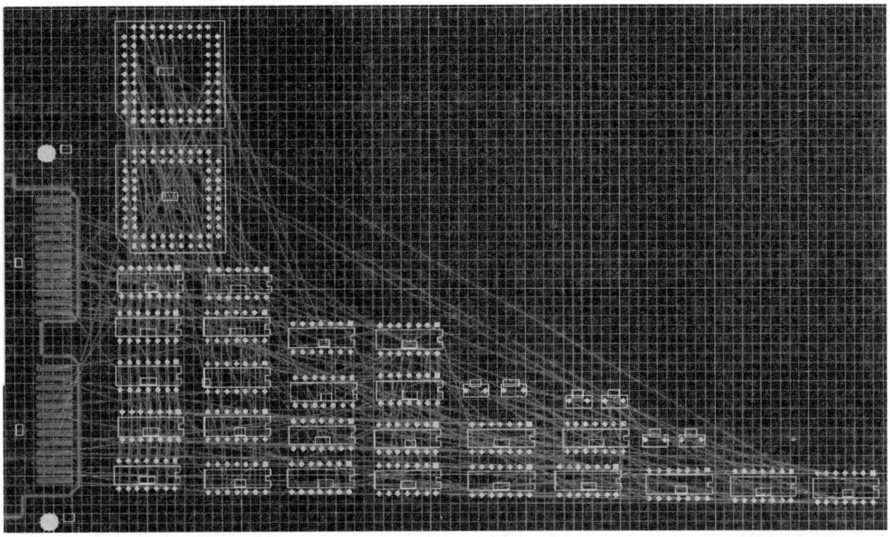

图 3-49　自动元件布局

布线功能就能够很轻松地完成。具体操作过程如下：

①选择 Auto Route→All 菜单命令，如图 3-50 所示，打开自动布线设置对话框。

②对自动布线的选项进行设置。

③设置好自动布线参数，单击 Route All 按钮，开始布线。

布线结果如图 3-51 所示。

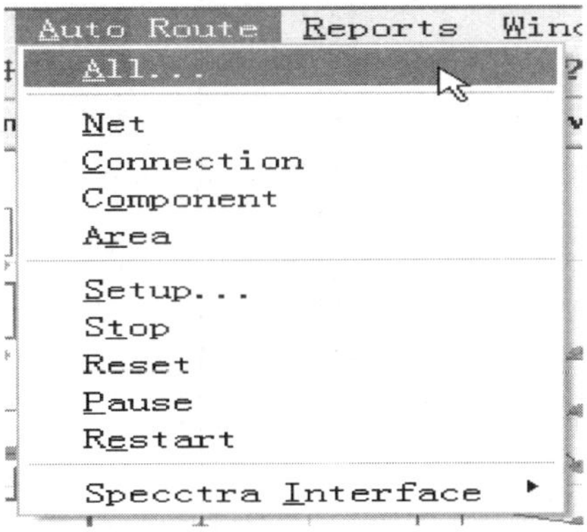

图 3-50　Auto Route→All 菜单命令

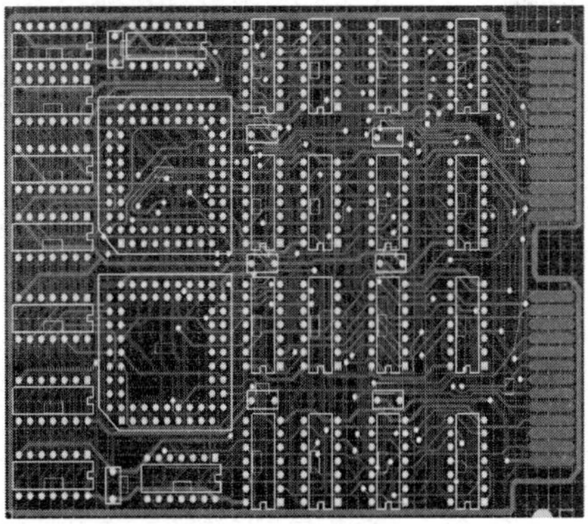

图 3-51　自动布线结果

(5)设计规则检查

对 PCB 进行布线后，可以应用 Protel 99 SE 提供的设计规则检查(Design Rule Check，DRC)功能对其进行检查，该功能可以确定设计是否满足规则。DRC 可以测试各种违反走线的情况，如安全错误、未走线网络、线宽冲突等。在电路不是很复杂的时候，主要是检查是否有未连接的引脚以及是否有冲突等，从而避免由于疏忽导致的错误，可以提高 PCB 的正确性。

检查选项设置如图 3-52 所示，执行 Tools→Design Rule Check 菜单命令，打开如图 3-53 所示的检查选项设置对话框。

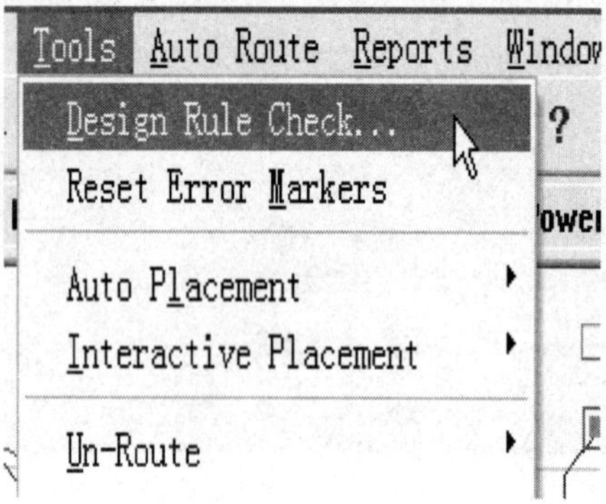

图 3-52 检查选项

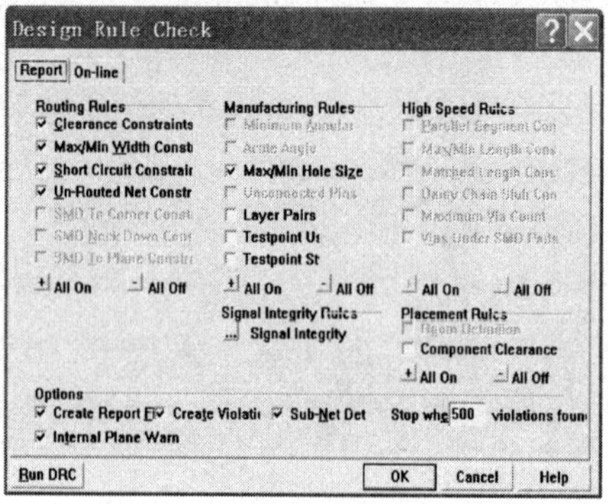

图 3-53 检查选项设置对话框

设置好需要进行检查的内容，用鼠标左键单击 Run DRC 按钮，开始进行规则检查。检查结束后会生成一个报表文件，如图 3-54 所示。其中记录了运行 DRC 的参数以及检查到的冲突信息。

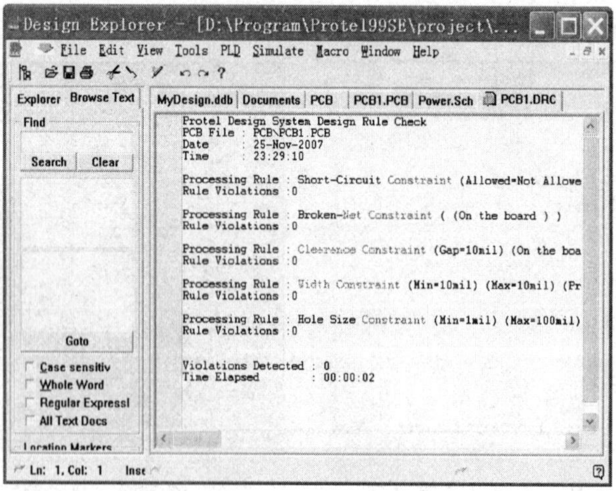

图 3-54 报表文件

(6)打印输出

完成 PCB 的设计后，还可以将页面打印出来，便于在焊接元件及电路检查时对照，其过程如下。

选择 File→Print/Preview 菜单命令，进入如图 3-55 所示的打印预览界面，此时选择 File→Setup Printer 命令，会打开如图 3-56 所示的打印机设置对话框，设置好打印机的各个参数，单击“OK”按钮，即可开始打印。

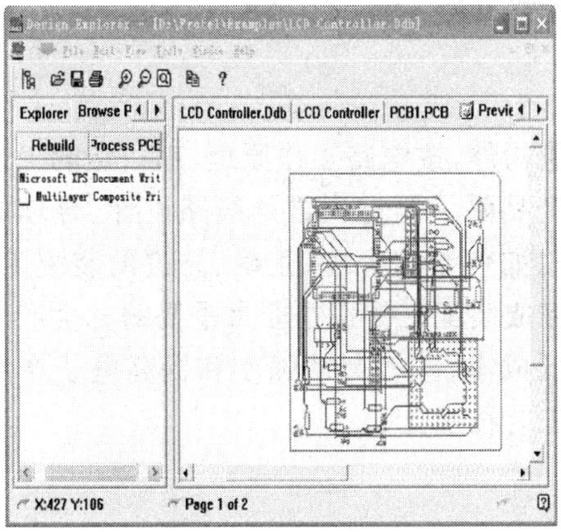

图 3-55　打印预览界面

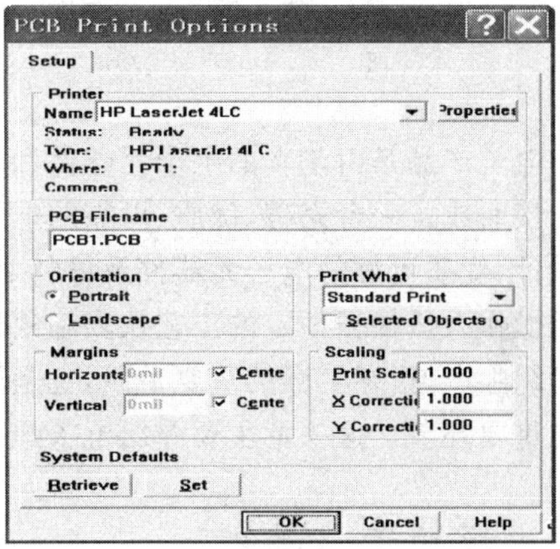

图 3-56　打印机设置对话框

本章介绍了 PCB 设计的一般过程以及一些基本操作，通过本章的学习，读者应该熟悉 PCB 的设计环境，同时能够进行简单 PCB 板的制作。

第4章　电子焊接工艺技术

电子产品是由基本的电子元器件和功能构件，按电路工作原理，用一定的工艺方法连接而成。一台完善、优质、可靠的电子产品除了要有先进的线路设计、合理的结构设计、优质可靠的电子元器件及材料之外，如何制定合理、正确、先进的装配工艺，以及操作人员根据预定的工艺认真细致地完成装配工作也是非常重要的。生产工艺是组织生产、指导生产的重要手段，也是降低成本、减轻劳动强度和提高电子产品质量的重要环节。这一章主要介绍电子焊接工艺技术。

4.1　焊接工艺基础

焊接工艺技术是生产整机类电子产品最关键的工艺技术之一，焊接质量的好坏在一定程度上可以代表企业装联技术水平的高低。从事电子产品工作的工程技术人员必须全面深入地掌握这门关键的工艺技术。

在电子产品整机装配过程中，焊接是连接各电子元器件及导线的主要手段。焊接工艺即利用加热或加压，或两者并用，并且用（或不用）填充材料，加速两种金属接触面上原子或分子间的扩散，依靠原子或分子间的内聚力，在金属连接处形成牢固的合金层，从而将金属永久地结合在一起的工艺过程。

焊接技术是随着铜铁等金属的冶炼生产、各种热源的应用而出现的。古代的焊接方法主要是铸焊、钎焊、锻焊、铆焊。中国商朝制造的铁刃铜钺，就是铁与铜的铸焊件，其表面铜与铁的熔合线蜿蜒曲折，接合良好。春秋战国时期曾侯乙墓中的建鼓铜座上有许多盘龙，是分段钎焊连接而成的。经分析，所用的与现代软钎料成分相近。战国时期制造的刀剑，刀刃为钢，刀背为熟铁，一般是经过加热锻焊而成的。据明朝宋应星所著《天工开物》一书记载：中国古代将铜和铁一起入炉加热，经锻打制造刀、斧；用黄泥或筛细的陈久壁土撒在接口上，分段煅焊大型船锚。

4.1.1　焊接的分类和方法

4.1.1.1　焊接的分类

焊接主要分为熔焊、钎焊、压焊三类。

(1)熔焊

熔焊是将金属接口加热至熔化状态,不加压力完成焊接的方法。熔焊时,热源将待焊两种金属接口处迅速加热熔化,形成熔池。熔池随热源向前移动,冷却后形成连续焊缝而将两种金属连接成为一体。

(2)钎焊

钎焊是采用比母材熔点低的金属材料作钎料,将焊件和钎料加热到高于钎料熔点,低于母材熔化温度,利用液态钎料润湿母材,填充接头间隙并与母材相互扩散实现连接焊件的方法。钎焊变形小,接头光滑美观,适合于焊接精密、复杂和由不同材料组成的构件,如蜂窝结构板、透平叶片、硬质合金刀具和印刷电路板等。按照焊料的熔点不同,钎焊又分为硬焊(焊料熔点高于 450 ℃)和软焊(焊料熔点低于 450 ℃)。锡焊属于钎焊中的软钎焊。

(3)压焊

在加压条件下,使两工件在固态下实现原子间的结合,又称固态焊接。常用的压焊工艺是电阻对焊,当电流通过两工件的连接端时,该处因电阻很大而温度上升,当加热至塑性状态时,在轴向压力作用下连接成为一体。

4.1.1.2　焊接的方法

(1)手工焊接

手工焊接是采用手工操作的传统的焊接方法。根据在焊接前接点的连接方式不同,可分为以下几种。

①绕焊:将被焊元器件的引线或导线缠绕在接点上进行焊接。这种方法焊接强度最高,应用最广。

②钩焊:将被焊接的元器件的引线或导线钩接在接点的眼孔中进行焊接。它适用于不便缠绕而又要求有一定机械强度和便于拆焊的接点中。

③搭焊:将被焊接的元器件的引线或导线搭接在接点进行焊接。它适用于便于调整和改焊的临时焊接点上或某些要求不高的产品中。

④插焊:将导线插入洞孔形接点中进行焊接。它适用于插头座带孔的圆形插针、插孔,以及印制板的插接。

(2)机器焊接

根据工艺的不同,机器焊接可分为以下几种。

①浸焊:将装好元器件的印制板在熔化的锡锅浸锡,一次完成印制板上全部焊接点的焊接。

②波峰焊:采用波峰焊机一次完成印制板上全部焊接点的焊接。

③平面喷流焊:是一种长插焊机,一次完成印制板上全部焊接点的焊接。

4.1.2 锡焊的机理

锡焊必须将焊料、焊件同时加热到最佳焊接温度，然后不同金属表面相互浸润、扩散，最后形成多组织的结合层。初步了解锡焊这一基本原理后，有助于理解焊接工艺的各种要求，并能尽快掌握手工焊接方法。

(1)焊料对焊件的浸润

熔融焊料在金属表面形成均匀、平滑、连续并附着牢固的焊料层叫浸润，也叫润浸。

浸润程度主要决定于焊件表面的清洁程度及焊料的表面张力。在焊料的表面张力小、焊件表面无油污，并涂有助焊剂这种条件下，焊料的浸润性能较好。浸润性能好坏一般用润湿角 θ 表示，θ 指焊料外圆在焊件表面交接点处的切线与焊件面的夹角，见图 4-1。$\theta>90°$，焊料不润湿焊件；$\theta=90°$浸润性能不良；$\theta<90°$，θ 角越小浸润性能越良好。浸润作用同毛细作用紧密相连，光洁的金属表面放大后有着许多微小的凸凹间隙，熔化成液态的焊料借助于毛细引力沿着间隙向焊件表面扩散，形成对焊件的浸润。可见，只有焊料良好的润湿焊件，才能实现焊料在焊件表面的扩散。

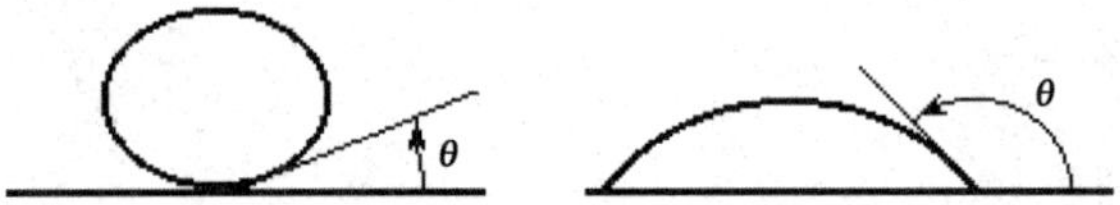

图 4-1 焊料对焊件的浸润的润湿角

锡焊过程中，如果焊料能润湿焊件，我们则说它们之间可以焊接，观测润湿角是锡焊检测的方法之一。润湿角越小，焊接质量越好。一般质量合格的铅锡焊料和铜之间的润湿角可达 20°，实际应用中一般以 45°为焊接质量的检测标准。

(2)扩散

浸润是熔融焊料在被焊面上的扩散，伴随着这种表面扩散，并不仅限于表面，同时还发生液态和固态金属之间的相互扩散。如同水洒在海绵上，而不是洒在玻璃板上。

粗略地理解，可以认为扩散是由于原子间的引力，而实际上两种金属之间的相互扩散，是一个复杂的物理—化学过程。例如用铅锡焊料接铜件，焊接过程中既有表面扩散，也有晶界扩散和晶内扩散。Pb-Sn 焊料中 Pb 原子只参与表面扩散，不向内部扩散；而 Sn、Cu 原子相互扩散，这是不同金属性质决定的选择扩散。正是由于这种扩散作用，形成了焊料和焊件之间的牢固结合。

(3)结合层

焊料润湿焊件的过程，符合金属扩散的条件，所以焊料和焊件的界面有扩散现象发生。这种扩散的结果，使得焊料和焊件界面上形成一种新的金属合金层，我们称之为结合层。仍以铅锡焊料焊接铜件为例，在结合层中既有晶内扩散形成的共晶合金，又有两种金属生成的金属间的化合物。

形成结合层是锡焊的关键，如果没有形成结合层，仅仅是焊料堆积在母材上，则成为虚焊。结合层的厚度因焊接温度、时间不同而异，一般在 1.2～10 μm。由于润湿扩散过程是一种复杂的金属组织变化和物理冶金过程，结合层的厚度过薄或过厚都不能达到最好的性能。结合层小于 1.2 μm，实际上是一种半附着性结合，强度很低；而大于 6 μm，则组织粗化，产生脆性，降低强度。理想的结合层厚度是 1.2～3.5 μm，强度最高，导电性能好。

4.1.3　锡焊的条件

金属表面被熔融焊料润湿的特性叫可焊性，由锡焊机理很容易理解锡焊必须具备的条件。

(1)焊件必须具有充分的可焊性

并非所有的金属材料都具有良好的可焊性，只有能被焊锡浸润的金属才具有可焊性。有些金属，如铬、钼、钨等，可焊性非常差；即使一些容易焊的金属，如紫铜、黄铜等，因为表面容易产生氧化膜。为了提高可焊性，一般须采用表面镀锡、镀银等措施。

衡量材料的可焊性，有专门制定的测试标准和测试仪器。实际上，根据锡焊的机理很容易比较材料的可焊性。例如，将一定量的焊料放在已加热到焊接温度的焊件上，焊料熔化并向周围扩散。此时，测量(用照片或电影胶片在工具显微镜上进行)并比较 θ 的大小，便可定量比较不同材料、不同镀层的可焊性。

(2)焊件表面必须保持清洁

为了使焊锡和焊件达到原子间相互作用的距离，焊件表面任何污物杂质都应清除。由于长期储存或污染等原因，焊件表面有可能产生有害的氧化膜、油污等。所以，即使是可焊性良好的焊件，在实施焊接前也务必清洁表面，否则难以保证焊接质量。

(3)使用合适的焊剂

焊剂的作用是清除焊件表面氧化膜并减小焊料熔化后的表面张力，以利于浸润。不同的焊件，不同的焊接工艺，应选择不同的焊剂，如镍铬合金、不锈钢、铝等材料，不使用专用的特殊焊剂是很难实施锡焊的。

(4)加热到适当的温度

在加热过程中应充分注意的是：不但要将焊锡加热熔化，而且要将焊件加热到熔化焊锡的温度。只有在足够的温度下，焊料才能充分浸润，并充分扩散形成合金结合层。但过高的温度仍是有害的。

(5)焊接应有适当的时间

焊接时间是指在焊接的全过程中,进行物理和化学变化所需要的时间。焊接时间过长会损坏焊接部位和器件,焊接时间过短则达不到焊接要求。

(6)焊料的成分和性能要符合焊接要求

焊料性能应与被焊接金属的可焊性、焊接的温度和时间、焊点的机械强度相适应,应达到易焊和牢焊的目的。

4.1.4　焊点的质量要求

(1)电气性能良好

高质量的焊点可以使焊料与工件金属界面形成牢固的合金层,能保证良好的导电性能。不能简单地将焊料堆附在工件金属表面而形成虚焊,这是焊接工艺中的大忌。

(2)焊点不应有毛刺、空隙

这对于高频、高压设备极为重要。因为高频电子设备中高压电路的焊点如果有毛刺,将会发生尖端放电。同时,焊点表面存在毛刺、空隙除影响导电性能外,还影响美观。

(3)焊点上的焊料要适量

焊点上的焊料过少,不仅降低机械强度,而且由于表面氧化层逐渐加深,会导致焊点早期失效。焊点上的焊料过多,既增加成本,又容易造成焊点桥连(短路),也会掩盖焊接缺陷,所以焊点上的焊料要适量。印制电路板焊接时,焊料布满焊盘呈裙状展开时最为适宜。

(4)具有一定的机械强度

焊点的作用是连接两个或两个以上的元器件,并使电气接触良好。电子设备有时要工作在振动的环境中,为使焊件不松动或脱落,焊点必须具有一定的机械强度。锡铅焊料中的锡和铅的强度都比较低,有时在焊接较大和较重的元器件时,为了增加强度,可根据需要增加焊接面积,或将元器件引线、导线先行网绕、绞合、钩接在接点上,再进行焊接。所以采用锡焊的焊点一般都是一个被锡铅焊料包围的接点。

(5)焊点表面应光亮且均匀

良好的焊点表面应光亮且色泽均匀,不应有凸凹不平和波纹状以及光泽不均的现象。这主要是由助焊剂中未完全挥发的树脂成分形成的薄膜覆盖在焊点表面,能防止焊点表面的氧化。如果使用了消光剂,则对焊接点的光泽不作要求。

(6)焊点表面必须清洁

焊点表面的污垢,尤其是焊剂的有害残留物质,如果不及时清除,酸性物质会腐蚀元器件引线、接点及印制电路，吸潮会造成漏电甚至短路燃烧等，存在严重的安全隐患。

以上是对焊点的质量要求，可以用这六点作为检验焊点的标准。合格的焊点与焊料、焊剂及焊接工具的选用，焊接工艺，焊点的清洗都有着直接的关系。

4.2　焊接工具与材料

4.2.1　手工焊接工具

4.2.1.1　电烙铁

电烙铁是手工焊接和电器维修的基本工具，主要用途是焊接元件及导线，有使用灵活、容易掌握、操作方便、适应性强、焊点质量易于控制、所需设备投资少等优点。选择合适的烙铁，合理地使用它，是保证焊接质量的基础。

(1)电烙铁的种类

由于用途、结构的不同，有各式各样的烙铁。按结构可分为内热式电烙铁和外热式电烙铁；按功能可分为焊接用电烙铁和吸锡用电烙铁；根据用途不同又分为大功率电烙铁和小功率电烙铁。另外还有微型烙铁、超声波烙铁、半自动送焊枪等多种类型。最常用的是单一焊接用的直热式电烙铁，它又可分为内热式和外热式两种。

①外热式电烙铁

外热式电烙铁由烙铁头、烙铁芯、外壳、木柄、电源引线、插头等部分组成。由于烙铁头安装在烙铁芯里面，故称为外热式电烙铁。烙铁芯是电烙铁的关键部件，它是由电热丝平行地绕制在一根空心瓷管上构成，中间的云母片绝缘，并引出两根导线与交流电源连接。外热式电烙铁的规格很多，常用的有 25 W、45 W、75 W、100 W 等，功率越大烙铁头的温度也就越高。其特点是构造简单、价格便宜、使用寿命长，但热效率低、升温较慢、体积较大，而且烙铁的温度不能有效地控制。外热式电烙铁主要用于导线、接地线和接线板的焊接。

②内热式电烙铁

内热式电烙铁由手柄、连接杆、弹簧夹、烙铁芯、烙铁头组成。由于烙铁芯安装在烙铁头里面，因而发热快，热利用率高，因此称为内热式电烙铁。内热式电烙铁的常用规格为 20 W、50 W 两种。由于烙铁芯装在烙铁头内部，热量完全传到烙铁头上，升温快，热效高达 85%～90%，20 W 内热式电烙铁就相当于 40 W 左右的外热式电烙铁。内热式电烙铁的后端是空心的，用于套接在连接杆上，并且用弹簧夹固定，当需要更换烙铁头时，必须先将弹簧夹退出，同时用钳子夹住烙铁头的前端，慢慢地拔出，切记不能用力过猛，以免损坏连接杆。其特点是热效率高、升温快、体积小、重量轻、耗电低，主要用于印制电路板的焊接。

③调温和恒温式电烙铁

目前使用的外热式和内热式电烙铁的温度一般都超过 300 ℃，这对焊接晶体管、集成电路等是不利的。在质量要求较高的场合，通常需要恒温电烙铁。

恒温电烙铁是一种烙铁头温度可以控制的电烙铁，根据控制方式不同，可分为电控烙铁和磁控烙铁。电控是用热电偶作为传感元件来检测和控制烙铁头的温度。当烙铁头温度低于规定值时，温控装置内的电子电路控制半导体开关元件或继电器接通电源，给电烙铁供电，使电烙铁温度上升。温度一旦达到预定值，温控装置自动切断电源。如此反复动作，使烙铁头基本保持恒温。由于恒温电烙铁的价格较贵，因此目前较普遍使用的是磁控恒温电烙铁。其特点是恒温装置在烙铁本体内，核心是装在烙铁头上的强磁体传感器，当达到预定温度时，强磁体传感器达到了居里点而磁性消失，这一特性用来作为磁控开关来控制加热元件的通断，从而达到控制烙铁温度的目的。如果需要不同的温度，可调换装有不同居里点的强磁传感器的烙铁头。

④吸锡电烙铁

吸锡电烙铁是将活塞式吸锡器与电烙铁融为一体的拆焊工具。它具有使用方便、灵活、适用范围宽等特点。这种吸锡电烙铁的不足之处是每次只能对一个焊点进行拆焊。

⑤无绳式电烙铁

无绳式电烙铁是一种新型恒温式焊接工具，由无绳式电烙铁单元和红外线恒温焊台单元两部分组成，可实现 220 V 电源电能转换为热能的无线传输。烙铁单元组件中有温度高低调节旋钮，由 160～400 ℃连续可调，并有温度高低挡格指示。另外，还设计了自动恒温电子电路，可根据用户设置的使用温度自动恒温。

(2)电烙铁的工作温度

烙铁头的温度必须比焊料熔化温度高，一般以高于焊料熔点 50～60 ℃为宜，如果使用共晶焊料，其熔点是 183 ℃，所以适宜的焊接温度应是 230～240 ℃。

为了提高焊接质量，防止过热损坏，实行电烙铁的温度控制是必须采取的重要措施之一。控制电烙铁温度的方法有以下几种。

①对外热式电烙铁可以通过调整烙铁头伸出的长度来控制温度。这是一种最简单的调整方法，但不能精确控制温度。

②通过调整电源电压，即改变电烙铁输出功率来调节温度(如使用调压变压器)。这种方法受电源电压波动的影响，要精确控制温度也很困难。

③利用温度传感器，通过电子电路来控制和调节温度。这种方法控制温度精度高，温度调节方便，但结构复杂，价格较高。

④利用软磁材料的居里效应，通过控制电源的通断来控制和调节温度。这种方

法控温精度较高。

(3)电烙铁的选择

①电烙铁的功率选择

表 4-1 为各种功率电烙铁的适用范围。

表 4-1　烙铁的选择

	焊接对象	功率(W)	品种	说明
1	印制电路板焊接点	25	普通内热式	
2	整机总装的导线、接线焊片(柱)、散热器、接地点等	35	手枪式	
3	温度敏感元器件、无引线元器件	40	自动温控式	温度可根据需要调节,并自动温控
4	高可靠要求产品	50	自动断电及自动温控式	焊接时能自动断电,防止烙铁漏电造成对元器件的损伤

②烙铁头的选择

烙铁头是直接与焊件接触的部分,其特性是很重要的,主要包括烙铁头部的温度、形状及耐腐蚀性。烙铁头的体积因电烙铁的瓦数而异,瓦数大的电烙铁,其体积也大。

烙铁头的顶端温度要适合焊料的熔点。烙铁头顶端的温度,在没有接触焊接点时,应当比焊料的熔点高出 30～80 ℃。温度太低,焊锡不易熔化,焊接时间长,会损坏元器件,而且会使焊接点强度降低,焊点表面发暗、不光亮或形成假焊;温度太高,既容易损坏元器件和导线绝缘,又会使烙铁头加速氧化,浪费电能,同时还会使焊料在液化时流动太快,不能暂留在烙铁头上而不好控制。

烙铁头的形状也是必须重视的问题,因为烙铁头是直接与焊件接触的部位,所以头部的形状应与焊接点的大小及焊点的密度相适应,因为焊点是圆形的,所以一般应选择头部截面是圆形的,特别是在 SMA 的维修中使用的烙铁,更要注意烙铁头的形状。随着整机内元器件密度的提高,一般不宜选择头部截面是扇形的烙铁头。

烙铁在使用时,头部始终处于高温状态,它的耐腐蚀性是相当重要的。为了获得良好的导热性,烙铁头是用紫铜材料制成的,它的作用是传热快。在高温状态下铜很容易氧化,生成红色的氧化亚铜及黑色的氧化铜,从基体剥落面玷污焊点,并逐渐使头部改变为凹坑状,需要重新修正及更换。为了解决这个问题,长寿命烙铁头应运而生,它是在铜基体表面镀上一层铁、镍、铬或铁镍合金,这种镀层不仅耐高温,而且具有良好沾锡性能,这样既能有效地阻止铜基体在空气中的氧化,又能完全满足烙铁头所需要的特性,所以长寿命烙铁头已得到普遍的应用。

(4)电烙铁使用的注意事项

①烙铁头初次通电升温时，应先浸上松香，再把焊锡均匀熔化在烙铁头上，即进行上锡。

②电烙铁在加热状态下应避免震动，使用时应轻拿轻放，不能用来敲击。

③使用电烙铁时应握持其手柄部位，常用的握持方法有3种。

握笔型：此法适用于小功率的电烙铁，焊接散热量小的被焊件，如焊接收音机、电视机的印刷电路板。

反握型：即手心朝上握住手柄，此法适用于大功率电烙铁，焊接散热量较大的被焊件。这种握法需要一段时间才能适应，但是动作稳定，不易疲劳。

正握型：即手心朝下握住手柄，此法使用的电烙铁也比较大，且多为弯形烙铁头，使用弯把烙铁时一般用此种握法。

④电烙铁金属管的温度很高，一般大于200 ℃，因此千万不可用手触摸。

⑤停止使用时，应拔出电源插头。

⑥电烙铁头要经常保持清洁，间隔一定的时间应将烙铁头取出，倒去氧化物，重新插入拧紧，防止烙铁头与加热芯烧结在一起。

⑦不可将烙铁头上多余的锡乱甩，而应注意他人安全。

⑧烙铁头应经常保持清洁，可以沾一些松香清洁，也可用耐高温的湿海绵擦除烙铁头上的脏物。

4.2.1.2 其他工具

电子产品装配常用的其他工具有：电烙铁、尖嘴钳、斜口钳、镊子、剪子、改锥(大中小各一件)、钢皮尺、扳手等普通工具；导线剥头钳、开口螺钉旋具等专用工具。

4.2.2 焊料

在焊接时，凡是用来使两种或两种以上的金属连接成为一个整体的金属或合金被称为焊料。按其组成成分，焊料可分为锡－铅焊料、银焊料和铜焊料；按其熔点，焊料又可分为软焊料(熔点在450 ℃以下)和硬焊料(熔点高于450 ℃)。在电子设备装联中常用的焊接材料是锡铅系焊料，俗称为焊锡。

焊锡由二元或多元合金组成。通常所说的焊锡是指锡和铅的二元合金，即锡铅合金。它是一种软焊料。图4-2给出了锡铅合金熔化温度随着锡的含量而变化的情况，称为锡铅合金状态图。从图中可以看出：B点合金可由固体直接变成液体或从液体直接冷却成固体，中间不经过半液体状态，因此称B点为共晶点。按共晶点配比的合金称为共晶合金。共晶合金是合金焊料中较好的一种，其优点是熔点最低、结晶间隔很短、流动性好、机械强度高，所以，在电子产品的焊接中都采用这种比例的焊锡。共晶锡铅合金的含锡量为63%，含铅量为37%，按此配比的焊锡叫共晶焊锡，其熔化温度为 183 ℃。

焊料的形状有膏状、管状、扁带状、球状、饼状、圆片等几种。常用的焊锡丝，在其内部夹有固体焊剂松香。常用焊锡丝直径有 1.2、1.5、2.0、2.5、3.0 mm 等多种规格。

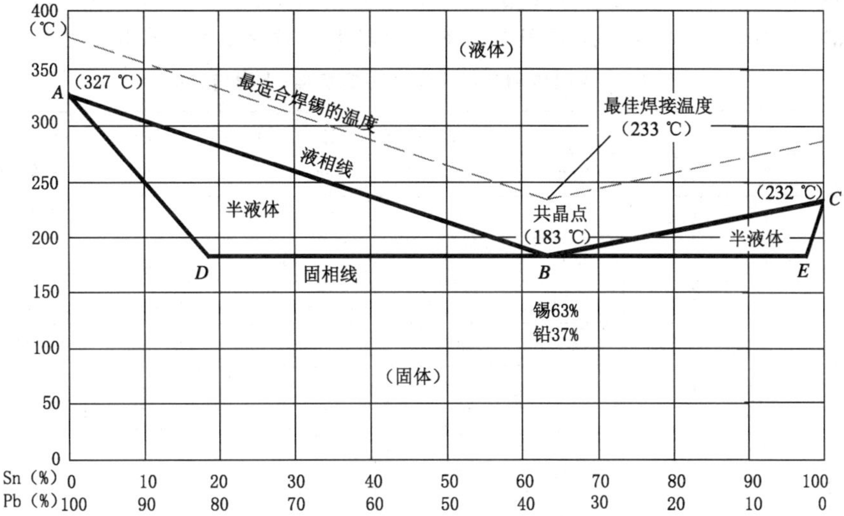

图 4-2　锡铅合金状态图

在焊接过程中，杂质对焊料的润湿性、焊点的机械强度和耐腐蚀性都有很大的影响，各种杂质对锡铅焊料的影响情况见表 4-2。

表 4-2　各种杂质对锡铅焊料的影响

杂 质	对 焊 料 性 能 的 影 响
Sb 锑	含量大时焊料硬度增大，流动性下降，含量超过 1%时，铺展面积减少 25%
Cu 铜	使焊料熔点升高，可焊性下降，含量超过 0.29%时，可引起焊点疏松
Bi 铋	使焊料熔点下降，机械性能下降，含量超过 0.5%时，焊料表面氧化变色
Cd 镉	含量超过 0.15%时，铺展面积降低 25%
Zn 锌	使焊料流动性降低，机械性能下降，含量超过 0.003%时，焊料表面氧化，不耐腐蚀
Al 铝	作用同锌一样，含量超过 0.005%时，焊料氧化加剧
Fe 铁	使焊料熔点升高，润湿性下降
As 砷	含量超过 0.2%时，铺展面积下降 25%
P 磷	使焊料润湿性下降，引起疏松
S 硫	使焊料润湿性下降，引起疏松
Ag 银	使焊料熔点升高

焊接中的杂质来源于2个方面:一是焊料本身带有杂质;另一方面,在焊接时,由于工件金属与熔融焊料之间的互相扩散,而导致工件金属成分(主要是铜)进入锡缸,使锡缸内焊料的含铜量逐渐升高,所以在实际生产中,除了要严格控制来料的质量外,要定期(一般每月一次)检测锡缸内的含铜量,要求控制在0.3%以下,发现超出规定标准,应更换锡缸内的所有焊料。关于焊料中杂质含量的标准见表4-3。

表4-3 锡铅焊料杂质含量的主要标准(上限值,%)

杂质	JIS Z3282-86			QQ-S-571F [Class1]	GB3131-2001 Class AA	J-STD-006 (1995)	J-STD-001 C 波峰炉锡块
	B级	A级	S级				
Sb	1.0	0.30	0.10	0.50	0.05	0.50	0.500
Cu	0.08	0.05	0.03	0.08	0.03	0.08	0.300
Bi	0.35 (各项之和小于)	0.05	0.03	0.10	0.03	0.250	0.250
Zn		0.005	0.002	0.005	0.001	0.005	0.005
Fe		0.03	0.02	0.02	0.02	0.02	0.020
Al		0.005	0.005	0.005	0.001	0.005	0.006
As		0.03	0.03	0.03	0.015	0.030	0.030
Cd		0.005	0.002	0.005	0.001	0.005	0.006

这里要说明的是,并非所有的杂质都会对焊料产生不良影响,有时为了改善其性能,加入适量的银、锑、铜可得到良好的效果。

在焊料中添加0.2%~2.0%的银,可使焊料的熔点下降而改善可焊性,同时可防止对锡镀件的银熔融腐蚀;在焊料中添加1%~3%的锑,可防止低温对焊点的脆化,同时可减少锡含量而降低成本;在焊料中添加0.05%的铜,则使金属组织变细从而提高机械性能。因此,在必要时可根据特殊需要适当添加。

4.2.3 助焊剂

焊接时,为了使熔化的焊锡能黏结在被焊金属表面上,就必须借助化学方法将金属表面的氧化物除去,使金属表面能显露出来,凡是具有这种作用的化学品,称为助焊剂。助焊剂是一种促进焊接的化学物质。在锡焊中,它是一种不可缺少的辅助材料,其作用是极为重要的。

4.2.3.1 助焊剂的作用

(1)熔解被焊母材表面的氧化膜

在大气中,被焊的金属母材表面总是被氧化膜覆盖着,其厚度为$2\times10^{-9}\sim2\times10^{-8}$ m。在焊接时,氧化层必然会阻止焊锡对母材的润湿,焊接就不可能正常进行,因此必须在母材表面涂敷助焊剂，使金属表面的氧化物还原，从而达到消除氧化膜的目的。

(2)防止再氧化

母材在焊接过程中需要加热，高温时金属表面会加速氧化，因此液状的助焊剂覆盖在母材和焊料的表面可防止它们氧化。

(3)减少熔融焊料的表面张力

熔融焊料金属表面具有一定的张力，就像雨水落在荷叶上，由于液体的表面张力会立即聚结成圆珠状的水珠。熔融焊锡的表面张力会阻止它向母材表面浸流，影响润湿的正常进行。当助焊剂覆盖在熔融焊料的表面时，可降低液态焊料的表面张力，使润湿性能明显提高。

4.2.3.2　助焊剂的性能

一种良好的焊剂，既要能满足焊接工艺的要求，有良好的助焊性能，又要具有使用的安全性。

(1)助焊剂要有适当的活性温度范围。在焊锡熔化前开始起作用，在施焊过程中较好地发挥清除氧化膜、降低液态焊锡表面张力的作用。焊剂的熔点要低于焊锡的熔点，但不应相差过大。

(2)助焊剂要有良好的热稳定性，一般热稳定温度不小于 100 ℃。

(3)助焊剂的密度应小于液态焊料的密度，这样助焊剂才能均匀地在被焊金属表面铺展，成薄膜状覆盖在焊料和被焊金属表面，有效地隔绝空气，促进焊料对母材的润湿。

(4)助焊剂的残留物不应有腐蚀性且容易清洗；不应析出有毒、有害气体；要有符合电子工业规定的水溶性电阻和绝缘电阻；不吸潮，不产生霉菌；化学性能稳定，易于贮存。

4.2.3.3　助焊剂的种类

助焊剂的种类繁多，一般可分为无机系列、有机系列和树脂系列等。

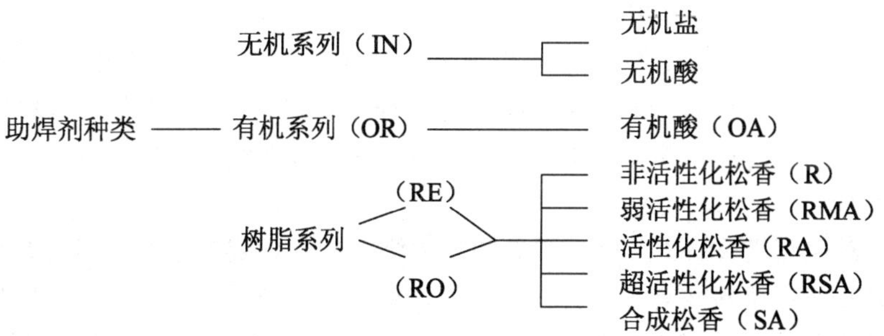

(1)无机系列助焊剂

无机系列助焊剂的化学作用强,助焊性能非常好,但腐蚀作用大,属于酸性焊剂,因为它溶解于水,故又称为水溶性助焊剂,它包括无机酸和无机盐两类。

含有无机盐的助焊剂主要成分是氯化锌、氯化氨等,含有无机酸的助焊剂主要成分是盐酸、氢氟酸等,它们使用后必须立即进行非常严格的清洗,因为任何残留在工件上的卤化物都会引起严重的腐蚀。这种助焊剂通常只用于非电子的焊接,在电子设备的装联中严禁使用这类无机系列的助焊剂。

(2)有机系列助焊剂

有机系列助焊剂的助焊作用介于无机焊剂与松香焊剂之间,它也属于酸性、水溶性焊剂。含有有机酸的水溶性助焊剂以乳酸、柠檬酸为基础,由于它的焊接残留物可以在工件上保存一段时间而无严重腐蚀,因此可以用在电子设备的装联中,但一般不用在 SMT 的焊膏中,因为它没有松香焊剂的黏稠性(起防止贴片元器件移动的作用)。

(3)树脂系列助焊剂

在电子产品的焊接中使用比例最大的是松香树脂型助焊剂。由于它只能溶解于有机溶剂,故又称为有机溶剂助焊剂。其主要成分是松香。松香在固态时呈非活性,只有液态时才呈活性,松香的熔点是 127 ℃,它的活性可以持续到 315 ℃。锡焊的最佳温度为 240～250 ℃,所以正处在松香的活性范围内,且它的焊接残留物不存在腐蚀问题,这些特性使它成为非腐蚀性焊剂而被广泛应用于电子设备的焊接中。

为适应不同的应用需要,松香助焊剂有液态、糊状和固态 3 种形态。固态的助焊剂适用于烙铁焊,液态和糊状的助焊剂分别适用于波峰焊和再流焊。

在实际使用中发现,松香为单体时,化学活性较弱,对促进焊料的润湿性往往不够充分,因此需添加少量的活性剂,用以提高它的活性。松香系列焊剂根据有无添加活性剂和化学活性的强弱,被分为非活性化松香、弱活性化松香、活性化松香和超活性化松香 4 种,美国 MIL 标准中分别简称为 R、RMA、RA、RSA,而日本 JIS 标准则是根据助焊剂的含氯量划分为 AA(0.1%以下)、A(0.1%～0.5%)、B(0.5%～1.0%)3 种等级。

①非活性化松香(R):它是由纯松香溶解在合适的溶剂(如异丙醇、乙醇等)中组成,其中没有活化剂,因此消除氧化膜的能力很弱,所以要求被焊件具有非常好的可焊性。它通常应用在一些使用中绝对不允许有腐蚀危险存在的电路中,如植入心脏的起搏器等。

②弱活性化松香(RMA):这类助焊剂中添加的活化剂有乳酸、柠檬酸、硬脂酸等有机酸以及那些盐基性有机化合物。添加这些弱活性剂后,能够促进润湿的进行,但母材上的残留物仍然不具有腐蚀性,因此能广泛应用于电子产品的装联焊接中,焊接

后的助焊剂残留物不仅对产品基本无腐蚀性，而且可提供绝缘和保护。所以，除了具有高可靠要求的航空、航天产品或细间距的表面安装产品需要进行清洗外，一般民用消费类产品（如收录机、电视机等）均不需设立清洗工序。在采用弱活性化松香时，对被焊件的可焊性也有严格的要求。

③活性化松香（RA）及超活性化松香（RSA）：在活性化松香助焊剂中，添加的强活性剂有盐酸苯胺、盐酸联氨等盐基性有机化合物，这种助焊剂的活性虽明显提高了，但焊接后残留物中氯离子的腐蚀变成不可忽视的问题。所以，在电子产品的装联中，一般很少应用。近年来，随着活性剂的改进，已开发了在焊接温度下能将残渣分解为非腐蚀性物质的活性剂，这些大多是有机化合物的衍生物。

4.2.4　阻焊剂

在进行浸焊、波峰焊时，往往会发生焊锡桥连，造成短路的现象，尤其是高密度的印制板更为明显。阻焊剂是一种耐高温的涂料，它可使焊接只在需要焊接的点上进行，而将不需要焊接的部分保护起来。应用阻焊剂可以防止桥连、短路等现象发生，减少返修，提高劳动生产率，节约焊料，并可使焊点饱满，减少虚焊发生，提高了焊接质量。印制板板面部分由于受到阻焊膜的覆盖，热冲击小，使板面不易起泡、分层，焊接成品合格率上升。

4.2.4.1　阻焊剂的特点

为了提高印制板的焊接质量，特别是浸焊和波峰焊的质量，常在印制基板上，将除焊盘以外的印制线条全部涂上防焊材料，这种材料称为阻焊剂，采取这种措施，有如下优点。

（1）可以使浸焊或波峰焊时桥接、拉头、虚焊和连条等毛病大为减少或基本消除，板子的返修率也大为下降，提高焊接质量，保证产品的可靠性。

（2）除了焊盘外，其他印制连线均不上锡，这样可以节省大量焊料。同时，由于只有焊盘部位上锡，受热少，冷却快，降低了印制板的温度，起到保护塑封元器件及集成电路的作用。

（3）阻焊剂本身具有三防性能和一定的硬度，在印制板表面形成一层很好的保护膜，还可起到防止碰撞等引起机械损伤的作用。

（4）使用阻焊剂特别是带有彩色的阻焊剂，使印制板面显得整洁美观。

4.2.4.2　阻焊剂的种类

阻焊剂的种类很多，一般分为干膜型和印料型阻焊剂。目前广泛使用的是印料型阻焊剂，这种阻焊剂又可分为热固化和光固化两种。

（1）热固化阻焊剂的特点是附着力强，能耐 300 ℃高温，但要在 200 ℃高温下烘烤两小时，因而板子容易变形，能源消耗大，生产周期长。

(2)光固化阻焊剂(光敏阻焊剂)的特点是在高压汞灯照射下，只要 2～3 min 就能固化，因而可节约大量能源，提高生产效率，并便于组织自动化生产。这种阻焊剂还由于毒性低，可以减小环境污染。但这种阻焊剂易溶于酒精，能和印制板上喷涂的助焊剂中的酒精成分相溶而影响印刷板的质量。

4.3 手工焊接技术

手工焊接是焊接技术的基础，也是电子设备组装的一项基本操作技能。手工焊接适用于新产品的试制、小批量生产、具有特殊要求的高可靠产品、某些不便使用机器焊接的场合，以及电子设备在生产和维修过程需要进行补焊、修复焊点和更换元器件等。

烙铁焊是锡焊技术的基础手段，因此，它是从事电子工业的工程技术人员必须掌握的一门基本功。烙铁焊看似简单，但往往又是最难控制质量、容易出现问题的环节。在实际生产中，必须根据焊接对象正确选择工具、焊料，认真做好焊前准备，遵循焊接步骤，掌握焊接要领，才能确保每个焊点的质量。

4.3.1 手工焊接的工艺流程

手工焊接的工艺流程如下：准备→加热→加焊料→冷却→清洗→检验。

(1)准备：焊接前必须做好焊接的准备工作，它包括选用合适功率的电烙铁和烙铁头，烙铁头的清洁和上锡，焊接部位的清洁处理，预焊，元器件引线的成形及插装，焊接工具及焊接材料的准备，使连接点处于随时可以焊接的状态。

(2)加热：用烙铁头加热焊接部位，使连接点的温度加热到焊接需要的温度。在加热中，热量供给的速度和最佳焊接温度的确定是保证焊接质量的关键。通常焊接温度控制在 260 ℃左右。但考虑电烙铁在使用过程中的散热，可把温度适当提高一些，控制在 300 ℃左右。

(3)加焊料：当烙铁加热到一定温度后，即可在烙铁头和连接点的结合部或烙铁头对称的一侧，加上适量的焊料，焊料量的多少，应使导线的外形保持可见或保证能够覆盖接点。在施焊过程中，要求焊接者针对不同的焊接对象，掌握正确的焊接时间。通常焊接时间控制在 2～3 s。

(4)冷却：焊接时间结束之后，焊料和烙铁头都已撤离，焊点应自然冷却，不要用嘴吹或其他强制冷却的方法，以免影响焊点的形成，在焊料凝固过程中，连接点不应受到任何外力的影响而改变位置。

(5)清洗：焊接完成之后，必须进行清洗，除去残留在焊点周围的焊剂、油污等，以防残留物的污染及腐蚀，并使焊点清洁美观。

4.3.2 手工焊接的步骤

作为一种初学者掌握手工锡焊技术的训练方法，五步工序法（图 4-3）是卓有成效的。

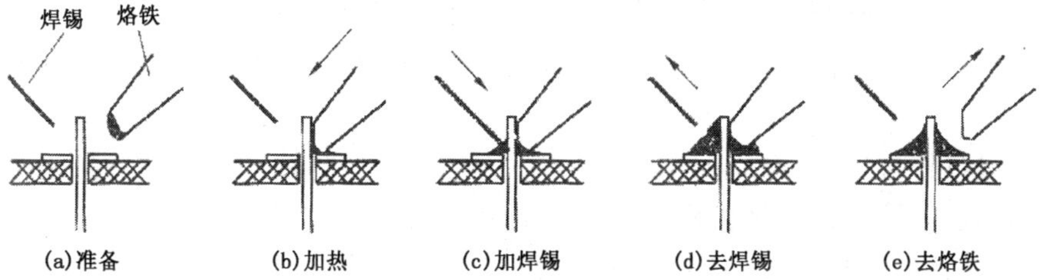

图 4-3 五步焊接工序法

其具体步骤如下：

(1)准备好焊锡丝和烙铁，此时特别强调的是烙铁头部要保持干净，烙铁头和焊锡丝指向连接点；

(2)烙铁头先接触连接点，注意首先要保持烙铁加热焊件各部分，例如印制板上引线和焊盘都使之受热，其次要注意让烙铁头的扁平部分接触热容量较大的焊件，烙铁头的侧面或边缘部分接触热容较小的焊件，以保持焊件均匀受热；

(3)焊锡丝接触焊接部位，熔化焊锡；

(4)当熔化适量的焊锡后将焊锡丝移开；

(5)在焊料流漫流整个焊接部位时，移开烙铁，移开烙铁的方法很重要，直接影响到焊接质量和焊点的外形。

上述过程，对一般焊点而言需要 2～3 s。对于热容较小的焊点，例如印制电路板上的小焊盘，有时用三步法概括操作方法，即将上述步骤(2)，(3)合为一步，(4)，(5)合为一步。实际上还是五步，所以五步法有普遍性，是掌握手势烙铁焊接的基本方法。要具体了解只有通过实践才能逐步掌握。

按上述步骤进行焊接是获得良好焊点的关键之一。在实际生产中，最容易出现的一种违反操作步骤的做法是烙铁头不是先与工件接触，而是先与锡丝接触，熔化的焊锡滴落在尚未预热的焊接部位，这样很容易导致虚假焊点的产生。更为严重的是，有的操作者用烙铁头沾一点焊锡带到焊接部位，这时助焊剂已全部挥发或焦化，失去了助焊作用，焊接质量就可想而知了。因此在操作时，最重要的是烙铁必须首先与工件接触，先对焊接部位进行预热，它是防止产生虚假焊（最严重的焊接缺陷）的有效手段。

4.3.3 操作要领

(1)烙铁头与被焊工件的接触方式

工件通过与烙铁头接触获得焊接所需要的温度,所以接触要掌握下列要领。

①接触位置:烙铁头应同时接触需要互相连接的2个工件,烙铁一般倾斜45°,如图4-3(b)所示,应避免只与其中的一个工件接触和接触面积太小的现象。

②接触压力:烙铁头与工件接触时应略施压力,以对工件表面不造成损伤为原则。

(2)焊锡的供给方法

焊锡的供给方法主要掌握3个要领,即供给时间、位置和数量。

①供给时间:原则上是工件升温达到焊料的熔解温度时立即送上焊锡。

②供给位置:送锡时焊锡丝应接触在烙铁头的对侧,因为熔融焊锡具有向温度高的方向流动的特性,因此在对侧加锡,它会很快流向烙铁头接触部位,以保证焊点四周均匀布满焊锡。若供给时锡丝直接与烙铁头接触,锡丝很快熔化,覆盖在焊接处,假如工件尚未达到焊接温度,必然形成假焊点。

③供给数量:要求在焊接部位薄薄地盖上一层焊锡,焊点圆滑,但又能看出内部工件的轮廓,俗称“皮包骨头”。总之,锡量要适中,焊锡太多呈“馒头”状会掩盖假焊点;而焊锡太少会影响强度。对于需要支撑较重元器件(如散热器的支撑脚)或需要通过大电流的焊点(几百毫安以上),情况就应例外,焊点处需堆积较多的焊锡,一般称为加强焊。

(3)烙铁头的脱离方法

烙铁头脱离焊点的要领主要应掌握脱离时间和脱离动作2点,它对焊点的质量和外观有很大影响。

①脱离时间:观察焊锡已充分润湿焊接部位,而焊剂尚未完全挥发,形成光亮的焊点时立即脱离,若焊点表面变得无光泽而粗糙,则说明脱离时间太晚了。

②脱离动作:脱离时动作要迅速,一般沿焊点的切线方向拉出或沿引线的轴向拉出,即将脱离时又快速地往回带一下,然后快速地脱离,以免焊点表面拉出毛刺。

(4)电烙铁的握法

电烙铁的握法可以因人而异,灵活掌握,焊接时必须使烙铁头朝下,拿稳拿准,可以一手拿电烙铁,一手拿焊锡丝。一般有正握、反握和笔握3种。正握法适用于弯烙铁头操作或直烙铁头在大型机架上焊接。反握法对被焊件压力较大,适用于较大功率电烙铁(一般大于75 W)的场合。笔握法适用于小功率烙铁焊接印制电路板。

4.3.4　电路板的焊接

(1)焊接方法

印制电路板手工焊接的主要特点是操作要准而快，一般在焊接操作时使用三工序法，电烙铁选用 20 W 内热式或低压控制电烙铁。所用焊料应据导线的密度和焊盘的大小，采用 ϕ0.5～ϕ1.2 mm 的线状焊料。

(2)焊接的要求

对于单面印制线路板，元器件不能装在印制导线的一面，否则不合格。

对于双面印制板金属孔的焊接，可采用单面焊接方法，使焊料在孔内部分润湿，并流向另一侧，也可采用两面焊接。但要充分加热，使孔内气体排出，否则焊料未填满，不合格。

多层印制线路板的焊接，则禁止采用两面焊接，以防止金属化孔内出现焊接不良，造成多层印制电路板内层电气连接开路或接触不良。

扁平引线(如扁平封装集成电路)的焊接，要求引线对位正确，并采用对角引线焊接的方法，依次将引线焊好。

若元器件引线在印制电路板上需打弯后焊接，引线应向印制导线的方向打弯。

4.3.5　焊接温度与加热时间

(1)掌握好加热时间

加热时间对焊锡、焊件的浸润性、结合层形成都有一定的影响。加热时间不足，造成焊料不能充分浸润焊件，形成夹渣(松香)、虚焊是容易观察和理解的。加热时间过长的话可能会造成元器件损坏，这是因为：

①焊点的结合层由于长时间加热而超过合适的厚度引起焊点性能劣化；

②印制板、塑料等材料受热过多会变形变质；

③元器件受热后性能变化甚至失效；

④焊点表面由于焊剂挥发，失去保护而氧化。

因此，准确掌握火候是优质焊接的关键，在保证焊料润湿焊件的前提下时间越短越好。

(2)保持合适的温度

如果为了缩短加热时间而采用高温烙铁焊小焊点，则会带来另一方面的问题：焊锡丝中的焊剂没有足够的时间在被焊面上漫流而过早挥发失效；焊料熔化速度过快影响焊剂作用的发挥；由于温度过高虽加热时间短也造成过热现象。因此要保持烙铁头在合理的温度范围内。一般经验是，烙铁头温度比焊料熔化温度高 50 ℃较为适宜。在实际操作中我们可以通过操作手法获得最好的解决方法。

4.4 自动焊接技术

常用的机械自动焊接方式有3种:浸焊、波峰焊和再流焊。

4.4.1 浸焊

浸焊是将插装好元器件的印制板浸入锡锅内一次完成所有焊点焊接的一种方法。焊点以外不需连接的部分通过在印制板上涂阻焊剂来实现。

浸焊过程:将插装好元器件的印制板装上专用夹具→放入导轨→喷涂助焊剂→烘干→焊接(印制板沿导轨以15°倾角进入锡锅,锡锅内锡铅焊料的温度控制在250 ℃左右,印制板经过锡锅的时间约3 s,然后以15°倾角离开锡锅)→至切头机自动铲头→经风吹机冷却→从夹上取下。

浸焊操作注意事项包括以下几个方面。

①锡锅的温度应控制在所要求的范围之内,不能过高或过低。过低,焊锡流动性差并有印制板浸润不均匀的缺点。过高,容易使印制板弯形,铜箔翘起。

②印制板浸入前,必须用一带绝缘把手的铅片,把浮渣刮干净。

③对未安装元器件的安装孔,要贴上胶带,以免焊锡填入孔中。

④操作人员必须戴上防护设备。所有液态物体要远离锡槽,以免倒翻在锡槽内引起锡“爆炸”及焊锡喷溅。

浸焊比手工焊接的效率高,设备也较简单,但由于锡槽内的焊锡表面是静止的,表面氧化物易黏在焊接点上。并且印制电路板被焊面全部与焊锡接触,温度高,易烫坏元器件并使印制电路板变形,难以充分保证焊接质量。目前在大批量电子产品生产中,浸焊已为波峰焊所取代,或在高可靠性要求的电子产品生产中作为波峰焊的前道工序。

4.4.2 波峰焊

波峰焊是目前应用最广泛的自动化焊接工艺。与自动浸焊相比较,其最大的特点是锡槽内的锡不是静止的,熔化的焊锡在机械泵(或电磁泵)的作用下由喷嘴源源不断流出而形成波峰,波峰焊的名称由此而来。波峰即顶部的锡无丝毫氧化物和污染物,在传动机构移动过程中,印制线路板分段、局部与波峰接触焊接,避免了浸焊工艺存在的缺点,使焊接质量可以得到保证,焊接点的合格率可达99.97%以上,在现代企业中它已取代了大部分的传统焊接工艺。

4.4.2.1 波峰焊的工艺流程

准备→装件→焊剂涂敷→预热→波峰焊→冷却→铲头→清洗。

(1)准备工序:包括元器件引线搪锡、成形及印制电路板的准备等。与手工焊接相比,对印制的要求更高,以适应波峰焊要求。

(2)装件工序:一般采用流水作业的方法插装元器件,即将加工成形的元器件分成若干个工位,插装到印制电路板上。插装形成可分为手工插装、半自动插装和全自动插装。

(3)焊剂涂敷工序:为了提高被焊表面的润湿性和去除氧化物,需要在印制板焊接面喷涂一层焊剂。喷涂形式一般有发泡式、喷流式和喷雾式等。

(4)预热工序:为使印制板上的助焊剂加热到活化点,必须预热。同时预热还能减少印制板焊接时的热冲击,防止板面变形。预热的形式主要有热辐射和热风式两种。印制板预热温度一般控制在 90 ℃左右,印制板与加热器之间的距离为 50~60 mm。

(5)焊接工序:印制板进入波峰区时,印制板与焊料波峰做相对运动,板面受到一定的压力,焊料润湿引线和焊盘,在毛细管效应的作用下形成锥形焊点。

(6)冷却工序:印制电路板焊接后,板面温度仍然很高,此时焊点处于半凝固状态,稍微受到冲击和振动都会影响焊接点的质量。另外,高温时间太长,也会影响元器件的质量。因此,焊接后,必须进行冷却处理,一般采用风扇冷却。风量为 13~173 m/min。

(7)清洗工序:波峰焊接完成之后,对板面残留的焊剂等沾污物,要及时清洗,否则在焊点检查时,不易发现渣孔、虚焊、气泡等缺陷,残留的助焊剂还会造成对插件板的侵蚀。清洗方法有多种,现在使用较普遍的方法有液相清洗法和气相清洗法两类。

4.4.2.2 工艺参数

(1)预热温度:指印刷板喷涂焊剂后,进行波峰焊之前的预先加热温度。目的是使焊剂事先受热,促使焊剂能在正常活化温度下持续足够的时间,发挥最佳效能,以减少焊点的虚焊、拉尖和桥接等缺陷。同时,减少焊料波峰对基板的热冲击,解决焊接中印刷板翘曲变形问题。预热温度根据基板材料的性质和焊剂的类型来确定,一般控制在 70~90 ℃。

(2)焊接温度:一般指波峰喷嘴出口处焊料的温度,采用共晶焊料,焊接温度控制在 235~250 ℃,夏天可偏低一些,冬天可偏高一些。

(3)焊接时间:指被焊部件与熔融焊料之间接触的稳定持续时间,对印刷板焊接来说,就是每个焊点停留在焊料波峰中的时间,当焊料牌号和焊接温度确定之后,焊接时间就基本可以确定下来。例如,使用共晶焊料时,确定为 3 s。

(4)波峰宽度:指焊件移动方向上波峰的有效浸渍行程的距离。它的宽窄直接反映了波峰焊接装置的容量。若宽度较宽,可以允许有更快的传递速度让焊件通过波峰区。它决定了焊接的效率,但将影响整个装置的体积,一般 40 mm 左右。

(5)焊接速度:指焊件每分钟通过波峰的距离。这个速度要保证印制板上每个焊点(焊件)的焊料浸渍有必需的最短时间,而焊件过长地浸在焊料波峰里也是不允许的。焊接速度一般都是可调的,其范围在 0.3～1.2 m/min。

(6)焊接角度(传送角度 α):指印制板(焊件)通过波峰的倾斜角度。为了改善焊点质量,减少焊点的拉尖和桥接等毛病,要选择最佳角度。α 越大对改善焊点质量越有利,但它又受到其他因素的约束,调节时需要互相配合,一般规定在 5°～7°,设备的调节范围在 0°～8°。实际生产中,对于不同类型的波峰焊机,其最佳角度都是在试用中进行调整确定的。

4.4.2.3　波峰焊的操作

下面以半自动波峰焊锡机为例介绍平面喷流焊和波峰焊的操作。

(1)平面喷流焊的操作

①已插件完毕的待焊线路从插件流水线上取出,轻轻插入机械手的槽中。每次装入一至数块,并使最后一块的左边与机械手的左边对齐,以利于下一次操作。

②左手抓住移动手柄,把机械手装置推至助剂涂敷槽工位。用右手压下焊板操作柄至下限位,使线路板的焊锡面接触到助焊剂的泡沫面,放松右手并使助焊剂略低一些,以减少滴到外面。

③用左手推动机械手装置,慢慢通过预热热风出口,便于助焊剂活化。

④将机械手装置移至焊锡工位,匀速压下焊板操作手柄至下限位,以便线路板匀速地按一定角度进入锡面,并保留 3 s。慢慢放松焊板操作手柄使线路板匀速出锡,以保证焊点光滑圆整,减少桥接。

焊锡温度一般为 245 ℃,当发现焊点有桥接、太饱满时,可提高锡槽温度几度,以增加熔锡的流动性。当发现焊点不饱满、太平坦时,可降低锡温几度,使焊点饱满可靠、美观。

⑤将机械手装置移至冷却工位,右手压下卸板手柄后,左手持移动手柄将机械手装置向左拉回至装夹工位,已焊线路板被卸在冷却工位由冷却风强化冷却。然后,放在切脚机上切脚。

(2)波峰焊的操作

①分别在助焊剂槽和焊锡槽中装上助焊剂喷口和波峰发生器喷口。

②调整机脚,使机身右端略微抬高。

③如平面喷流焊①操作,夹好线路板。

④抓住机械手的移动手柄,向右缓缓推动,使线路板经过助焊剂喷口、预热出风口和波峰发生器喷口,焊锡即已完成。

⑤将机械手装置移至冷却工位压下卸板手柄,把机械手拉回装夹工位,此时已焊线路板由冷却风机强化冷却。

4.4.3 再流焊

再流焊是表面组装技术的关键核心技术，又称为重熔群焊，它是为适应SMT而研制的一种新型的焊接方法，它应用于焊接全表面安装组件。

4.4.3.1 再流焊的类型

再流焊可采用不同的加热热源，通常有热板传导、热风对流、红外辐射、蒸汽冷凝潜热和激光照射等方式。由于采用不同的热源，再流焊机有热板再流焊机、热风再流焊机、红外再流焊机、红外热风再流焊机、气相再流焊机和激光再流焊机等。不同加热方式的工作原理是不同的。

(1)对流/红外再流焊

在红外再流焊中，往往同时采用红外辐射和强制热风对流的复合加热方式，称为对流/红外再流焊。这种复合加热方式，可弥补由于基板组成材料和元器件的包封材料对红外线的吸收比例不同(色彩灵敏度)和辐射被遮挡(阴影效应)而引起的升温不匀造成的缺陷。

该设备通常为隧道式，可与自动线连接。焊接时，焊接对象随着传动链(带)机构匀速地进入隧道式不锈钢炉膛，安装在炉膛上下的通电陶瓷发热板辐射出红外线，同时，热风机使热空气产生均匀对流。焊接对象在炉膛内依次通过3个区域，先进入预热区，挥发掉焊膏中的低沸点溶剂，然后进入再流区，预先涂敷在基板焊盘上的膏状焊料(焊膏)在高于焊料合金熔点20～50 ℃的热空气中再次熔融，润湿焊接面，完成焊接后，进入冷却区使焊料冷却凝固。

这种形式的优点是预热和焊接可在同一炉膛内完成，通用性强(可用于胶粘剂的固化)，而且无污染，适合于单一品种的大批量生产，在我国应用最为普遍；缺点是由于循环空气会使焊膏外表形成表皮，使内部溶剂不易挥发，再流焊期间会引起焊料飞溅而产生微小锡珠，需彻底清洗。

(2)热板再流焊

与红外再流焊不同的是加热热源是热板，焊接对象是直接放置在发热板上，通过焊接对象与发热板直接接触，热量由底板背面传导到焊料上。它也有3个工作区，焊接原理与上述相同。由于它是依靠接触传导热量，所以这个方法只适用于小型单面安装的基板，通常应用于厚膜电路的生产。

(3)气相再流焊

气相再流焊是通过加热一种氟碳化合物液体(俗称氟油)，使之达到沸腾(约215 ℃)而蒸发，产生温度等于沸点的高温蒸气，当温度较低的焊接对象进入饱和蒸汽区之后，高温蒸气向该物体表面凝集，放出汽化潜热，使之升温。直到焊接对象温度达到饱和蒸汽的温度时，凝集和放热过程才结束。

这种方式的优点是焊接温度控制方便、峰值温度稳定(等于工作液的沸点),因此更换产品花费的调机时间短(唯一需要调节的是传送速度),更适合于小批量多品种的生产。气相再流焊的缺点是不能对焊件进行预热,因此焊接器件与板面温差大,容易发生因"吸吮现象"而引起的脱焊,而且工作液(氟碳化合物)成本高,在工艺过程中容易损失并且污染环境。为改善这个缺点,最新发展的气相焊主要有 2 种:一种是双蒸气系统,它用比较便宜、比较轻的次级蒸气封盖较贵的初级蒸气,防止初级蒸气挥发逃逸;另一种是单蒸气连续系统,依靠机械结构来防止液体损失。

(4)激光再流焊

激光再流焊是一种新型的再流焊技术,它是利用激光光束直接照射焊接部位而产生的热量使焊膏熔化而形成良好的焊点,它能根据需要对同一电路板的不同焊点提供不同的热量。它主要控制的是激光的功率、类型、光束宽度及照射时间(约 300 ms)等因素。通常,有 2 类激光器可用于焊接,即二氧化碳(CO_2)气体激光器和 YAG—Nd 激光器,其中 CO_2 激光器较为普及。

激光焊是对其他再流焊方式的补充而不是替代,它主要应用在一些特定的场合。如焊接一些在气相焊或红外焊中易受热损伤或易开裂的元器件,它们用激光焊则不会产生任何问题;用于在元器件密集的电路上除去某些电路线条或增添某些元件,无须对整个电路板加热。

激光焊除了可以应用在一些特定的场合,它与其他再流焊相比还具有一些优点,即焊接时整个电路板不承受热应力,因此不会使电路板翘曲;由于再流焊时间短,不会形成较厚的金属间化物层,所以焊点质量可靠。

尽管激光焊能形成较可靠的焊点,但焊接时还存在一些工艺问题,如激光光束宽度调节不当时,会损坏相邻元器件,焊接时容易产生焊料球等。

虽然激光焊每个焊点的焊接时间仅为 300 ms,但它是逐点依次焊接,而不是整体一次完成,所以比其他焊接方法缓慢,而且设备昂贵,因此生产成本较高,阻碍了它的广泛应用。

4.4.3.2　再流焊工艺参数的确定

再流焊与波峰焊不同的是焊接时的助焊剂与焊料(焊膏)已预先涂敷在焊接部位,而再流焊设备只是向 SMA 提供一个加温的通道,所以再流焊过程中需要控制的参数只有一个,就是 SMA 表面温度随时间的变化,通常用一条温度曲线来表示(横坐标为时间,纵坐标为 SMA 的表面温度)。

为了取得良好的焊接质量,我们希望焊件在通过再流焊设备的整个过程中,其表面温度随时间的变化能符合理想的要求,所以,首先应对焊接的温度曲线进行设计。

(1)温度曲线的确定原则

SMA 在再流焊设备中,虽然经过的是一个连续的焊接过程,但从焊点形成的机理来看它要经过 3 个过程(预热、焊接和冷却),这 3 个过程有着不同的温度要求,所以我们可将焊接全过程分为 3 个温区:预热区、再流区和冷却区。

①预热区

预热的主要作用与波峰焊的预热相同。在预热区,必须严格控制升温的速度、预热的最高温度和预热的时间。上述参数值不足或过量均会引起不良后果,确定的具体原则是:

a. 预热结束时的温度为 140～160 ℃,SMA 各部位的温度应尽量均衡;

b. 预热时间一般推荐为 160～180 s;

c. 升温的速率≤3 ℃/s。

这里要说明的是,这个升温的速率只适合于红外焊,在气相焊时有可能高达 50 ℃/s,通过一系列的措施,也只能将其控制在 15 ℃/s,所以气相焊容易产生元器件直立和引脚吸吮焊料等不良现象。

确定预热时间还应考虑到焊膏中的焊剂体系有快干型和慢干型 2 种。应根据不同的烘干特性来确定。对于红外再流焊一般不另设烘干工序,而是用红外炉本身的预热段来完成。焊接对象的传送速度主要是根据满足再流区的焊接参数确定的,因此预热时间不能独立考虑,只能用快干型的焊膏。而气相焊的预热区是独立设置的,因此 2 种体系均可使用。

②再流区

进入再流区后,预先涂敷在基板盘上的膏状焊料(焊膏)被加热再次熔融,润湿焊接面,在元器件的电极与焊盘之间形成弯月面的焊点。

在再流焊区,必须严格控制焊接的峰值温度及焊接时间,在获得良好焊点的前提下,焊接时间应掌握最小值。确定的具体原则是:

a. 焊接的峰值温度一般推荐为焊膏合金熔点温度加 20～40 ℃,红外焊一般为 210～230 ℃,气相焊加热的最高温度由工作液的沸点所决定,一般为 205～215 ℃;

b. 焊接时间控制在 15～60 s,最长不要超过 90 s,其中,处于 225 ℃以上的时间应小于 10 s,215 ℃以上的时间应小于 20 s。

时间过长或温度过高,均有可能引起元器件焊端发生银耗现象,降低焊缝强度,并有可能热损伤元器件,使基板变色或翘曲;反之,时间和温度不足,会使具有较大热容的元器件焊缝形成虚焊。

③冷却区

离开再流区后,基板进入冷却区,控制焊点的冷却速率也十分重要,冷却速率越快,焊料的晶粒尺寸越小,机械强度越强,这样才能保证焊点的可靠性和良好的外观。再流焊设备中通常是采用风扇冷却的手段。冷却温度的确定原则是:

a. 冷却区降温速率大于 10 ℃/s;

b. 冷却终止温度不大于 75 ℃。

(2)实际温度曲线的确定

在实际应用中,焊件温度变化完全符合理想曲线是不可能的。因为影响焊件升温速率的因素是很多的,不同的体积、表面积和包封材料的元器件,不同材料、厚度和面积的印制电路板,不同的焊膏和涂敷厚度均会影响升温速度,因此焊件上不同点的温度会有一定的差异,最终只能在诸多因素下确定一个相对最合理与折中的曲线。

在再流焊中,焊接的温度变化是通过对设备的调节实现的,如红外焊是调节炉温和传送带速度,气相焊是调节升降器/传送带的速度和主蒸气区的停留时间。对设备的调节过程,也就是实际温度曲线的确定过程,具体的调节步骤如下。

①设定传送带速:按照生产量设定传送带速,但不能超过再流焊工艺允许的最大(小)速度(这里指应满足预热升温速率、焊接峰值温度和再流焊时间)。

②设定炉温:一般凭经验和有关的技术资料进行初次设定。

③温度曲线测试:在确保炉内温度稳定后,进行初次焊接试验,并对 SMA 的表面温度变化进行首次测定。

④炉温及带速的调整:分析所测得的温度曲线与所设计的温度曲线的差别,进行炉温和带速的调整。

⑤重复③、④过程,直到所测温度曲线与设计的理想温度曲线基本一致为止。

4.5 电子焊接新工艺

4.5.1 惰性气体保护焊接

熔化的焊料暴露在大气中时,会很快出现氧化现象,形成一层薄薄的氧化锡和氧化铅层,统称为氧化皮,它不仅会破坏焊料的动态特性,而且会直接导致焊料的大量损失。

为防止氧化皮的形成,可以通过避免焊料表面直接接触空气来实现。最常用的办法是在焊料中掺入高温矿物油,这种油膜薄层浮在焊料的表面,可以起到隔绝空气的作用,同时也降低了焊料的表面张力,增加了润湿能力,有效地减少了氧化皮的形成并改善了焊接工艺的效果;但其副作用是矿物油会对板面造成污染,同时,高温下产生的刺激气味会对环境造成污染,这使人们必须寻求其他的解决途径。

近年来,在惰性气体氛围下焊接的新工艺诞生了,它既消除了氧化皮,又防止了焊件在高温下的氧化,从而提高了润湿性能。所以,新型的焊接设备一般均具有可供选择的氮气保护功能,在波峰焊或再流焊设备中充入氮气。充氮区段的结构有隧道式和头罩式 2 种,隧道式是将预热和焊接区域全部密封在充氮的管道内,可以将焊料与氧的接触机会降低至 5×10^{-6} 或者更低；而头罩式仅在焊接部位的波峰口上装有氮气罩，氮气仅覆盖在焊料溢出口的焊接部位，所以这种结构焊料与氧的接触机会比隧道式高一倍。隧道式充氮管道内可安装含氧量检测仪，按设定的含氧量数据自动检测并控制充氮流量，这种结构对提高焊接质量和减少焊料的氧化更有利，但氮气的耗用量较多。头罩式的充氮部位一般不设含氧量检测，其耗氮量较少，维修更方便。

4.5.2　穿孔回流焊

目前使用的再流焊设备有一定的局限性，它只能适用于全表面安装电路板的焊接，而混合安装电路板在焊接通孔插装焊点时必须采用波峰焊。随着 SMT 的发展，波峰焊方式已不能适应不断升级的高密度组装要求，主要反映在焊接高密度电路板时桥接、漏焊的增加；在焊接双面板时，A 面焊好后在 B 面进行波峰焊时会造成 A 面元器件的重熔移位和热敏器件的损坏；焊接时需要整个板面涂敷助焊剂，使板面的有害残余物难以消除等一系列问题，因此，有必要寻求一种更理想的焊接方式。

为此，人们研制出一种新型的焊接方式——穿孔回流焊（PIHR）。它实际上是一种用再流焊方式焊接通孔插装焊点的新工艺，它的应用拓宽了再流焊的适用范围，有效地解决了波峰焊在焊接高密度电路板的通孔插装焊点上的难点。在表面安装领域，穿孔回流焊已有逐步取代波峰焊的趋势。

穿孔回流焊的加热方法具有明显的优越性：其一，由管嘴直接向焊点加热，所以加热均匀、无温差；其二，加热部位是局部的，可完全避免热应力对已焊片状元器件的不良影响；其三，有效地克服了整板涂敷助焊剂而造成的污染；其四，大大节约了能源。穿孔回流焊的局限性是必须制作专用的管嘴盘，因此，适用于已定型的批量产品。

4.5.3　无铅焊

长期以来，在电子产品的装联中，一直采用锡铅系焊料作为焊接材料。在电子工业中铅的使用量约占整个铅消耗量的 7%，但由于铅对环境的污染以及对人体的有害作用，已成为电子装配行业消除的目标，无铅焊料的研究和试用已成为热门课题。近年来，在美国、欧洲和日本都成立了一些机构专门从事取代 Sn-Pb 系焊料中 Pb 的研究工作，并且取得了很大进展。

目前正在研究的无铅焊料有以下 3 种。

(1)寻求无铅的金属合金替代 Sn-Pb 系焊料

这是当前研究得最多、最有前途的替代 Sn-Pb 焊料的途径。如采用 Sn 基焊料、In 基焊料和 Bi 基焊料，但是 In 储量很少，比 Sn-Pb 焊料成本高 20 倍，Bi 在地球上的储量也有限，因此，Sn 基焊料是主要的选择方向。

美国Sandia国家研究所的科学技术中心对4种Sn基焊料进行了润湿性能的试验，它们的合金含量分别是96.5%Sn-3.5%Ag、95.5%Sn-4.0%Cu-0.5%Ag、95%Sn-5%Sb和100%Sn，结果表明，所有富锡无铅焊料的润湿性能基本处在适用范围内，但由于表面张力较大，所以润湿角较大。

另有研究表明，一种由锡－银－铜－锑组成的合金可作为无铅Sn基焊料，其大致的配比范围为96.2%Sn-2.5%Ag-0.8%Cu-0.5%Sb，其熔点范围是210～216 ℃，润湿性能与63%Sn-37%Pb焊料相仿，晶粒结构的金相分析表明，形成的焊缝与63%Sn-37%Pb焊料基本接近，符合可靠性要求，它最大的优点是与锡铅焊料的兼容性，两者可以互相混用。

综合研究结果表明，富锡无铅的Sn基焊料是替代Sn-Pb焊料最有前途的选择物。

(2)采用导电黏结剂替代Sn-Pb系焊料

导电黏结剂的研究已有50年的历史，SMT的兴起和发展才真正为它在电路组装中的应用提供了最佳的环境。从20世纪80年代以来，随着无焊接连接研究的逐步深入，加快了导电黏结剂的研究步伐，其中最成功的叫作“Poly Solder”的各向同性填充金属的导电黏结剂，现在美国已有大量电子组件采用这种黏结剂进行组装。另一种聚酯类黏结剂是各向异性导电黏结剂，已有30年的研究历史，20世纪80年代以来对这种黏结剂的研究工作特别活跃。

(3)采用非传统金属代替Sn-Pb系焊料

这种方法主要初步应用于元器件的微组装上，如镓基汞剂被用于芯片粘接和倒装片的凸点电极与SMB的连接。

4.5.4 免清洗技术

众所周知，大气臭氧层被破坏是当今面临的3大全球性环境问题之一，因而受到了全世界的极大关注。为此，国际上已于1985年和1987年分别制定了保护臭氧层的《维也纳公约》和关于消耗臭氧层(ODS)物质的《蒙特利尔议定书》。我国于1991年6月参加修订《蒙特利尔议定书》而成为缔约国之一，并承诺到2006年我国的清洗行业逐步停止使用ODS物质。为此，各国均在积极采取措施，寻找替代ODS溶剂清洗技术的各种途径。

目前，国际上淘汰ODS溶剂清洗技术的方法已基本成熟，并逐步深化发展，这些技术包括免清洗技术、水清洗技术、半水清洗技术和替代ODS溶剂清洗技术。在这些技术中，水清洗和半水清洗不仅设备费用大、占用场地大、耗电量大，还需增加水处理和废水处理等环节，而溶剂清洗中溶剂本身的成本高，而且还存在挥发性有机化合物(VOC)污染和工人操作安全等问题。因此，免清洗技术必然是一种最有发展前途的技术，受到各国的普遍重视。

4.5.5　无挥发有机化合物焊接

在免清洗技术中，采用了低固态含量和不含卤素的助焊剂，从而免除了溶剂清洗，实现了淘汰 ODS 物质的目的，但是，还未从根本上解决环境污染问题。由于在免清洗助焊剂中大量存在的溶剂均是以醇类、酯类等挥发性有机化合物（VOC），以 VOC 作为主溶剂的助焊剂在常温下很容易蒸发产生烟雾，这种混在空气中的烟雾对人的呼吸道有不良影响，因此，国外许多地区为了净化空气已控制使用 VOC，如 1990 年美国环境保护部已制定了“空气清洁法令”限制易挥发有机化合物的使用量。可以预见，在不久的将来继美国和经济发达国家环保部门之后，其他各国政府也会提出对 VOC 污染环境的对策并限制 VOC 的使用。

国外不少生产电子产品的公司在 20 世纪 90 年代初期就开始从事挥发有机化合物助焊剂的研究，产品已投放市场，这种无 VOC 的助焊剂通常称为 VOC Free 焊剂。这类焊剂是以去离子水为主溶剂，加入活性剂、发泡剂、接触剂、防菌剂和非 VOC 溶剂等，按一定配比组成的，这种助焊剂在使用过程中不会产生对环境的污染，由于水的挥发性小，组分稳定性好，酸值比较稳定，可以不加稀释剂单组分使用，所以控制管理比较方便。

在免清洗工艺中，用 VOC Free 焊剂的免清洗效果更好，主要表现在使用焊剂量可减少，在印制电路板上残留物更少，经离子污染度测试证明，VOC Free 焊剂的离子污染度小于 2 $\mu g/cm^2$。

4.5.6　微组装技术

随着元器件不断向超小型化方向发展以及尖端产品中所要求的集成电路功能密度成千上万倍的提高，表面安装技术受到了加工精度、加工手段及成本的挑战，SMT 已不能适应这种要求，因此，在 SMT 发展的基础上，国外从 20 世纪 80 年代中期开始研究贴装元件复合化、三维贴装以及在基板上直接印制阻容元件等微组装课题，这就是第 5 代电子装联技术——多层复合贴装（MPT）。

第5章 装配与连接

电子产品的电气连接是通过对元器件、零部件的装配与焊接来实现的,安装与连接是按照设计要求制造电子产品的主要生产操作环节。应该说,和电子工程技术的其他环节比较起来,安装与连接技术并不复杂,因此往往不受重视。但是产品的装配过程是否合理,焊接是否可靠,对整机性能指标的影响是很大的。经常听说,一些精密复杂的仪器因为一个焊点的虚焊、一个螺钉的松动而不能正常工作,甚至由于搬运、震动使某个部件脱落造成整机报废。所以,掌握正确的安装工艺与连接技术对于电子产品的设计和研制、使用和维修都具有重要的意义。

5.1 电子产品生产的基本知识

5.1.1 电子产品装配步骤

电子产品装配工作主要是指钳装、电气安装和装配后质量检验。生产实践证明,良好的电接触是保证电子产品质量和可靠性的重要因素,电子产品发生故障与电气安装的质量有密切关系。例如,焊接时若出现假焊、虚焊、错焊和漏焊,将会造成接线松脱、接点短路或开路;高频装置中如果接线过长、布线不合理,将会造成高频电路工作不稳定或不正常。因此,要使装配出来的产品达到预期的设计目的,务必注重装配质量,生产操作人员必须严肃认真地做好每一道细小的生产环节。装配工作是一项复杂而细致的工作。电子产品装配原则是先轻后重、先铆后装、先里后外、先平后高,上道工序不得影响下道工序。

5.1.1.1 装配前的技术准备和生产准备

(1)技术准备工作

技术准备工作主要是指阅读、了解产品的图纸资料和工艺文件,熟悉部件、整机的设计图纸、技术条件及工艺要求等。

(2)生产准备工作

①工具、夹具和量具的准备。

②根据工艺文件中的明细表,备好全部材料、零部件和各种辅助用料。

5.1.1.2 装配操作的基本要求

(1)零件和部件应清洗干净,妥善保管待用。

(2)备用的元器件、导线、电缆及其他加工件,应满足装配时的要求。例如,元器件引出线校直、弯脚等。

(3)采用螺钉连接、铆接等机械装配的工作应按质按量完成好,防止松动。

(4)采用锡焊方法安装电气时,应将已备好的元器件、引线及其他部件焊接在安装底板所规定的位置上,然后清除一切多余的杂物和污物,送交下道工序。

5.1.2 机械装配的工艺要求

(1)螺钉连接:根据安装图纸及说明选用规定的螺钉、垫圈,采用合适工具把它拧紧在指定的位置上。

(2)铆钉连接:装配图纸上一些需要连接并不再拆动的地方常采用铆钉连接。在铆接前应按图纸要求选用铆钉,铆接时应符合铆加工的质量标准。

(3)胶接及其他:对需要胶接的部件,要选用符合胶接的黏合剂,并按黏合剂工艺要求胶接好连接件。

(4)元器件引出线、裸导线不应有切痕或钳伤。如需要套绝缘套管,应在引线上套上适当长度和大小的套管。多股导线的芯线加工后不应有断股现象存在。

5.2 装配工艺

5.2.1 整机装配的过程

(1)关于元件分类

在电子设备的装配准备工作中,最主要的操作内容是装配元件的分类。不论生产多少,元件分类方法基本一样,只是在大批量生产时,一般是用流水作业法进行装配,元件的分类也应落实到各装配工序。所以应分析整个装配工序的内容,事先决定每一道工序的作业量,再将每一道工序的元件分类,然后再根据作业的难度,适当装配人员,并适当调整工作量,均匀分配每人的工作时间,这对制订装配元件的分类计划是至关重要的。

(2)工作台的使用

使用方便、有效的工作台,对提高工作效率,减轻劳动强度,保证安全,提高质量有着重要意义。工作台的结构和大小应根据左右手伸及的最大活动范围来决定。适当的作业范围是:手臂自然下垂时,以肘关节为中心,前臂的活动范围。应根据这两个活动范围配置工具、元件、材料。

所谓使用方便的工作台，就应保持在上述两种适当的作业范围内。适当配置工具、元件、材料等物品很重要，工作台必须满足以下条件：

①能有效地使用双手；

②手的动作距离最短；

③取物无须换手，取置方便；

④操作安全。

大量生产时，流水线上都配置上述条件制作的标准工作台，单独使用的工作台，往往还需加一些方便工作的辅助设备。

(3)装配工具的使用

电子设备装配常用的工具一般分为 3 类。

①装配时必需的工具，适用各道操作工序。如十字螺丝刀、一字螺丝刀、活络扳头、斜口钳、尖头钳、剥线钳、烙铁、剪刀等。

②辅助工具，主要用来修理。如锉刀、电工钻、钻头、电工钳、刮刀、金工锯等。

③计量工具及仪表，是装配后进行自查的。如游标卡尺、直尺、万用表等。

对常用工具的性能应有所了解，熟练地掌握使用方法、操作要领和维护知识，这样才能得心应手地使其在生产中发挥作用。

5.2.2 电子元器件的布局

5.2.2.1 布局原则

电子设备中元器件布局应遵循下列原则。

(1)保证电路性能指标的实现

电路性能一般指电路的频率特性、波形参数、电路增益和工作稳定性等有关指标，具体指标随电路的不同而异。

(2)有利于布线，方便于布线

元器件布设的位置，直接决定连线长度和敷设路径，布线长度和走线方向不合理，会增加分布参数和产生寄生耦合。

(3)满足结构工艺要求

电子设备的组装不论是整机还是分机，都要求结构紧凑、外观性好、重量平衡、防震等。在各方面要求兼容的条件下，力求提高组装密度，以缩小整机尺寸。

(4)有利于设备的装配、调试和维修

元器件的布局要有利于生产时装调的方便和使用维修时的方便，如便于调整、便于观察、便于更换元器件等。

5.2.2.2 元器件的排列方法及要求

(1)按电路组成顺序成直线排列的方法

这种方法一般按电路原理图组成的顺序(即根据主要信号的放大、变换的传递顺序)按级成直线布置。电子管电路、晶体管电路以及以集成电路为中心的电路都是如此。各级电路以器件为中心,元件就近排列,各级间应留适当距离,并根据元件尺寸进行合理布设,使前面一级的输出与后面一级的输入很好地衔接,尽量使小型元件直接跨接在电路之间。

这种排列的优点是:

①电路结构清楚,便于布设、检查,也便于各级电路的屏蔽或隔离;

②输出级与输入级相距较远,级间反馈减小;

③前后级之间衔接较好,可使连接线最短,减小电路的分布参数。

(2)按电路性能及特点的排列方法

在布设高频电路元件时,应注意元件之间的距离越小越好,引线要短而直,可相互交叉但不能平行排列,如一个直立、一个卧倒。对于推挽电路、桥式电路等对称性电路元件的排列,应注意元件布设位置和走线的对称性,使对称的元件的分布参数也尽可能一致。

(3)按元器件的特点及特殊要求合理排列

敏感元件的排列,要注意远离敏感区。如热敏元件的排列,要注意不要靠近发热元件(功放管、电源变压器、功率电阻等),光敏元件更要注意光源的位置。

磁场较强的元件(变压器及某些电感器件),在放置时应注意其周围应有适当的空间或采取屏蔽措施,以减小对邻近电路(元件)的影响。

高压元器件或导线,在排列时要注意和其他元器件保持适当的距离,防止击穿与打火。需要散热的元器件,要装在散热器或作为散热器的机器底板上。或者在排列时注意有利于通风散热。

(4)从结构工艺上考虑元器件的排列方法

印制电路板是元器件的支撑主体,元器件的排列主要是印制板上元件的排列,从结构工艺上考虑应注意以下几点。

为防止印制板组装后的翘曲变形,元器件的排列要尽可能对称,重量平衡,重心尽量靠近板子的中心或下部。

元件在板上排列应整齐,不应随便倾斜放置。同尺寸的元器件或相差很小的元器件的插装孔应尽量统一。

在元件排列时,元件外壳或引线至印刷板的距离不得少于 2 mm,一排元件或部件中,两相邻元件之间的距离应根据工作电压来选择,但不得小于 1 mm。用的垫圈等零件与印制导线(焊盘)之间的距离不得小于 2 mm。

对于可调元件或需要更换的元器件,应放在机器便于打开或观察的地方,以利于调整与维修。

5.2.2.3　地线的布设

一般将公共地线布置在印制板的最边缘，便于印制板安装在机架上，也便于与机架(地)相连接。导线与印制板的边缘应留有一定的距离(不小于板厚)，这不仅便于安装导轨和进行机械加工，而且还提高了绝缘性能。

5.2.3　机械装配

电子产品安装时，需要先将各种零件固定在底座或底板上，才能进行电气安装。零件的固定方法通常有螺钉连接、铆钉连接、焊接及胶接等几种形式。电子产品在不同的环境中，可能受到振动、冲击等机械力作用，因此装配必须牢固、可靠。

5.2.3.1　螺钉连接

螺钉连接是指采用螺钉、螺栓、螺母及各种垫圈(如平垫圈、弹簧垫圈、内齿弹性垫圈、外齿弹性垫圈、波形垫圈等)，将各类元器件和零、部件紧固地安装在机器规定位置上的过程。电子装配中螺钉连接应用很多，它具有装拆简单、连接牢靠、调节更换方便等优点。

(1)元器件安装事项

安装时应按工艺顺序进行，并符合图纸的规定。当安装部位全是金属件时，应使用平垫圈，其目的是保护安装表面不被螺钉或螺母擦伤，增加螺母的接触面积，减小连接件表面的压强。紧固成组螺钉时，必须按照一定的顺序，交叉、对称地逐个拧紧。若把某一个螺钉拧得很紧，就容易造成被紧固件倾斜或扭曲；再拧紧其他螺钉时，会使强度不高的零件(如塑料、陶瓷和胶木件等)碎裂。螺钉拧紧的程度和顺序对装配精度和产品寿命有很大关系，切不可忽视。

(2)防止紧固件松动的措施

为了防止紧固件松动或脱落，应采取相应的措施，如图 5-1 所示。其中图 5-1(a)是利用双螺母互锁起到止动作用，一般在机箱接线柱上用得较多；图 5-1(b)是用弹簧垫圈制止螺钉松动，常用于紧固部件为金属的元器件；图 5-1(c)是靠橡皮垫圈起止动作用；图 5-1(d)是用开口销钉止动，多用于有特殊要求的器件的大螺母上。

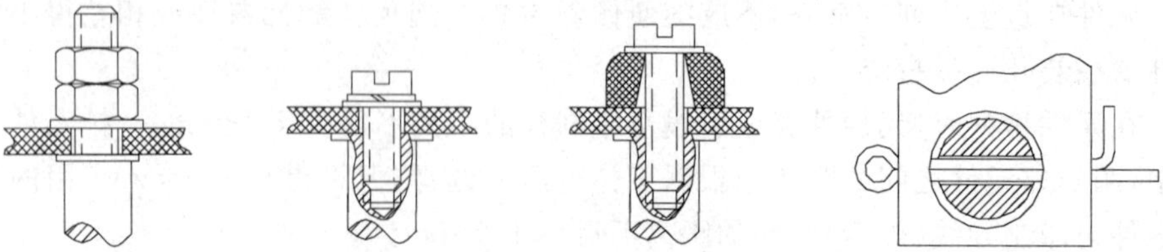

(a)双螺母　(b)弹簧垫圈　(c)橡皮垫圈　(d)开口销钉

图 5-1　防止紧固件松动的措施

(3)常用元器件的安装

①胶木件和塑料件的安装:胶木件脆而易碎,安装时应在接触位置上加软垫(如橡皮垫、软木垫、铝垫、石棉垫等),以便其承受压力均匀。切不可使用弹簧垫圈。塑料件一般较软、易变形,可采用大外径钢垫圈,以减小单位面积的压力。

②大功率晶体管散热片的安装:大功率晶体管都应安装散热片。散热片有些出厂时即装好了,有些则要在装配时将散热片装在管子上,如图 5-2 所示。安装时,散热片与晶体管应接触良好,表面要清洁。如果在两者之间加云母片,应在云母片两面涂些硅脂,使接触面密合,可提高散热效率。

功率器件工作时要发热,依靠散热器将热量散发出去,安装质量对传热效率关系重大。以下 3 点是安装要点:

a. 器件和散热器接触面要清洁平整、保证接触良好;

b. 接触面上加硅脂;

c. 两个以上螺钉安装时要对角线轮流紧固,防止贴合不良。

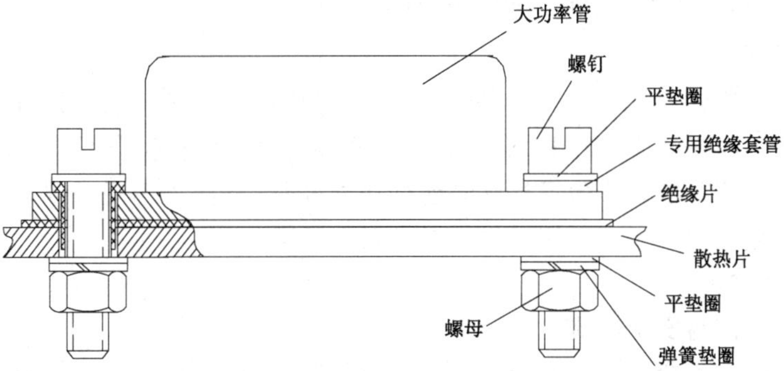

图 5-2　散热片安装方法

③屏蔽件的安装:电子产品中有些器件需要加屏蔽罩,有些单元电路需用屏蔽盒,有些部件需要加隔离板,有些导线要采用金属屏蔽线。采用这些屏蔽措施是为了防止电磁能量的传播或将电磁能量限制在一定的空间范围之内。在用铆接与螺钉装配的方式安装屏蔽件时,安装位置一定要清洁,可用酒精或汽油清洗净,漆层要刮净。如果其接触不良,产生缝隙分布电容,就不能起到良好的屏蔽效果。

5.2.3.2　铆装和销钉连接

用各种铆钉将零件、部件连接在一起的过程称为铆装。铆装属于不可拆卸的安装。电子产品装配用的铆钉是铜或铝制作的,其类型有半圆头铆钉、平锥头铆钉、沉头铆钉和空心铆钉等。铆件成形后不应有歪、偏、裂、不光滑、圆弧度不够等现象,更不允许出现被铆件松动的情况。电子产品中,铆钉连接应用十分广泛,如固定冲制焊片的冲胀铆、小型电子管固定夹与壁板的翻边铆、薄壁零件间的成形铆等。销钉连接在电子产品装配中应用也较多，因为这种连接安装方便，拆卸容易。通常，按其作用分为紧固销和定位销两种，按其结构形式有圆柱销、圆锥销及开口销。圆柱销是靠过盈配合固定在孔中的。装配时先将两个零件压紧在一起同时钻孔，再将合适的销钉涂少许润滑油，压入孔内，操作时用力要垂直、均匀、不能过猛，以免将销钉头镦粗或变形。圆锥销通常采用1/40的锥度将两个零件、部件连接为一个整体。如果能用手将圆锥销塞进孔深的80％～85％，则说明配合正常，剩下长度用力压入，即完成了锥销连接。

5.2.4 电气安装

电气的安装准备工艺与装配，以及元器件、导线、电缆装配前的加工处理统称为电气安装的准备工艺。准备工艺是产品安装的重要工序，有了良好的准备工艺，才可能有优质、可靠的电气连接质量。电气安装的准备工艺主要包括导线加工、浸锡、元器件引线成形、屏蔽线及同轴射频电缆加工等内容。

5.2.4.1 导线

导线除裸线外，主要由导体和绝缘体两部分构成。电子产品所用导线的导体基本上是铜线。纯铜的表面容易氧化，所以有的导线在铜表面电镀抗氧化金属，如镀锌、镀锡、镀银等。绝缘体除了具有电绝缘功能外，还有保护不受外界环境腐蚀和增强导线机械强度的作用。选用导线要考虑以下因素。

(1)电气因素

①允许电流与安全电流

导线通过电流会产生温升，在一定温度限制下的电流值称为允许电流。对于不同的绝缘材料、不同导线截面的电线，其允许电流不同。实际选择导线时要使导线中最大电流小于允许电流并取适当安全系数。根据产品的级别和使用要求，安全系数可取0.5～0.8(安全系数＝工作电流/允许电流)。安装导线常用的电源线，因其使用条件复杂，经常被人体触及，一般要求安全系数更大一些，通常规定截面不得小于0.4 mm^2，而且安全系数不得超过0.5。作为粗略的估算，可按3 A/mm^2 的电流量选取导线截面，在通常条件下是安全的。

②导线电压降

当导线较短时，可以忽略导线的电压降，但当导线较长时就必须考虑这个问题。为了减少导线上的压降，常选取较大截面积的导线。

③导线的额定电压

导线绝缘层的绝缘电阻是随电压的升高而下降的，如果超过一定的电压值，则会发生导线间击穿放电现象。

④频率及阻抗特性

如果通过导线的信号频率较高，则必须考虑导线的阻抗、介质损耗和集肤效应等因素。射频电缆的阻抗必须与电路阻抗相匹配，否则电路就不能正常工作。

⑤信号线的屏蔽

当导线用于传输低电平信号时，为了防止外界的噪声干扰，应选用屏蔽线。例如，在音响电路中，功放之前的信号线均使用屏蔽线。

(2)环境因素

①机械强度

如果产品的导线在运输、使用中可能承受机械力的作用，选择导线时就要对抗拉强度、耐磨性、柔软性有所要求，特别是高电压、大电流工作的导线。

②环境温度

环境温度对导线的影响很大，会使导线变软或变硬甚至变形开裂，造成事故。选择的导线要能适应产品的工作温度。

③耐老化腐蚀度

各种绝缘材料都会老化腐蚀，例如长期日光照射会加速橡胶绝缘老化，接触化学溶剂可能腐蚀导线绝缘外皮等。应根据产品工作环境选择相应导线。

(3)装配工艺因素

①选择导线时要尽可能考虑装配工艺的优化。例如，一组导线应选择相应芯线数的电缆而避免用单根线组合，既省工又增加可靠性；再如带织物层的导线用普通剥线方法很难剥端头，如果不是强度的需要则不宜选用这种导线当普通连接线。

②选择导线的颜色要考虑到习惯和便于识别。

5.2.4.2　绝缘材料

绝缘材料具有很大的电阻系数。其主要作用是用来隔离带电的或不同电位的导体。按常用绝缘材料的化学性质不同，分为有机绝缘材料、无机绝缘材料和混合绝缘材料 3 种类型。其中，有机绝缘材料包括棉纱、麻、蚕丝、树脂、人造丝等，且具有密度小、易加工、柔软，但耐热性不高、化学稳定性差、容易老化的特点。无机绝缘材料包括石棉、陶瓷、大理石、硫黄、石母等，主要用作电机、电器的绕组绝缘以及开头底板和绝缘子的制造材料等。混合绝缘材料是由以上两种材料经加工后制成的各种成形绝缘材料，常用作电器底座、外壳等。

绝缘材料的基本性能如下。

(1)绝缘材料(电介质)的极化和介电常数。绝缘材料中的绝大多数电荷是被束缚的，在外电场作用下，这些束缚电荷将按其所受作用力的方向发生位移，其表面会出现净的正、负电荷，这称为电介质的极化。

表征电介质极化程度的物理量称为介电常数(又称电容率，以法拉每米，即 F/m

为单位)。中性电介质的介电常数一般小于10,而极性电介质的介电常数一般大于10,甚至达数千。影响绝缘材料介电常数的因素有频率、温度、湿度。

(2)电阻率。绝缘材料并不是绝对不导电的材料,在绝缘材料内部多少存在一些带电质点,在电场作用下总会有极微弱的电流流过,此电流称为漏导电流或漏导。绝缘材料的电导特性一般用电阻率或电导率来定量地表示。

(3)介质损耗。在交变电场作用下,电介质的部分电能将转变成热能,这部分能量称作电介质的损耗,简称介质损耗。单位时间内消耗的能量称为介质损耗功率。介质损耗是绝缘材料的重要品质指标之一,特别是用作电容器的介质,不容许有大量的能量损耗,否则会降低整个电路的工作质量,损耗严重时甚至会引起介质的过热而损坏绝缘。介质损耗的主要原因是漏导损耗和极化损耗。

(4)绝缘强度。处于电场中的绝缘物质,当电场强度增大到某一临界值时,通过绝缘物质的电流剧烈增长,致使绝缘物质局部破坏或分解,丧失绝缘性能,使绝缘物质击穿的电场强度称为绝缘强度(或绝缘耐压强度)。它反映绝缘材料在外施电压达到某一极限值时保持绝缘性能的能力。

(5)绝缘材料物理、化学和机械性能。绝缘材料都或多或少地具有从周围媒质中吸潮的能力,称为绝缘材料的吸湿性。如受到空气湿度的影响,引起电介质的介电常数增加、绝缘电阻下降、损耗增大和承受电场作用的能力降低。因此,提高电介质的防潮性能很重要。

当温度升高时,绝缘材料的电性能显著恶化以致不能工作,即当温度升高超出其允许的承受值时,将产生热击穿而造成电介质的损坏。绝缘材料承受高温作用的能力称为耐热性。绝缘材料在正常运行条件下允许的最高工作温度分级称为耐热等级。

5.2.4.3 导线加工及引出线处理

绝缘导线的加工过程可分为:剪裁、剥头、捻头(指多股芯线)、浸锡和清洁等。正确的导线线头加工,可提高安装工作的生产效率,并改善产品焊接质量。

(1)剪裁

绝缘导线在加工时,应先剪长导线,后剪短导线,这样可以不浪费线材。手工剪切绝缘导线时要先拉直再剪,细裸铜导线可用人工拉直再剪。剪线要按工艺文件的导线加工表所规定的要求进行,长度要符合公差要求,而且不允许损坏绝缘层。如无特殊公差要求,则可按表5-1选择长度和公差。

表5-1 导线长度、公差对照表

长度(mm)	50	50～100	100～200	200～500	500～1 000	1 000以上
公差(mm)	3	5	+5～+10	+10～+15	+15～+20	30

(2)剥头

剥头是把绝缘线两端各去掉一段绝缘层，而露出芯线的过程。使用剥头钳时要对准所需要的剥头距离，选择与芯线粗细相配的钳口。蜡克线、塑胶线可用电剥头器剥头。剥头长度应符合工艺文件(导线加工表)的要求。无特殊要求时，可按照图5-3选择剥头长度。

(3)捻头

多股芯线经过剥头以后，芯线有松散现象，必须再一次捻紧，以便浸锡及焊接。捻线时用力不宜过猛以免细线捻断。捻线角度一般在 30°～45°，如图 5-4 所示。捻线可采用捻头机，或用手工捻头。

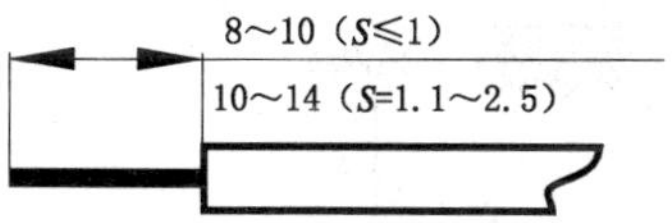

图 5-3 绝缘导线剥头长度

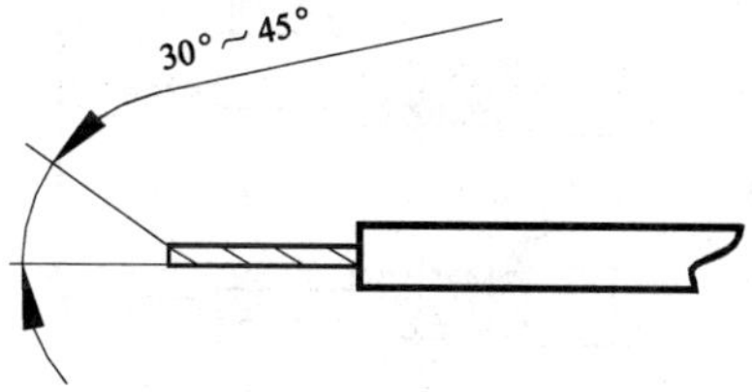

图 5-4 多股芯线的捻线角度

5.2.4.4 屏蔽线的加工

为了防止因导线电场或磁场的干扰而影响电路正常工作，可在导线外加上金属屏蔽层，这样就构成了屏蔽导线。屏蔽导线端头外露长度直接影响到屏蔽效果，因此对屏蔽导线加工必须按工艺文件执行。

(1)去屏蔽层长度

屏蔽导线的屏蔽层到绝缘层端头的距离应根据导线工作电压而定，一般可按表5-2 选用。

表 5-2 屏蔽层到端头长度

工作电压(V)	去除长度 L(mm)	
600 以下	10～20	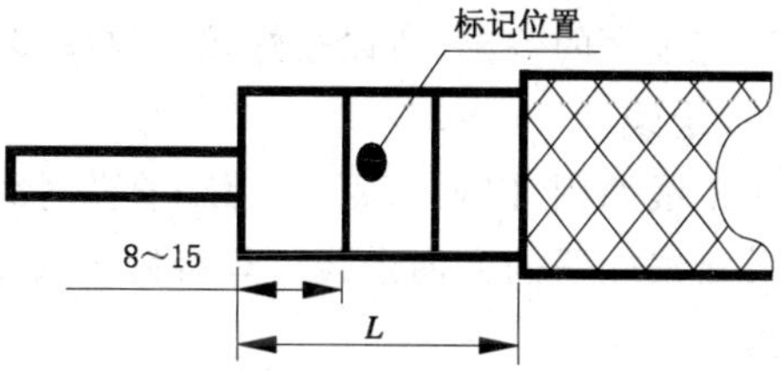
600～3 000	20～30	
3 000～10 000	30～50	

(2)屏蔽导线端头处理方法

①屏蔽导线的端头处理方法见图 5-5(a)。如其绝缘层有棉织蜡克层或塑胶层的，应先剪去适当长度的屏蔽层以后，在屏蔽层内套一黄蜡管或缠黄绸布 2～3 层，再

在它上面用 ϕ0.5～ϕ0.3 mm 的镀银铜线密绕数圈，长度为 2～6 mm。然后将密绕的铜线焊在一起（应焊一周），焊接时间要快，以免烫伤绝缘层。最后留出一定长度作接地线。

②屏蔽层中间抽头方法

方法如图 5-5(b)所示。即应先用划针在屏蔽层的适当位置拨开一小槽，用镊子（或穿针）抽出绝缘线，把屏蔽层拧紧，并在屏蔽层端部浸锡。注意浸锡时应用尖嘴钳夹持，不让锡渗冷却而形成硬结。

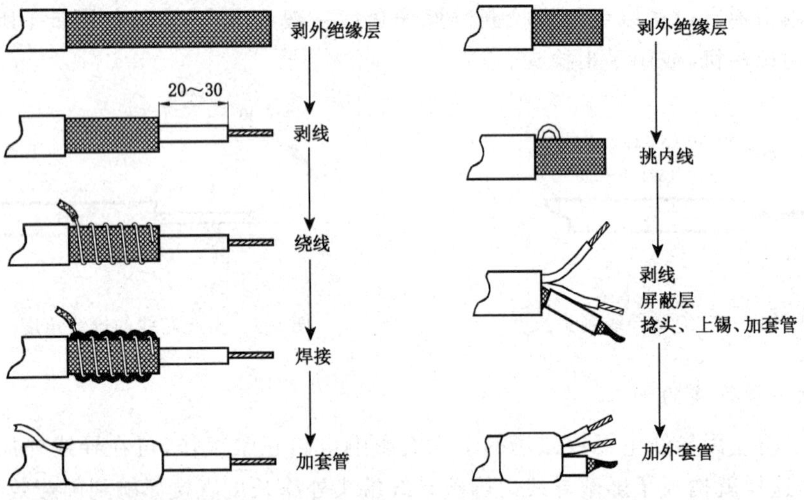

(a)屏蔽导线端头处理方法　　(b)屏蔽层中间抽头方法

图 5-5　屏蔽线的加工方法

5.2.4.5　导线的走线及安装

生产电子产品时，为得到一定强度和焊接质量的焊接点，在焊接前都要进行可靠的连接。由于各类产品的结构形式与使用要求的不同，焊接前各种连接点的结构及外形又有很大的差异，所以被焊接在这些接点上的元器件安装方法是不相同的。

(1)走线

①走线原则：以最短距离连线；直角连线；平面连线；导线的根部不能受力，并且要顺着接线端子的方向走线。焊接后再改变走线方向会使导线从根部折弯，造成导线断线。

这些原则有相互矛盾的地方，在坚持原则的情况下，可根据具体的情况灵活掌握。另外，对于走线来说，并不是光靠连线就可以解决的，必须把它同元器件的排列一起考虑。以最短距离连线，是解决交流声和噪声的重要手段，但在连线时则需要松一些，以免在拉动端子时导线的细弱处受力被扯断。此外，导线要留有充分的余量，以便在组装检验及维修时备用。

②走线要领：沿接地线走；电源（交流电源）线和信号线不要平行；接地点集中在一起；不要形成环路；离开发热体；不能在元器件上走线。

(2)扎线

所谓扎线，就是把导线捆扎起来，这样做一方面可以将连线整齐地归纳在一起，少占空间；另一方面也有利于稳定质量。

①扎线要领：导线的确认；不能将力量集中在一根线上；不能扎得太松。

②扎线用品：捆扎线、扎线带、线卡。

③制作要领(图 5-6)：要求线端留有一定的长度，应从线端开始扎线；重点在于走线和外观应排列整齐，而且要有棱有角；为防止连线错误，按各分支扎线；扎线的间距标准为 50 mm，可根据连线密度及分支数量改变。

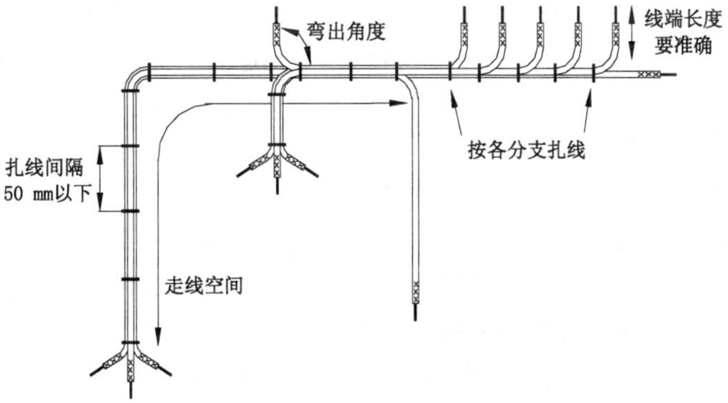

图 5-6　扎线方式

(3)导线的安装

①导线同接线端子的连接

a. 绕焊：把经过上锡的导线端头在接线端子上缠上一圈，用钳子拉紧缠牢后进行焊接。如图 5-7(a)、图 5-7(b)所示。注意导线一定要紧贴端子，一般 $L=1\sim3$ mm 为宜。该连接可靠性好。

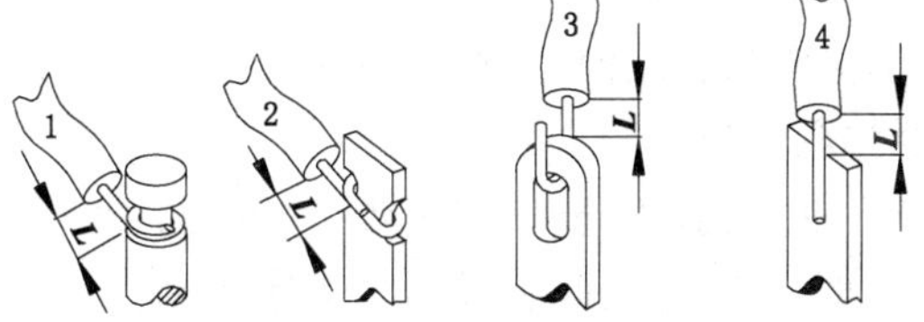

(a) 绕焊　(b) 绕焊　(c) 钩焊　(d) 搭焊

图 5-7　导线与端子连接方法

b. 钩焊：把经过上锡的导线端头弯成钩形，钩在接线端子上并用钳子夹紧后施焊，如图 5-7(c)所示。端头处理与绕焊相同，这种方法强度低于绕焊，但操作简便。

c. 搭焊：把经过上锡的导线端头搭在接线端子上施焊，如图 5-7(d)，这种连接最方便，但强度可靠性最差，仅用于临时连接或不便于缠与钩的地方及某些接插件上。

②导线与导线的连接：导线之间的连接以绕为主，如图 5-8 所示。

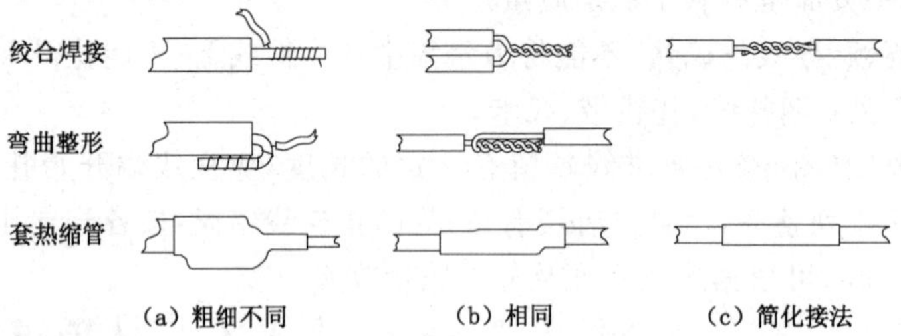

图 5-8　导线与导线的连接

5.2.4.6　元器件装配工艺

(1)引线成型

元器件引线成型是对小型元器件而言，它可用跨接、立、卧等方法焊接，并要求受震动时元器件原位置不变动。如果是大型元器件，必须用支架、卡子等固定在安装位置上，不可能像小型元器件悬浮跨接，单独立放。

引线折弯成型要根据焊点之间的距离做成需要的形状，图 5-9 为引线成型后的各种形状，引线折弯时要在离其根部 2 mm 外进行。

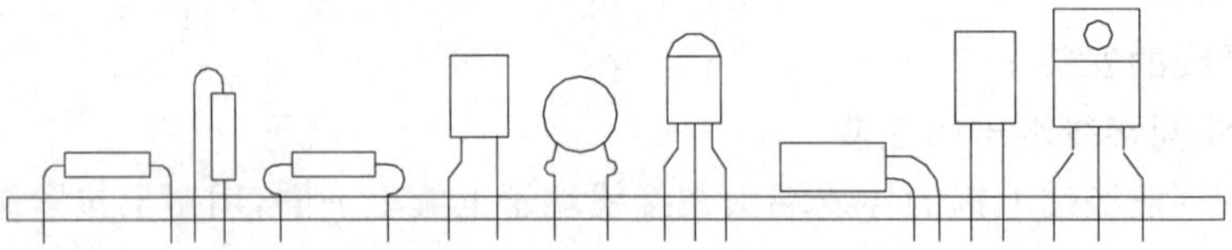

图 5-9　引线成型后的各种形状

(2)元器件装配的主要技术要求

①标记安装时，字体应向上或向外，便于目视。

②中频变压器要与底板吻合。

③位置上下、水平、垂直、对称，要做到美观、整齐，同一类元器件高低应一致。

④元器件、导线绕头一般一圈到底，并用尖嘴钳夹紧。

⑤元器件的放置要平稳，支撑力尽可能相等，弯脚应成圆弧形，并不可齐根弯。

⑥晶体管、集成电路焊接速度要快，要注意脚的极性。

(3)集成电路插装

集成电路在大多数应用场合都是直接焊装到 PCB 上,但不少产品为调整、升级、维修方便常采用插装的方式,典型如计算机中的 CFU,ROM,RAM 及工控产品中的 EPROM,CPU 及 I/O 电路,这些集成电路大都是大规模或超大规模电路,引线较多,插装时稍有不慎,就有损坏 IC 的危险。以下 3 项是插装要点。

①防静电,大规模 IC 大都采用 CMOS 工艺,属电荷敏感器件,而人体所带静电有时可高达千伏。标准工作环境应用防静电系统。一般情况下也尽可能使用工具夹持 IC,且通过触摸大件金属体(如水管、机箱等)方式释放静电。

②对方位,无论何种 IC 插入时都有方位问题,通常 IC 插座及 IC 片子本身都有明显的定位标志,但有些封装定位标志不明显,须查阅说明书。

③均施力,对准方位后要仔细让每一引线都与插座一一对应,之后均匀施力将 IC 插入。此外,还要注意对 DIP 封装 IC,一般新器件引线间距都大于插座间距,可用平口钳或手持在金属平面上仔细校正。对 PGA 型 IC,现在有"零插拔力"插座,通过插座上夹紧机构容易使引线夹紧和松开。已有厂商生产专用 IC 插拔器,给装配工作带来方便。

5.2.5 整机联装

整机联装是在各部件、组件正确安装和检验合格的基础上,进行整机联装,也称总装。

(1)整机联装的内容

总装包括机械的和电气的两大部分工作,具体地说,总装包括将各零部件、整件(如各机电元件、印制电路板、底座、面板以及装在它们上面的元件),按照设计要求,安装在不同的位置上,组合成一个整体,再用导线将元、部件之间进行连接,完成一个具有一定功能的完整的机器,以便进行整机调试和测试。

总装的连接方式可归纳为两类,一类是可拆卸的连接,即螺钉连接、柱销连接、夹紧连接等。另一类是不可拆连接,即会在拆散时损坏零件或材料,它包括锡焊连接、胶连、铆钉连接等。

总装的装配方式,以整机结构来分,有整机装配和组合件装配两种。对总装来说,整机是一个独立的整体,它把零、部、整件通过各种连接方法安装在一起,组成一个不可分的整体,具有独立工作的功能,如收音机、电视机、信号发生器等。而组合件装配,整机则是若干个组合件的组合体,每个组合件都有一定的功能,而且随时可以拆卸,如大型控制台、插件式仪器等。

(2)整机联装的基本原则

整机联装的目标是利用合理的工艺,实现预期的技术指标。总装的基本原则是:

先轻后重、先铆后装、先里后外、先低后高、易碎后装，上道工序不得影响下道工序的安装。安装的基本要求是牢固可靠，不损伤元件，避免碰坏机箱及元器件的涂覆层，不破坏元器件的绝缘性能，安装件的方向、位置要正确。

(3)整机联装的工艺过程及要求

整机总装的工艺过程如下：

准备→机架→面板→组件→机芯→导线→传动机构→检验→包装。

总装工艺过程的先后程序有时可以作适当变动，但必须符合以下两个条件：

①使上下道工序装配顺序合理或加工方便；

②使总装过程中的元器件损耗应最小。

5.3 其他连接方法

5.3.1 压接

压接通常是将导线压到接线端子中，靠外力使端子变形挤压导线，形成紧密接触。与其他连接方法比，压接有其特殊的优点：温度适应性强，耐高温也耐低温；连接机械强度高，无腐蚀；电气接触良好。因此，压接方式迄今仍广泛使用，特别在导线连接中应用最多。

5.3.1.1 压接工具

(1)压接工具结构基本要求

①压接工具应具有压接全周期控制机构或等效的保险机构，以保证压接一旦开始，只有到整个压接工作循环完成，压接工具压头才能重张开(返回)，取出压接件进行下一个压接作业循环。手动压接工具应具有自动返回机构。

②压接工具应保证压接全周期内，压线筒和导线在工具内正确定位。

③压接工具压模型腔的形状应符合使用要求和压线筒结构的特点，压模应保证压线筒压接部位正确成形，不损伤压线筒和导线。

④压接工具应便于操作和维修，并在整个使用寿命期间应能进行稳定可靠的压接连接。

(2)压接工具的选用

①应选用压接件生产厂提供的标准配套工具(或由技术合作方提供专用配套的压接工具)，其性能符合产品标准的规定，并应具有合格证和使用说明书。

②带绝缘等支撑的压线筒，应选用同时配有线芯压线筒压模和支撑压模的压接工具，使其对线芯压线筒的压接和对支撑的压紧是在一次压接操作中同时完成。

③压接工具压模(包括线芯压线筒压模和支撑压模)的规格应和被压压线筒(包

括线芯压线筒和支撑)的规格及导线尺寸(包括线芯截面和绝缘层外径)相匹配。

④采用非标准压接工具时,应经过试验、校准,确保工具性能符合要求,并经鉴定批准后方可使用。

5.3.1.2　压接操作

(1)压接件在压接工具内必须正确定位。

(2)严格按有关技术标准和压接件、压接工具制造方所提供的使用方法进行压接。

(3)压痕位置应符合压接件有关技术文件的要求:

①线芯压线筒压模的压痕沿压线筒轴向的位置,一般应在线芯压线筒中心;

②对有焊缝的压线筒,凸模压坑或压模标记应压在压线筒有焊缝的一边,见图 5-10;

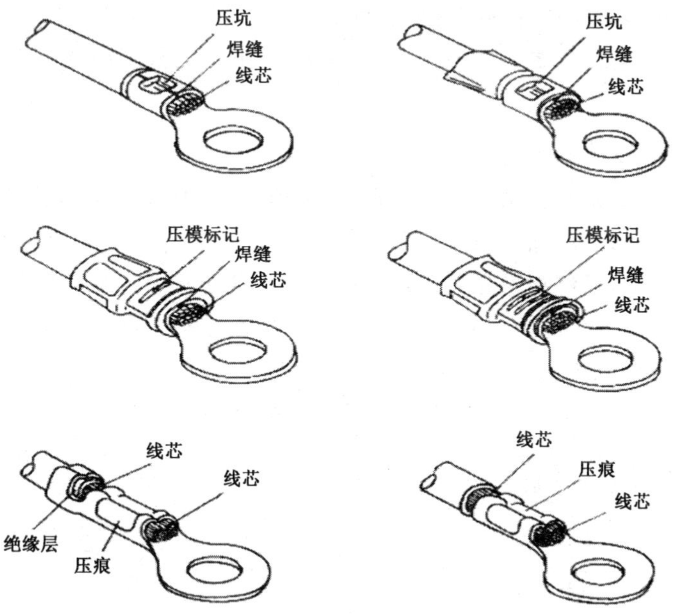

图 5-10　常焊缝压线筒压接方式

③对导线线芯能伸出其前端的压线筒,凸模压坑或压模标记应压在压线筒可见线芯伸出的一面,见图 5-10;

④对有检查孔的压线筒,凸模压坑或压模标记应压在压线筒带检查孔的一面;

⑤在任何情况下,压接应由一个压接全周期完成,应避免重复压接,不允许有重叠压痕。

(4)压接过程中不应损伤导线绝缘层和压线筒。

(5)严禁对因压接而弯曲变形的压接连接件进行矫直。

5.3.2 绕接

绕接是直接将导线缠绕在接线柱上，形成电气和机械连接的一种连接技术。由于独到的优点而在通讯等要求高可靠性的设备中得到广泛使用，成为电子装配中的一种基本工艺。

5.3.2.1 绕接的特点

(1)接触电阻小，抗震能力比锡焊强，工作寿命长(达40年之久)。

(2)可靠性高，不存在虚焊及焊剂腐蚀的问题。

(3)不会产生热损伤。

(4)操作简单，对操作者的技能要求低。

(5)对接线柱有特殊要求，且走线方向受到限制；多股线不能绕接，单股线又容易折断。

5.3.2.2 绕接技术要求

(1)绕接线圈必须是紧密的螺旋式排列，不得重复，尾端向外伸展部分不得超过接线柱上绕接点的外径，除去第一圈和最后一圈之外，相邻两绕圈的间隔不应超过导线一个半径的宽度，且绕接点相邻绕圈间距之和不超过一个导线直径的宽度。表5-3是规定绕接导线的最少圈数。防震型绕接还应再绕上带绝缘层的导线，必须至少箍紧在接线柱的三个棱角上。

表 5-3 绕接导线的最少圈数

导线标准直径(mm)	导线的最少圈数
0.25	7
0.30	7
0.40	6
0.50	5
0.60	5
0.80	4
1.00	4

(2)所有绕接点在外观上应符合本标准的要求，用外观检验如下缺陷时，应作为不合格。

①防震型接点，绕在接线柱上的绝缘导线长度不足或没绕上。

②同一接线柱上绕接点间的间距不适当，在所规定的绕接点最少圈数内，有叠绕现象。然而在同一接线柱上，对于防震型绕接点而言，带绝缘层的第一圈可以叠绕于下面一个绕接点导线的最后一圈上。

③绕接圈数不够，不符合表 5-3 所规定的最少圈数。

④尾端不符合前面所规定的要求或翘起。

⑤在同一个绕接点上线圈重叠。

⑥相邻两圈的间距超过一个半径的宽度。除去第一圈和最后一圈之外，所有各接点的相邻绕圈间距之和超过导线直径的宽度。

(3)为了便于维修，绕接点的布线应采用分层布线而不用串行布线的形式。

5.3.2.3　绕接点的性能要求和测试

(1)拉脱力

一个完整的绕接点应符合表 5-3 所规定的最少圈数和表 5-4 规定的最小拉脱力值。拉脱力工具的叉形爪必须和接线柱纵向轴线相垂直，叉形爪和接线柱之间的间隙不能超过导线直径的 50%，施加拉脱力直到绕接点移动时为止。

(2)气密性

绕接点在经受规定的腐蚀性气体的作用下，会使暴露区(包括导线及接线柱)充色，此种变色足以使暴露区和气密区在颜色上有明显的区别。

表 5-4　最小拉脱力值

导线标称直径(mm)	最小拉脱力 θ(N)
0.25	18
0.30	17
0.40	22
0.50	28
0.60	35
0.80	45
1.00	58

经腐蚀性气体处理后，将导线仔细地退下，对导线和接线柱上的刻痕用 5～8 倍的放大镜进行目检，除去第一圈和最后一圈之外，气密区应占总刻痕数的 75%以上。

5.3.3　铆接

借助铆钉形成不可拆的连接称为铆接。铆接的过程是将铆钉插入被铆接工件的孔内，铆钉头紧贴工件表面，然后将铆钉杆的一端镦粗成为铆合头。

5.3.3.1　铆接种类

(1)按使用要求分类

①活动铆接(铰链铆接):它的结合部分可以相互转动。

②固定铆接:它所结合的部位是固定不动的。这种铆接按用途和要求不同,还可分为:

a. 强固铆接(坚固铆接),应用于结构需要有足够的强度、承受强大作用力的地方;

b. 紧密铆接,应用于低压容器装置,这种铆接只能承受很小的均匀压力,但要求接缝处非常严密,以防止渗漏,如气筒、水箱、油罐等;

c. 强密铆接(坚固紧密铆接),这种铆接不但能承受很大的压力,而且要求接缝非常紧密,即使在较大压力下,液体或气体也保持不渗漏。

(2)按铆接方法分类

①冷铆:铆接时,铆钉不需加热,直接镦出铆合头,直径在 8 mm 以下的钢制铆钉都可以用冷铆方法铆接。采用冷铆时铆钉的材料必须具有较高的塑性。

②热铆:把整个铆钉加热到一定温度,然后再铆接。因铆钉受热后塑性好,容易成型,而且冷却后铆钉杆收缩,还可加大结合强度。

③混合铆:在铆接时,只把铆钉的铆合头端部加热。对于细长的铆钉,采用这种方法,可以避免铆接时铆钉杆的弯曲。

5.3.3.2　铆钉种类

铆钉按形状、用途和材料不同可分为以下几种。

(1)按铆钉的形状分

常用的有平头、半圆头、沉头、半圆沉头、管状空心和皮带铆钉等。

(2)按铆钉的材料分

有钢铆钉、铜铆钉和铝铆钉等。

5.3.3.3　铆接件的接合、铆道及铆距

(1)铆接件的接合

铆接连接的基本形式是由零件相互接合的位置所决定的,主要有 3 种,即搭接连接、对接连接、角接连接。

(2)铆道

铆道就是铆钉的排列形式。根据铆接强度和密封的要求,铆钉的排列形式有单排、双排和多排等。

(3)铆距

铆距是指铆钉与铆钉间或铆钉与铆接板边缘的距离。在铆接连接结构中,有 3

种隐蔽性的损坏情况：沿铆钉中心线板被拉断、铆钉被剪切断裂、孔壁被铆钉压坏。因此，按结构和工艺的要求，铆钉的排列距离有一定的规定。如铆钉并列排列时，铆钉距 $t \geqslant 3d$（d 为铆钉直径）。铆钉中心到铆接板边缘的距离：如铆钉孔是钻孔时约为 1.5d，如铆钉孔是冲孔时约 2.5d。

5.3.3.4　铆钉直径、长度及通孔直径确定

（1）铆钉直径的确定

铆钉直径的大小与被连接板的厚度、连接形式以及被连接板的材料等多种因素有关。当被连接板材厚度相同时，铆钉直径等于板厚的 1.8 倍；当被连接板材厚度不同，搭接连接时，铆钉直径等于最小板厚的 1.8 倍。铆钉直径可在计算后按 GB152.1—88 圆整。

（2）铆钉长度的确定

铆接时铆钉所需长度，除了被铆接件的总厚度外，还要为铆合头留出足够的长度。因此，半圆头铆钉铆合头所需长度，应为圆整后铆钉直径的 1.25～1.5 倍。沉头铆钉铆合头所需长度应为圆整后铆钉直径的 0.8～1.2 倍。

（3）通孔直径的确定

铆接时，通孔直径的大小，应随着连接要求不同而有所变化。如孔径过小，使铆钉插入困难；过大，则铆合后的工件容易松动。

第 6 章　表面安装与微组装技术

6.1　电子产品组装技术

6.1.1　电子产品组装的内容和方法

6.1.1.1　组装内容

电子设备的组装是将各种电子元器件、机电元件及结构件，按照设计要求，装接在规定的位置上，组成具有一定功能的完整的电子产品的过程。组装内容主要有：单元的划分，元器件的布局，各种元件、部件、结构件的安装，整机联装等。在组装过程中，根据组装单位的大小、尺寸、复杂程度和特点不同，将电子设备的组装分成不同的等级，称之为电子设备的组装级。组装级别分为以下几种。

第一级组装：一般称为元件级。是最低的级别，其特点是结构不可分割。通常指通用电路元件，分立元件及其按需要构成的组件，集成电路组件等。

第二级组装：一般称为插件级。用于组装和互连第一级元器件。如装有元器件的印制电路板或插件等。

第三级组装：一般称为底板级或插箱级。用于安装和互连第二级的插件或印制电路板部件。

第四级组装及更高级别的组装：一般称为箱、柜级及系统级。它主要通过电缆及连接器互连第二、三级组件，并以电源馈电构成独立的有一定功能的仪器或设备。对于系统级，可能设备不在同一地点，则须用传输线或其他方式连接。

这里需要说明的是：①在不同的等级上进行组装时，构件的含义会改变。例如，组装印制板时，电阻器、电容器、晶体管等元器件是组装构件；而组装设备的底板时，印制电路则为组件构件。②对于某个具体的电子设备，不一定各组装级都具备，而是要根据具体情况来考虑应用到哪一级。

6.1.1.2　组装方法

目前，电子设备的组装方法，从组装原理上可以分为以下 3 种。

(1)功能法

它是将电子设备的一部分放在一个完整的结构部件内。该部件能完成变换或形成信号的局部任务(某种功能),这种方法能得到在功能上和结构上都完整的部件,从而便于生产和维护。不同的功能部件(接收机、发射机、存储器、译码器)有不同的外形结构、体积、安装尺寸和连接尺寸,很难做出统一的规定,这种方法将降低整个设备的组装密度。此法适用以分立元件为主的产品或终端功能部件。

(2)组件法

这种方法是制造出一些外形尺寸和安装尺寸都统一的部件,这时部件的功能完整性退居到次要地位。这种方法是为统一电气安装工作及提高安装密度而建立起来的。根据实际需要又可分为平面组件法和分层组件法。此法大多用于组装以集成器件为主的设备。

(3)功能组件法

这是兼顾功能法和组件法的特点,制造出既有功能完整性又有规范化的结构尺寸和组件。微电路的发展,导致组装密度进一步增大,以及可能有更大的结构余量和功能余量。

6.1.2　组装工艺技术的发展

电子组装技术的范围非常广,从超级计算机到个人电脑或者便携电话和电动车等功率设备千差万别。电子产品组装技术是现代发展最快的制造技术,从组装工艺特点可将其发展分为五代(表 6-1)。

表 6-1　电子产品组装技术的发展

年代	技术名称	技术缩写	代表元器件	安装基板	安装方法	焊接技术
20 世纪 50—60 年代	铆钉板安装		长引线元件、电子管	接线板铆接端子	手工安装	手工烙铁焊
20 世纪 60—70 年代	通孔安装技术	THT	晶体管、轴向引线元件	单、双面 PCB	手工/半自动插装	手工焊、浸焊
20 世纪 70—80 年代			单、双列直插 IC 轴向引线元器件元件	单面及多面 PCB	自动插装	波峰焊、浸焊、手工焊
20 世纪 80—90 年代	表面安装技术	SMT	SMC、SMD 片式封装 VSI、VLSI	高质量 SMB	自动贴片机	波峰焊、再流焊
20 世纪 90 年代	微组装技术	MPT	VLSIC、ULSIC	陶瓷硅片	自动安装	倒装焊、特种焊

随着现代电子技术的发展，电子工艺研究技术也有了更加深入的发展，特别是电子配件中的表面安装技术。当前的电子产品多向小型化、智能化、多功能的方向发展，而表面安装技术正是基于这个发展趋势，形成一种新型的组装技术——SMT(Surface Mounting Technology，简称 SMT)，突破传统 THT 通孔技术，直接将元器件贴在基板上，在制作工艺和性能上都有较大的提高，是当前电子产品中比较先进的表层装配技术。

6.2 表面安装技术

安装技术是实现电子产品微型化和轻型化的关键因素之一。20 世纪 70 年代问世、80 年代成熟的表面安装技术，从元器件到安装方式，从 PCB 设计到焊接工艺都以全新面貌出现，它使电子产品体积缩小、重量变轻、功能增强、可靠性提高，并推动信息产业高速发展。SMT 已经在很多领域取代了传统的通孔安装，并且这种趋势还在发展，预计未来 90%以上的产品都将采用 SMT。表面安装技术是目前电子组装行业里最流行的一种技术和工艺。

6.2.1 表面安装技术的优点

表面安装技术(SMT)又称表面贴装技术、表面组装技术，是将电子元器件直接安装在印制电路板或其他基板表面的装接技术。在电子工业生产中，SMT 实际是包括表面安装无源元件(SMC)、表面安装器件(SMD)、表面安装印制电路板(SMB)、普通混装印制电路板(PCB)、点黏合剂、涂焊锡膏、元器件安装设备、焊接以及测试等技术在内的一整套完整的工艺技术的统称。SMT 涉及材料、化工、机械、电子等多学科、多领域，是一种综合性的高新技术。表面安装技术的主要优点如下。

(1)组装密度高

SMT 片式元器件比传统穿孔元器件所占面积和重量都大为减小，一般来说，采用 SMT 可使电子产品体积缩小 40%～60%，重量减轻 60%～80%。通孔安装技术按 2.54 mm 网格安装元件，而 SMT 组装元件网格从 1.27 mm 发展到目前的 0.63 mm 网格，个别达 0.5 mm 网格，密度更高。

(2)可靠性高

由于片式元器件小而轻，抗振动能力强，自动化生产程度高，故贴装可靠性高，不良焊点率小于 10%，用 SMT 组装的电子产品平均无故障时间为 25×10^5 h。

(3)高频特性好

由于片式元器件贴装牢固，器件通常为无引线或短引线，降低了寄生电容的影响，提高了电路的高频特性。采用片式元器件设计的电路最高频率达 3 GHz，而采用通孔元器件仅仅为 500 MHz。采用 SMT 也可缩短传输延迟时间，可用于时钟频率为 16 MHz 以上的电路。

(4)降低成本

①印制电路板使用面积减小，是采用通孔安装面积的 1/12。

②频率特性提高，减少了电路调试费用。

③片式元器件体积小，重量轻，减少了包装、运输和储存费用。

④片式元器件发展快，成本迅速下降，一个片式电阻已与通孔电阻价格相当，约 0.3 美分，合人民币 0.02 元。

(5)便于电动化生产

目前通孔安装印制电路板要实现完全自动化，还需扩大 40%原印制电路板面积，才能使自动插件的插装头将元件插入，若没有足够的空间间隙，将碰坏零件。而自动贴片机采用真空吸嘴吸放元件，真空吸嘴小于元件外形，可提高安装密度，事实上小元件及小间距器件均采用自动贴片机进行生产，实现了全线自动化。

当然，SMT 在生产中也存在一些问题：元器件上的标称数值看不清楚，维修工作困难；维修调换器件困难，并需专用工具；元器件与印制电路板之间热膨胀系数一致性差；初始投资大、生产设备结构复杂、涉及技术面宽、费用昂贵。

随着专用拆装及新型的低膨胀系数印制电路板的出现，这些问题已不再成为 SMT 深入发展的障碍。

6.2.2　表面安装技术的组成

表面安装技术通常包括：表面安装元器件，表面安装电路板及图形设计，表面安装工艺，表面安装设备，表面安装焊接技术(包括双波峰焊、气相焊)，表面安装专用辅料(焊锡膏及贴片胶)，表面安装测试技术、清洗技术，以及表面安装大生产管理等多方面内容。

(1)表面安装元器件

表面安装元器件结构、尺寸、包装形式都与传统元器件不同，掌握这些特点是实施 SMT 的开始。

表面安装元器件的发展过程和趋势是尺寸不断小型化。片状元器件尺寸变化过程：3225→3216→2520→2125→2012→1608→1005→0603，四位数字为外形尺寸代号，前后各两位，分别表示片状元器件长、宽尺寸，例如，1005 表示 1.0 mm×0.5 mm (英制代号为 0402，即 40 mil× 20 mil)，被认为目前最小尺寸极限为 0603 的产品已面世。

集成电路规模不断增大使 I/Q 端子数不断增加，超大规模集成电路(ULSI)引线数已达 400 条以上，引线数增加促使引线间距不断缩小，目前最小间距为 0.5 mm、

0.4 mm、0.3 mm、0.25 mm 的产品已面世。

(2)表面安装电路板及图形设计

SMT 对印制电路板的要求，从基板材料、几何尺寸、加工精度到表面涂覆，都远远超过通孔安装对印制电路板的要求。从图形设计看，SMT 需要考虑的内容更多，工艺性强，设计不当的印制电路板根本无法实施 SMT。

(3)表面安装工艺

以下 3 项技术是安装工艺的关键。

①窄间距技术(FPT)

内于 IC 引线间距不断缩小，引线细容易变形、脆断，因此对 SMT 工艺要求极为严格，从 PCB 设计到制造、焊料焊剂选择、参数控制、安装精度、焊接温度曲线、检测工艺等都必须配套，精心控制每一个环节。FPT 已经形成包括管理在内的高精度组装系统工程。

②计算机集成制造系统(CIMS)

在 SMT 生产中，应用 CIMS 是满足电子产品日益微型化和高可靠、多功能、短周期要求的必然趋势，随着 CIMS 日益成熟和产业化，将会给 SMT 带来新的契机和发展。

③表面安装焊接技术

焊接技术是表面安装工艺技术的核心，是决定可靠性的关键工艺，发展方向是免清洗焊接技术和智能焊接工艺。另外，在焊接材料上也在开展新的研究，如适应窄间距安装的新型焊料、导电黏合剂等。

(4)表面安装设备

表面安装设备种类很多，主要有涂布设备、贴片设备和焊接设备，一般根据生产要求配成流水线。由于一次投资大，选择合适的设备是实施 SMT 的决策难点。

贴片设备是其中的关键设备，最新的发展是采用高分辨视觉系统、激光检测等智能技术，已使贴片分辨率和重复精度进入微米级，为窄间距安装提供了必要条件。

(5)表面安装材料

元器件制造材料包括芯片基板构料、电极材料、覆盒材料等。

焊接材料包括焊膏、焊剂、助焊剂、黏合剂等。

清洗材料包括清洗剂、干燥剂、防氧化剂等。

(6)测试技术

测试内容包括焊接质量、安装性能、动态在线测试、产品功能测试。选择何种测试手段、测试设备及测试规范和工艺，是保证产品质量的前提。

6.2.3　表面安装的方式

在 SMT 电路基板的表面组装中集中体现了 SMT 的特征，在不同的运用情况下对 SMT 的密度、功能及可靠性都有不同，因而需要采取不同的表面安装技术进行组装，并根据电子设备对于 SMT 的结构要求及组装特点进行分类分析。总的来说，目前，表面安装技术总共有 3 个类别、6 种方式。

(1)单面混合组装类

单面混合组装是采用单面的电路基板和双波峰焊接工艺，在这种类别有两种主要的组装方式。一种是在电路板的一面贴装 SMC，在另外一面插装 THC，这种工艺组装方式简单易于操作，但是要留下足够的插装 THC 时弯曲引线的操作空间，而且在进行 THC 插装的时候，容易碰到已经贴装好的 SMC 元件，从而引起器件损坏和脱落，因而在组装过程中要选用粘贴性比较强的粘贴剂。第二种组装方式是先在上面插入 THC，再在底面贴装 SMC，相对提高了组装的密度和粘贴的强度。

(2)双面混合组装类

双面组装是在印制电路板上使用再流焊和双波峰焊工艺并用的方式，与第一个类别相同，不同面的器件安装具有不同的效用。在这个类别中，一种方式是通过表面组装集成电路和 THC 在基板的同一面，SMD 和 THC 同在基板一侧；另一种方式是将 SMC 和 SOT 放在另一面，这种组装方式要求的密度相当高。

(3)全表面的组装类

这种类别的组装方式同样可以分为单面组装和双面组装，一般来说，采用的是细线图形的印制电路板，或者采用陶瓷基板和细间距 QFP，然后再用再流焊接工艺进行组装，组装的密度非常高。

6.2.4　工艺流程

其工艺流程为，安装印制电路板→点胶→贴装 SMD 元件→烘干→焊接→清洗。

(1)安装印制电路板：将印制电路板固定在带有真空吸盘，板面有 *X-Y* 坐标的台面上。台面应固定不动，定位准确，以便于机械手按坐标进行准确点胶或涂膏，安置 SMD 元器件。

(2)点胶：点胶的目的是为了让 SMD 元器件预先粘在印制电路板上。根据 SMD 元器件大小而确定点胶的数量，小片子点 1 个点，大片子点 2～3 个点，可以通过编程事先确定。操作时应注意不可将胶点在印制电路板的焊接点上。SMD 元器件被固定在胶上后再经波峰焊焊接。

(3)焊膏和涂膏工艺：SMT 若采用再流焊，需要进行涂焊膏。涂膏使用的材料是焊膏，焊膏通常由焊料金属粉末、助焊剂和溶剂(载体)三部分混合成糊状浆料，有松香型和水溶型两种。在装配时，焊膏涂在印制电路板的焊接点上，SMD元器件由焊膏固定，在后道工序中进行再流焊。涂膏时要将焊膏准确地涂在焊接点上。

(4)贴装SMD：它需要高黏度的自动化设备来进行，贴片机就是用来安装SMD的专用设备，其安装精度高，速度快，可靠性好，可单机操作，也可与其他设备连成自动化生产线。目前，采用贴片机贴片速度从每小时数千个至上万个不等，贴片精度在0.15 mm左右。元件处理能力从单一类型到多个品种。贴片机的机型，有以下3种类型可供选择。

①顺序装配型：有一定程序规律，按一定顺序工作的贴片机。这种机器一般吸装头贴装位置固定不变，通过放置基板的X-Y工作台和选料机构的前后左右移动来完成元件的抓取和安装。

②随意选取装配型：随意选取元件，没有顺序限制进行贴装的贴生机。这种机器只有吸装头移动。X-Y工作台和选料机构都不动，吸装头可随意取任何一个料盒里的元件去安装，可以避免由于工作台振动和送料机构的振动引起的安装误差。

③同时装配型：这种机器的结构是漏放式。元件由振动系统提供，通过由若干个漏管组成的分配器，传递到安放系统的模板上，再一次性漏放到基板上，元件一次安放，速度很快，尤其适合没有方向性的无源元件的安装。

前两种类型的机器改变产品比较灵活，只要改变软件程序，调节基板输送轨道的宽度即可实现。通过多台机器联机，可满足各种产量的要求。第三种类型机器要改变产品就比较复杂，需要更换漏管分配位置及重新制作漏放模板，因而只适合大批量专一产品的生产。

(5)热固化：固化是在点胶、贴片之后必须进行的一项工作。胶固化后元件可具有足够的粘固强度，避免在运输、基板翻转至另一面贴装及进行焊接时元件受到振动、冲击而移位。有些焊膏也要求在再流焊之前进行固化。

固化一般在专用的固化炉进行。固化炉制成隧道加热炉形式，基板放在传送带上依次进入炉体，在一定的温度、时间控制下通过炉体使胶固化。炉体的加热方式有热板加热和红外加热。根据胶的固化特性不同，有些胶要先经过紫外光固化，再进行热固化。不同的胶，不同的基板材料、元件种类及安装密度，其要求的固化温度、固化时间也不同。所以一般固化炉的加热温度和传送带的速度均是可调的。一般的固化温度在160 ℃左右，固化时间在5 min左右。烘箱也可作固化设备，用于只需要进行热固化的胶，设备相对简陋些，固化时间也较长，一般在20 min左右。

胶固化之后，应满足一定强度，一般的固化强度应大于1.2 kgf。

6.2.5 发展趋势

目前，封装技术的定位已从连接、组装等一般性生产技术逐步演变为实现高度多样化电子信息设备的一个关键技术。更高密度、更小凸点、无铅工艺等需要全新的封装技术，更能适应消费电子产品市场快速变化的需求。封装技术的推陈出新，也已成为半导体及电子制造技术继续发展的推动力，并对半导体前道工艺和表面贴装技术的改进产生着重大影响。如果说倒装芯片凸点生成是半导体前道工艺向后道封装的延伸，那么，基于引线键合的硅片凸点生成则是封装技术向前道工艺的扩展。

在整个电子行业中，新型封装技术正推动制造业发生变化，市场上出现了将传统分离功能混合起来的技术手段，正使后端组件封装和前端装配融合变成一种趋势。不难观察到，面向部件、系统或整机的多芯片组件封装技术的出现，彻底改变了只是面向器件的概念，并很有可能会引发 SMT 产生一次工艺革新。

元器件是 SMT 技术的推动力，而 SMT 的进步也推动着芯片封装技术不断提升。片式元件是应用最早、产量最大的表面贴装元件，自 SMT 形成后，相应的 IC 封装则开发出了适用于 SMT 短引线或无引线的 LCCC、PLCC、SOP 等结构。四侧引脚扁平封装(QFP)实现了使用 SMT 在 PCB 或其他基板上的表面贴装，BGA 解决了 QFP 引脚间距极限问题，CSP 取代 QFP 则已是大势所趋，而倒装焊接的底层填料工艺现也被大量应用于 CSP 器件中。

随着 01005 元件、高密度 CSP 封装的广泛使用，元件的安装间距将从目前的 0.15 mm 向 0.1 mm 发展，这势必决定着 SMT 从设备到工艺都将向着满足精细化组装的应用需求发展。但 SiP、MCM、3D 等新型封装形式的出现，使得当今电子制造领域的生产过程中遇到的问题日益增多。

由于 MCM 技术是集混合电路、SMT 及半导体技术于一身的集合体，所以我们可称之为保留器件物理原型的系统。多芯片模组等复杂封装的物理设计、尺寸或引脚输出没有一定的标准，这就导致了虽然新型封装可满足市场对新产品的上市时间和功能需求，但其技术的创新性却使 SMT 变得复杂并增加了相应的组装成本。

可以预见，随着无源器件以及 IC 等全部埋置在基板内部的 3D 封装最终实现，引线键合、CSP 超声焊接、PoP(堆叠装配技术)等也将进入板级组装工艺范围。所以，SMT 如果不能快速适应新的封装技术则将难以持续发展。

6.3 微组装技术

随着元器件不断向超小型化方向发展以及尖端产品中所要求的集成电路功能密度成千上万倍的提高，表面安装技术受到了加工精度、加工手段及成本的挑战，SMT 已不能适应这种要求，因此，在 SMT 发展的基础上，国外从 20 世纪 80 年代中期开始研究贴装元件复合化、三维贴装以及在基板上直接印制阻容元件等微组装课题，这就是第 5 代电子装联技术——多层复合贴装(MPT)。它是基于微电子学、半导体技术特别是集成电路技术，以及计算机辅助系统发展起来的当代最先进组装技术。

微组装技术这一名词提出初期，特指组装工艺技术的高级发展阶段，即指元器件引脚间距小于 0.3 mm 间隙的表面组装技术。随着技术的发展，现在也用于泛指电路引线间距或元器件引脚间距微小，或所形成的组件、系统微小的各种形式封装和组装技术。微组装技术应用对象的主要特征为：微型元器件、微细间距、微小结构、微连接。微组装技术主要应用场合：器件级封装、电路模块级组装、微组件或微系统级组装。

6.3.1　微组装技术概述

电子组装技术与电子元器件发展水平相适应，不同时期的电子元器件与组装技术相结合，就产生该时期的代表产品。构成组装技术的要素有 5 个方面：有源器件、封装形式、电子元件、电路基板、组装方式。

20 世纪 70 年代以来，集成电路进入高速发展时代，大规模（LSI）、较大规模（VLSI）、超大规模集成电路的不断发展，一片 IC 取代几十片、几百片乃至上千片中小规模 IC 已不鲜见。对当代成熟封装小间距 0.55 mm 而言，其封装效率也只能达到 5%（封装效率为芯片面积与封装面积之比）。内部功能增强，IC 的对外引线 I/O 还在增加，就单片 IC 而言，若引线间距不变，I/O 线增加 1 倍，封装面积将增加 4 倍，如果试图进一步减小引线间距，不仅技术难度极大，且可靠性将降低。因此，进一步缩小体积的努力，就放在芯片的组装上。

芯片组装，即通常所说的裸片组装。将若干裸片组装到多层高性能基片上形成电路功能块乃至一件电子产品，这就是微组装技术。

微组装技术是 20 世纪 90 年代以来在半导体集成电路技术、混合集成电路技术和表面组装技术（SMT）的基础上发展起来的新一代电子组装技术。微组装技术是在高密度多层互连基板上，采用微焊接和封装工艺组装各种微型化片式元器件和半导体集成电路芯片，形成高密度、高速度、高可靠的三维立体机构的高级微电子组件的技术。集成电路和组装技术的不断发展是实现电子产品微小型化的两大支柱。

6.3.2　微组装技术的技术特点

MPT 已不是通常安装的概念，用普通安装的方法是无法实施微组装的。它是以现代多种高新技术为基础的精细组装技术，主要有以下基本内容。

（1）设计技术

微组装设计主要以微电子学及集成电路技术为依托，运用计算机辅助系统进行系统总体设计、多层基板设计、电路结构及散热设计以及电性能模拟等。

（2）高密度多层基板制造技术

高密度多层基板有很多类型，从塑料、陶瓷到硅片，原膜及薄膜多尼基板，混合多层及单层多次布线基板等，涉及陶瓷成型、电子浆料、印刷、烧结、真空镀膜、化学镀膜、光刻等多种相关技术。

(3)芯片贴装及焊接技术

除表面贴装所用组装、焊接技术外，还要用到丝焊、倒装焊、激光焊等特种连接技术。

(4)可靠性技术

主要包括在线测试、电性能分析、检测方法等技术，以及失效分析。

6.3.3　微组装技术的发展

当前 MPT 主要有以下 3 个层次的技术。

(1)多芯片组件

是由厚膜混合集成电路发展起来的一种组装技术，可以简单理解为集成电路的集成(二次集成)，其主要特征是：所用 IC 为 LSI/VLSI；IC 占基板面积＞20%；基板层数＞4；组建引线 I/O 线数＞100。

所用基板依产品的可靠性要求，有 3 种类型：①PCB，低成本，低密度；②陶瓷烧结板，成本高，较高密度，厚膜工艺；③半导体片，以硅片为基板，半导体工艺，密度高，薄膜工艺。

例如，用芯片模块(MCM)技术制造的超级计算机，以 78 层厚膜、8 层薄膜组成基板，装上 100 个 2 万门 VLSI 芯片，引线 11 540 根，功耗 3 kW，运算速度达 55 亿次/s，若不采用 MCM 技术是无法达到的。

(2)硅大圆片组装

为进一步增大安装密度而采用硅大圆片作为安装基板，将芯片组装到硅大圆片上而形成电子组件。

WSI(硅大圆片)：硅大圆片按 IC 工艺制成互连功能的基片，将多片 IC 芯片安装到基片上形成新组件。

HWSI(混合大圆片)：硅片上沉淀有机或无机薄膜。多层互连，组装多片 IC 裸片(＞25 个)。

这种技术难度大，成品率低。

(3)单级集成模块(简称 SLIM)

随着微组装技术的不断发展，在 MCM 技术的基础上，为进一步提高电子产品的性能、可靠性及降低成本，微组装技术由 X-Y 平面的二维(2D)组装向三维(3D)组装发展，3D 组装技术是向空间发展的高密度电子组装技术。

3D 组装技术的发展，将以往的 3 级组装层次(芯片组装－PCB 上组装－母板上组装)变为单一的组装层次，这种 3D 结构的模块被称作单极集成模块。它是在复合基板(由各种介质层、布线、导通孔组成)内埋置 R、C、光电器件(如波导管等)，并在其表面用 SMT 方式倒装焊接各类器件，成为高度集成化的 3D－MCM，这种封装结构的 Si 效率(安装的芯片面积与基板面积之比)将大幅度提高，由原来一般封装的 8%，提高到接近 40%，集成化元件可使 Si 效率达到 80%以上。

当前，实现三维组装的途径大致有 3 种。一是埋置型 3D 结构：在多层基板内或多层布线介质中埋置 R、C 和 IC，在其表面贴装各类片式元器件(SMD)；二是有源基板型 3D 结构：将 Si 圆片规模集成(WSI)后作为基板，在其表面进行多层布线，上层再贴装 SMD；三是叠装型 3D 结构：将 2D 组装的模块(如 MCM)上下层叠装互连起来。通过这 3 种途径，美、日、欧已有多家厂商成功地推出许多 3D 结构的电子产品。

SLIM 技术的诞生，使各类元器件、布线、介质层、LSI、VLSI 和 ASIC 等都统一集成到一个电子封装系统内，它所完成的是“系统”功能，使原来庞大的系统“浓缩”为一个高集成度的电子模块(SLIM)，使系统的功能更强、性能更好、体积更小、重量更轻、可靠性更高、成本却相对较低。MCM、SLIM 技术被称作第 5 代装联技术，它的成功应用使装联技术进入了表面安装技术与半导体集成电路技术向一体化发展的新时代，在这个时代，元器件与整机机芯已经不再有明显的界限，元器件设计师与整机设计师将成为同行，它将导致装联技术的又一次“革命”。

为适应 MPT 的发展需要，柔性电路板已经研制成功，它是一种含有精致导线，用薄的、柔顺的透明聚合薄膜(聚酰亚胺)制成的产品。柔性电路的主要特性为：

①柔软性表现在可以被弯曲成近乎任意的形状，可以卷曲后放入圆柱体内，以充分利用三维体积，从而打破了传统的使用面积的概念；

②在柔性电路上能形成非常窄细间距的走线；

③具有良好的绝缘特性，绝缘厚度小于 25 μm；

④可以不考虑材料的热膨胀匹配问题；

⑤解决了焊点的热疲劳问题；

⑥能够粘贴在金属板上，以满足良好的散热要求。

由于上述特性，柔性电路可以最大程度地满足互连和组装手段的灵活性，所以柔性电路的应用在不断扩大。

6.3.4 微电子焊接技术

微组装焊接技术是实施 MPT 的核心技术，就技术而言，它同 SMT 所用焊接技术是相同的。但由于微组装更为精细，要求相应精细的焊接方法。

(1)倒装焊

倒装焊是 MCM 组装中的关键技术，又称面键合技术，其优点表现为：焊点分布在全表面,点小,密度高;连线短;可焊性好,可靠性高;可返修。

(2)激光再流焊

激光能量集中,能使很小的区域迅速加热,热影响区小。

聚焦直径一般可达 0.1～1.5 mm。这种光束为可见光,可采取脉冲、连续等多种方式,使焊膏迅速熔化实现再流焊。

用于再流焊的激光器可用 CO_2 激光器(发射波长为 10.6 μm)或 YAG 激光器(工作波长为 1.06 μm)。由于金属对波长短的激光吸收率高,因此 YAG 激光器更适合精密再流焊。

由于激光束中能量集中且陶瓷灯绝缘材料对激光吸收很小,所以激光再流焊对器件和 PCB 影响小,并且由于激光加热一停止就立即发生空气冷却淬火,其焊点金属结构良好,提高了焊接质量。

利用光导纤维分割激光束,可进行多点同时焊接。如果再配合红外探测器监视加热过程,通过计算机控制自动调整焊接过程参数就可以实现自动化和智能化。

(3)免清洗充氮再流焊

采用免洗焊膏和全封闭充氮方式实现再流焊,可以减少氧化,提高焊接质量,达到精密装焊要求。

此外,在微组装技术中还采用自动丝焊技术和带载自动链合技术(TAB)以及导电胶黏接技术等各种连接技术来满足高精度组装的要求。

第7章 电子产品调试与故障检修

7.1 调试与检修基础

7.1.1 调试工艺文件

产品的调试是按调试工艺文件进行的。调试工艺文件是工艺设计师为产品制定的一套科学、合理的调试规范，一般内容如下：

(1)调试设备及所需的工具、仪器仪表的型号和数量，操作方法及步骤；

(2)调试条件、安全操作规程及注意事项；

(3)调试所需的工时定额、有关图表、测量数据资料及记录。

7.1.2 调试的方案和内容

调试方案必须根据产品的技术要求和设计文件的规定而制定。原则上应该从技术、生产效率和经济角度来综合考虑，制定出科学、合理的调试方案。

调试时，要严格按照调试工艺指导卡，对单元电路、整机进行调整和测试。电路参数的调整，可以避免因元器件参数或装配工艺设计不合理而产生电路性能和技术指标达不到设计要求的情况。检修电路设计中产生的缺陷及安装过程中出现的错误，认真填写调试记录，对调试数据进行正确分析和处理，运用电路和元器件的基础理论去分析和排除故障，确保产品的各项性能指标达到设计要求。

7.1.3 调试仪器选择

在调试工作中，选择合适的调试仪器是非常重要的。选择调试仪器应依据以下原则。

(1)在保证测量指标范围的前提下，选择结构简单、操作方便的通用型或专用型仪器。

(2)仪器仪表工作误差应小于被测参数的允许误差，一般小于允许误差的1/10。

(3)仪器仪表的测量范围和灵敏度应符合被测参数的要求。

(4)选择高输入阻抗的仪器仪表时，要求接入被测电路后，产生的测量误差尽可能小。

(5)选择灵敏度较高的仪器仪表时，仪器的连接线应采用屏蔽线；高频测试时，高频插头应直接接触被测点。

电子测试仪器要能正常使用，要求使用者必须具备一定的电子技术专业知识，仪器使用不当也会产生干扰，导致测试结果不理想，严重时无法进行测试。

7.2　调试与检修安全

调试过程中，需要使用各类仪器、仪表等工具进行带电操作，所以在调试的过程中，首要注意的就是安全问题。除了防止调试的过程中人身触电外，还要防止测量仪器被损坏，所以调试者必须严格遵守安全规程，以保证人员、设备的安全。

7.2.1　调试环境安全措施

不同的产品对工作和调试的环境要求不同。例如：各类调试台的公共场地应铺垫绝缘橡胶，以保证调试人员和操作者与地绝缘良好；在调试高压电路时，除要在被调试设备周围地面上铺垫合格的地板和绝缘橡胶外，还应在调试的工作场所醒目的地方挂上“高压正在调试”等警示牌；对于 MOS 器件的工作台面，应按规定安装金属接地装置和防静电垫板，防止 MOS 器件因静电感应而被击穿；最后，还应配备消防设备，如四氯化碳灭火器等。

7.2.2　用电安全

调试时要有用电安全措施。例如：调试场地总电源开关应有相应的指示灯，开关最好安装在较明显又易操作的位置；场地所有的电源线、电源开关、插头等都不允许有裸露的带电导体，元器件必须符合安全用电要求；为防止漏电和过载事故造成人身危险和设备损坏，在调试场地要求安装漏电保护开关和过载保护装置。

7.2.3　操作安全

调试电路接通电源前，应检查调试电路有无短路和开路现象，同时要注意不能带电操作。如必须与带电部分接触时，操作者应使用带有绝缘保护的工具；当使用和调试 MOS 电路时，操作者必须戴上防静电腕套；进行高压调试前，操作者要穿好绝缘鞋，戴上绝缘手套。

需要注意的是，人们通常认为电源开关断开（关闭）就等于电源断开了，这种观念是错误的，也是很危险的。人们认为不通电的设备或仪器就不带电，这是不对的。

另外,大容量高压电容只有进行放电后,才可以认为不带电,如显像管的高压嘴,由于管锥体内外臂构成的高压电容存在,即使断电数天后,高压嘴上仍然带电。要保证电视机的使用寿命及调试维修的安全,一定要拔掉电视机的电源插头。

7.2.4 调试设备安全

用于测试的仪器设备要定期检查,以保证测试仪器完好。当仪器外壳为金属时,电源插头必须选用三相插头,使地线与外壳相连,避免外壳带电。当仪器保险丝烧断时,首先应切断电源,拔下电源插头,再更换保险丝。更换的新保险丝一定要符合仪器的规格,不能任意选用,更不能用铜丝代替。使用功率较大的仪器设备时,特别要注意断电后应冷却一段时间再通电(一般冷却 3～10 min,功率越大,冷却时间应越长),否则容易烧断保险丝或损坏仪器。

7.3 调试技术

电子设备经装配准备、部件装配、整机装配后,由于元器件参数的分散性、分布参数、装配工艺和干扰等各种因素的影响,往往难以达到顶期的效果,都需要进行调试,才能使电子设备达到设计文件所规定的技术指标和功能。在电子设备生产过程中,按照有关技术文件和工艺规程,对原材料、元器件、零部件、整机进行检验,确保电子设备符合质量指标和要求,这就是电子电路的调试。电子设备的调试在装配工作中占有重要地位。

通常单元电路调试分静态与动态调试,调试的一般原则是先静态调试后动态调试。静态调试指没有外加信号的条件下,测试电路各点的直流工作电压与电流。动态调试是指在加入信号(或自身产生信号)后,测量三极管、集成电路等的动态工作情况,以及有关的波形、频率、相位、电路放大倍数等。

整机调试是在单元调试完成后,对整机的性能调试。其内容包括:初调,就是对整机的故障进行排除以及外观检查和内部结构的调整;细调,就是对电路性能指标进行复检调试,同时检查整机性能是否符合设计要求。

7.3.1 调试流程

调试流程:通电→电源部分的调试→单元电路的调试→整机电路的调试→工艺环境试验→老化和参数复调。

调试过程的每个环节都可能会遇到问题,造成这些问题的原因很多,如元器件参数的离散性、装配工艺的局限性及工作环境的不确定性、生产工人的技能等。

调试过程是利用符合指标要求的各种仪器,如万用表、稳压电源、示波器等测量仪器，对安装好的电路进行调整、测量和测试。调整和测试必须遵守一定的测试方法并按一定的步骤进行。

电子设备安装完毕，通常不宜急于通电，需要认真检查一下。检查内容如下。

(1)连线是否正确：先认真检查电路连线是否正确，包括错线(连线一端正确，另一端错误)、少线(安装时漏掉的线)和多线(连线的两端在电路图上都是不存在的)。多线一般是因接线时看错引脚，或者改接线时忘记去掉原来的旧线造成的，在调试中时常发生，而查线时又不易发现，调试时往往会给人造成错觉，以为问题是由元器件造成的。为了避免做出错误判断，通常采用两种查线方法。

①按照电路图检查安装的线路。这种方法的特点是，根据电路图连线，按一定顺序逐一对应检查安装好的线路。由此容易查出错线和少线。

②按照实际线路来对照电路原理进行查线。这是一种以元件为中心进行查线的方法。把每个元件(包括器件)引脚的连线一次查清，检查每个引脚的去处在电路图上是否存在。这种方法不但可以查出错线和少线，还容易查出多线。

不论用什么方法查线，为了防止出错，对于已查过的线通常应在电路图上做出标记，并且还要检查每个元件引脚的使用端数是否与图纸相符。最好用指针式万用表“R×1”挡，或数字式万用表“Ω”挡的蜂鸣器来测量，而且直接测量元器件引脚，这样可以同时发现接触不良的地方。

(2)元器件安装情况：检查元器件引脚之间有无短路；连接处有无接触不良；二极管、三极管、集成电路和电解电容极性等是否连接有误。

(3)电源与信号源连线是否正确：检查直流电源极性是否正确，信号线是否连接正确。

(4)电源端对地是否存在短路：在通电前，断开一根电源线，用万用表检查电源端对地是否存在短路。检查直流稳压电源对地是否短路。

7.3.2　调试内容

调试工作包括调整和测试两个部分。调整主要对电路参数而言，即对整机内的电感线圈磁芯、电位器、可变电阻器、微调电容器等可调元件及与电气指标有关的调谐系统、机械传动部分进行调整，使之达到预定的指标和功能要求。测试则是用精度较高的仪器仪表测出单元电路板或整机的各项技术指标。调试主要内容如下。

(1)明确调试目的、项目和要求。

(2)正确选择和合理地使用测试所需的高精度仪器仪表。

(3)严格按照调试工艺文件规定，对单元电路板或整机进行调整和测试。然后用封蜡、点漆等方法紧固元器件的调整部位。

(4)分析、排除调试中出现的故障，并及时做好记录。

(5)对调试数据进行正确的分析、反馈和处理，并认真总结，做出产品是否合格的结论，或写出调试报告，或提出改进意见。

对于电路简单的小型电子产品，在焊接和安装完成之后，可直接进行整机调试，其调试程序比较简单。而复杂的整机调试工作较为繁重，一般应先对单元电路板、组装部件等进行调试。当单元电路板达到技术指标要求后，再进行总装，最后进行整机调试。

调试工作一般安排在装配车间进行，整个过程均须严格执行调试工艺文件。

7.3.3 调试仪器的选择

通用电子测试仪器一般只具有一种或几种功能，要完成某一电子设备的调试工作，往往需要将多台测试仪器及附件、辅助设备等组成一个测试系统。

在调试工作中，调试仪器的选择对电子设备的装配质量有着重要影响。为保证调试仪器正常工作和测试结果的精确，装配工在调试仪器布置、连接和使用时应注意以下几个问题。

(1)调试用仪器仪表应满足计量和检测要求，仪器仪表的精度应高于测量所要求的精度，所用调试仪器都应经过计量并在其有效期内，生产线上用的测试仪器每年必须进行一次计量校对。

在保证所装配电子设备测试指标范围的前提下，应选用要求低、结构简单、通用性强的仪器，以便降低生产成本，方便工人操作，提高调试效率。

(2)测试仪器量程的选择应满足测量精度的要求。一般要求选用的调试仪器工作误差小于被测参数误差的1/10以下。例如，根据被测电参数的数值大小选择仪表量程，指针式仪表应使被测量值指在满刻度值的2/3以上的位置；选用数字式仪表的量程时，应使其所指示的数字位数尽量等于被测量值的有效数字位数。仪器使用前要进行调零。

(3)应根据需要选用调试仪器、仪表的测量范围和灵敏度，应符合被测参数的数值范围。例如，一般低频信号发生器的频率范围为20 Hz～1 MHz，输出信号幅度为几十毫伏至几伏；高频信号发生器的频率范围为100 kHz～30 MHz，输出信号幅度为1 μV～1 V。要根据电路的适用范围选择相应的信号源。测试仪器的测量频率(频率响应)应符合被测电量的要求。例如，一般通用示波器的频响为直流至几十兆赫，超低频示波器可测低于0.1 Hz的信号，宽带示波器可测100 MHz左右的信号，取样示波器可测1 000 MHz以上的信号。万用表测量正弦波的频率范围为45～1 000 Hz，而晶体管毫伏表可测到几十兆赫。

(4)正确选择仪器的输入阻抗，使仪器接入被测电路后产生的测量误差在允许范围内，或不改变被测电路的工作状态，或对被测电路产生的测量误差极小。例如，测电压时应选择输入阻抗高的电压表(特别是对小电流高阻抗电路),测电流时应选择内阻小的电流表(特别是对低电压大电流电路)。在高频测量时测试仪表的输入阻抗和被测电路的阻抗应相匹配,以免产生反射造成波形畸变。

(5)使用仪器测试时应先选择好量程,调整好零点,对于需预热的仪器应按规定的时间预热,灵敏度较高的仪表测试连线应采用屏蔽线连接仪表与待测部件或整机;测量时,应先接地,后接信号端。测完后,按相反顺序取下,以免人体感应电压打弯仪表指针。

(6)调试仪器应按照下重、上轻的放置原则,整齐地放置在工作台或仪器架上。常用的仪器仪表应放在便于观察和调节的位置上。

所有调试仪器仪表应统一接地线,并与待测整机或部件的地线相连。确保测试波形稳定,数据精确。

(7)在测量高增益、弱信号或高频信号时,不要将被测件的输入与输出线靠近或交叉。高频插头应直接触及被测试点,避免引起信号的串扰或寄生振荡,造成测量误差。

7.3.4 调试原则

调试工作应遵循的原则是:先调试单元部件,后调试整机;先内后外;先调试机械部分,后调试电气部分;先调试电源,后调试其余电路;先调试静态指标,后调试动态指标;先调试独立部件,后调试相互影响的部件;先调试基本指标,后调试对质量影响较大的指标。

为了使调试顺利进行,电路图上应当标明各点的电位值、相应的波形图以及其他主要数据。对于已定型的产品和需要相互配合才能运行的产品也可采用一次性调试。

由于电子设备种类繁多,功能各异,电路复杂,各电子设备单元电路的数量及类型也不相同,所以,调试程序也各不相同。简单的小型电子设备,装配完毕即可直接进行整机调试。而对较复杂的电子设备,其主要调试内容如下。

(1)电源调试

较复杂的电子设备都有独立的电源电路,它给其他单元电路和整机提供电源。只有在电源电路调试正常后,再进行其他项目的调试。电源部分通常是一个独立的单元电路,在通电前应检查电源变换开关是否在相应的挡位;输入电压是否正常;是否按要求装入熔丝等。通电后,不要急于测量数据和观察结果,首先要观察有无异常现象,有无放电、打火现象,包括有无冒烟,是否闻到异常气味,手摸元器件是否发烫,电源是否有短路现象等。如果出现异常,应立即切断电源,待排除故障后才能再通电。然后测量电路总电源电压和各器件引脚的电源电压,以保证元器件正常工作。

电源电路调试通常先在空载状态下进行。即断开电源的负载后进行初调，其目的是防止因电源未调好而引起负载部分的电路损坏。电源部分调试内容主要是测试各输出电压是否达到设计值、电压波形有无异常或调节后是否符合设计要求等，测试各工作状态是否正常，有无自激振荡现象。

空载调试正常后进行加载调试，即将电源加上额定负载，再测量各电压值，观察波形是否符合要求，当达到要求后，应固定调节元件的位置。

通电观察，认为电路初步工作正常，就可转入正常调试。

(2)单元电路调试

电源电路调试正常后，可对其他单元电路进行调试。有的单元电路调试可用直流稳压电源供电。调试时，应先测量和调整静态工作点，然后进行其他动态指标的调整，直到各部分电路均符合技术文件规定的指标为止。注意在调整高频部件时，为了防止工业干扰和强电磁场的干扰，调整工作最好在屏蔽室内进行。

(3)整机调试

各单元电路和各部件调好后，接通电源部分，便可进行整机调试。整机调试过程中，应对各项参数、指标分别进行测试，使测试结果符合技术文件规定的各项技术指标，同时检查各部分之间有无影响以及机械结构对电气性能的影响等。整机电路调试好后，调试整机总电流和消耗功率，然后紧固各调整元件。

(4)环境试验

有些电子产品在调试完成之后，需进行环境试验，以考验在相应环境下正常工作的能力。环境试验有温度、湿度、气压、振动、冲击和其他环境试验，应严格按技术文件规定执行。

(5)整机通电老练

大多数的电子产品在测试完成之后，均进行整机通电老练试验，目的是提高电子产品工作的可靠性。老练试验应按产品技术文件的规定进行。

(6)参数复调

经整机通电老练后，整机各项技术性能指标会有一定程度的变化，通常还需进行参数复调，使交付使用的设备具有最佳的技术状态。

7.3.5 静态调试

一般情况下，直流为交流服务，直流是电路工作的基础。因此，电子电路的调试有静态调试和动态调试之分。

静态调试是指没有外加信号时电路的直流工作状态测试。测试电路的静态工作情况一般是测试电路的静态工作点，即测试电路在静态工作时的直流电流和直流电压。

静态调试即不接入输入信号(或接入固定直流电平)使电路处于稳态,测量有关点的电位,和估算的正常状态比较,通过调节相应元器件参数,使该单元静态电位处于正常范围内。模拟电路中,静态测量可用来判别管子的工作状态(截止、饱和、放大、损坏),通过调整,使管子建立合适的静态工作点。

静态工作点是电路正常工作的前提。在单元电路通电后,首先应测量静态工作点。静态工作点的调试就是调整各级电路无输入信号时的工作状态,测量其直流工作电压和电流是否符合设计要求。通常只需将电压表并联在电路两端测量直流电压,若要知道直流电流的大小,可根据阻值进行换算。如测三极管三个电极对地的电压 U_C、U_E、U_B,以确定此管的工作状态,测集成器件电源引入端的电压,测 U_{CC}、U_{EE}、U_{BB} 等以及各有关引线端的直流电压值,以确定此集成器件静态工作参数是否正常。也有些电路根据测试需要,在印刷电路板上留有测试用的断点,可串入电流表测出电流数值后,再焊好开口。

单管放大电路,调整静态工作点就是调整晶体管放大电路的上偏置电阻,使它的集电极电流达到电路设计要求的值。调整顺序一般是从最后一级的功放开始,逐级往前调整。

对于运算放大器,静态检查除测量正、负电源是否接上外,主要检查在输入为零时,输出端是否接近零电位,调零电路起不起作用。当运放输出直流电位始终接近正电源电压值或负电源电压位时,说明运放处于阻塞状态,可能是外电路没有接好,也可能是运放已经损坏。如果通过调零电位器不能使输出为零,除了运放内部对称性差外,也可能运放处于振荡状态,所以电路板直流工作状态的调试,最好接上示波器进行监视。

数字电路中,静态测量可判别各逻辑单元的电平是否正常和检查各单元间的逻辑关系。集成电路能否正常工作,一般是看其各脚对地电压是否正确。因此,只要测出各脚对地的电压值,然后与正常数值进行比较,即可判断"工作点"是否正常。对于有插座的集成器件,将此集成器件拔掉即可查出本器件所消耗的静态电流值。

另外,若工作点基本正常,虽有些偏差但没有大的问题时,可暂时不管,待动态检查测试时,若电路仍可满足设计要求,不必更新调整工作点。只有不满足设计要求时,才针对动态测试中发现的问题,重新进行工作点的调整。

7.3.6　动态调试

在完成静态调试后,可进行动态调试,即输入端加上信号后测量有关点的状态。主要有波形、频率、频率特性的调试。此时一般要借助于示波器来显示电路的动态工作情况。对动态测量结果也要结合电路设计要求进行分析比较,通过调整相关参数使实际测量结果满足要求。对一些和微机有关的功能片的测量,在静态测量正常后,性能上的测试往往要依靠微机对它进行初始化和输入检查程序和数据。传感器的调试常常连同前置放大器一起进行，这是因为一般传感器输出的电信号太小。需要注意的是，单元调试的工作条件，例如电源电压、输入信号、负载大小、环境温度等，应模拟处于系统中的工作条件，以使调试好的单元在组装成实际系统时少出问题。

电子设备需要进行波形、频率测试和调整的单元部件较多。例如，放大电路需要测试波形；本机振荡器既要测试波形又要测试频率。测试单元部件各级波形时，一般需要在单元部件的输入端输入标准频率与幅度的交流信号。可以利用前级的输出信号作为后级的输入信号，也可用自身的信号检查功能块的各种指标是否满足设计要求，包括信号幅值、波形、相位关系、频率、放大倍数、输出动态范围等。测试时应注意测试仪器与单元部件的连接线，特别是测试高频电路时，测试仪器应使用高频探头，连接线应采用屏蔽线，且连线要尽量短，以避免分布电容、电感以及测试引线两端的耦合对测试波形及频率准确性的影响。发现故障现象，应采取不同的方法缩小故障范围，最后设法排除故障。

频率特性测试与调整指当输入电压幅度恒定时，电路输出电压随输入信号频率而变化的特性。在电子设备的调试中，频率特性的测量是一项重要的测试技术。频率特性的测量方法一般有点频法和扫频法两种，在单元电路的调试中一般采用扫频法，调试中应严格按工艺文件要求进行频率特性的测试与调整。

扫频法测量是利用扫频信号发生器实现频率特性的自动或半自动测试。因信号发生器的输出频率是连续扫描的，因此扫频法简捷、快速，而且不会漏掉被测频率特性的细节。但用扫频法测出的动态特性，与点频法测出的静态特性相比，存在一定测量误差。

模拟电路比较复杂。而对于数字电路来说，出于集成度比较高，一般调试工作量不太大，只要器件选择合适，直流工作状态正常，逻辑关系就不会有太大问题。一般是测试电平的转换和工作速度。

把静态和动态的测试结果与设计的指标作比较，经深入分析后对电路参数提出合理的修正。

7.3.7　整机调试

整机调试工艺流程如图 7-1 所示。

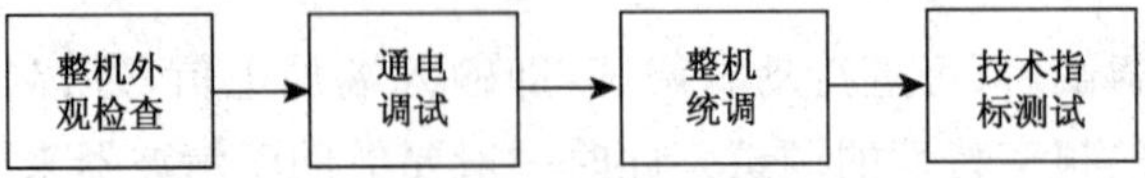

图 7-1　整机调试工艺流程图

(1)外观检查

检验员按整机工艺文件设定的检查项目进行检验,如各类紧固元器件、开关、指示灯、按钮是否完好,是否符合设计要求,机壳的外观是否无损伤、无污染,机械装配的操作传动部分及旋钮动作是否调节灵活、到位、安装牢固。检查顺序为先外后内,检查时应认真、仔细,不要有漏检项目。

(2)通电调试

通电调试前,应检查被调试元器件、部件或整机是否短路,观察有无元器件相碰,印制电路板上有无错焊的现象,并检查各类控制开关的位置是否正确,整机绝缘是否良好。最重要的是测量电源输入端是否有短路的现象。操作方法为,用万用表欧姆挡测量输入插头两端的电阻,测得阻值正常时方可以通电。

通电后,观察电源、仪表指示灯工作是否正常,若有异常现象应立即断电排除故障。解决故障后,进入初调:先对电路进行空载调试,即电源系统不带负载的情况下,检修电源指标及数值和波形是否符合设计要求;合格后就可以进入带载调试,即测量并调整电源部分的各项性能指标,如输出电压值、稳压、波纹系数等。如测得的参数符合设计指标则调试完毕,反之就必须对电路中的可调元器件参数进行调整,直到电源系统的性能指标达到最佳值。

另外,还要检修电源插头与电源开关之间、电源插头有绝缘要求的端子及内部电路与机壳之间的绝缘耐压情况。通常耐压等级有 500 V、1 500 V、2 000 V、5 000 V 等。检修时根据产品的工作环境按标准进行。

(3)整机统调

整机统调就是对装配好的整台电子产品进行整体的调试,其最主要的内容是,测试各电路模块之间的输入、输出关系是否正确,电源系统性能良好与否,整机功能、性能是否符合要求,以及各种干扰的排除,等等。

调整好的电路板经安装后,性能参数会受到不同程度的影响。因此,任何一台电子产品在整机装配好后应对各单元电路进行再次测试和调整,以保证单元电路的性能符合整机性能指标的要求。

(4)技术指标测试

按照整机技术指标要求及相应的测试方法测试整机技术指标,并记录测试数据对测试结果进行科学的分析,分析结果是否达到质量技术要求。最后写出调试报告。

7.4　故障检修方法

电器设备故障检修的方法很多,常用的有直接检查法、万用表测量法、波形法、替代法、信号注入法、分割测试法、短路法等。在具体检修时使用哪种方法,要根据电子产品的故障情况而定。只有掌握了各种检修方法，才能在电子产品的维修过程中灵活运用，从而排除故障。

7.4.1 直接检查法

直观检查法就是在不通电或通电的情况下，不依靠电测量而凭感官（手、眼、耳、鼻的感觉）对故障原因进行判断。可分为不通电观察法和通电观察法。

(1)方法步骤

①在不通电的情况下，先观察被修电器面板上的开关、旋钮、度盘、插口、接线柱、指示电表、显示装置、电源插线、熔丝管、插头等有无松脱、错位、卡阻、断线等问题。

②打开机壳盖板，在不通电的情况下，观察内部元器件、零部件、插件、电路连线、电源变压器、排气风扇等有无烧焦变色、漏液变形、发霉、击穿、松脱、开断、脱焊、接触不良等问题。检查印制电路板上的铜箔和焊点是否良好，同时可以用手拔一下元器件、零部件，以便充分检查。

③在以上不通电观察法不能发现问题的情况下，进行通电观察。即在通电的情况下，观察有无打火、冒烟、异味、异常声音发生，用手摸管子、集成电路等是否发烫，如有异常现象应立即关机，找出故障部位。为保险起见，应采用逐步加压通电观察，即采用自耦变压器、串联交流电流表和并联交流电压表，给被检查电器逐步加压至额定工作电压，观察机内有无异常情况发生，一经发现要立即断电进行检修。如在加压不大的情况下，交流电流表指示值已有明显增大，这表明内部有短路故障存在，应立即将自耦变压器输出调至零伏，断开电源，然后分割设备的整流电路、供电支路或分离有疑问的插接式单元，再进行逐步加压测试，当有短路故障的电路或单元被分离时，交流电流表的指示应恢复正常，否则说明电源变压器有短路故障。

在逐步加压通电观察过程中，若自耦变压器输出的交流电压接近设备的额定工作电压[通常取(1±0.1)×200 V]，而交流电压表指示值未超过正常值，则说明仪器内部无短路故障。

(2)注意事项

①通电观察法中交流电流表量程 I_0 可根据下式选定：

$$I_0 \geqslant 2 \times P/U$$

式中，P 为电器设备的功耗；U 为工作电压。

②在修理时不能单纯地只调换损坏元器件，还应进一步查看被修电器设备的电路原因、装配图，搞清损坏元器件所在电路部位及其作用，从而分析导致电器损坏的真正原因，以及可能波及的范围。这样才能查出引起故障的各种因素，一并加以修整，否则，尚有故障因素没有排除，电器设备开机通电时，势必会使更新的元器件又立即损坏。

③在替换损坏元器件时，原则上应使同类型、同规格的元器件，特别对有精度要求的电路，应对置换的元器件性能参数进行测试，以确保与损坏的元器件的电参数一致。

7.4.2　万用表测量法

万用表测量法是指用万用表测量电路中电压、电流、电阻器的量值，从而判断故障的方法。所以，万用表测量法又分为电阻测量法、电压测量法和电流测量法。它是检修电子产品时使用最多的一种方法。另外，检修电子元器件的好坏，往往也是使用万用表来测量的。

7.4.2.1　电阻测量法

电阻测量法是利用万用表欧姆挡，通过检查被测电器电路与地之间的直流值及有关器件的阻值是否正常，来分析故障所在的方法。电阻测量法有“在线”和“脱焊”两种测量方法。

(1)方法要领

①使用万用表的“Ω×1”挡检修通路电阻，必要时应将测试点刮开，焊干净后再进行检修，以防止接触电阻过大，引起测量误差。对插接件检修时，可通过摆动插件来测其接触电阻。若阻值大小不定，说明有接触不良故障。

②使用万用表的“Ω×1 k”或“Ω×10 k”挡检修电容器电容值大小和漏电程度。

③使用万用表的“Ω×1 k”挡检修小功率晶体管，使用“Ω×100”挡检修中功率晶体管，使用“Ω×10”挡检修大功率晶体管。

④使用“Ω×1 k”挡检修电器指示电表的好坏。

(2)注意事项

①不能在电器通电情况下检修各种电阻。

②对电容应该先进行放电，然后再拆下其一端来进行检修。

③对于电阻元件的检修，如果电阻和其他电路有连接，应脱焊被测电阻的一端，然后再进行检修。

④要注意万用表测试笔的极性和电阻挡的选择，以免误判。

⑤用“在线”测量方法时，所测得的阻值受其他并联支路影响，在分析测试结果时应予以考虑，以免误判。

7.4.2.2　电压测量法

检修电器设备的外部交流电压和内部电路直流电压是否正常，是分析故障原因的基础。因此，在检修电器和电子电路调整过程中，应先测量有关电压，这样往往会发现问题，查出故障。

电压测量法就是通过测试被测电器或电子电路各部分电压，与正常值进行对照，从而找出故障所在部位。

在检修过程中，即使已确定了电路故障部位，也还需要进一步测量相关电路中的晶体管、集成电路等各引脚的电压或电路中主要节点的电压值，看是否正常。这对发现损坏元器件、分析故障原因均有帮助。

对于测电流不方便的电路，常测出流过该电流的电阻器的两端电压，然后借助欧姆定律进行间接推算（这种方法又称间接电流测试法）。如半导体三极管电流负反馈放大电路和射极输出器的晶体管静态工作点 I_{CQ}，就常用这种方法测量。但这种方法会有误差，其原因是实际阻值与标称值有一定误差；电阻器长期使用后，阻值会产生变化，尤其是碳膜电阻。

测量被检修电器有关电子线路输入或输出信号电压，以检查动态工作状态是否正常，也属于电压测量法范畴。

(1)方法要领

①选用适当量程交流电压表或直流电压表（通用万用表），测量相应的电源电压。

②选用适当量程和高输入阻抗的电子电压表，测量有关节点或器件电极的工作电压。

③选用适当量程和频率范围的电子电压表测量相关电路的输入、输出信号电压。

④对照正常值找出故障部位。电压偏离正常值较大的地方，往往是故障所在的部位。

(2)注意事项

①应注意直流电压表“＋”“－”极性，以确定电压或电流的方向。

②应注意工作电压的相对测量点：一般是对地线（即对机壳）的，有的是对零伏特选的，有的是电极之间的，需分门别类，仔细测试。

③电子电压表的接入，应注意“高”电位端和“低”电位端的先后次序。即测量时应先接“低”电位端（即地线），后按“高”电位端。测量完毕，应先拆“高”电位端，后拆“低”电位端。

④应注意电压表输入阻抗和频率范围对检修结果的影响。

7.4.2.3 电流测量法

电流测量法是使用万用表的电流挡，通过检修电器或电路的电流值大小来判断电器或电路故障的方法。许多电路都以电流值的大小来确定工作点，因此，测量这些电流值的大小就成为判断电路工作是否正常的重要方法。

(1)方法要领

断开被测器件与印制电路板铜箔或导线，形成测量口，串接入量程适当的电流表，测出电流与正常值进行比较，确定故障部位。在印制电路板上一般用刀片在铜箔上划一道口子，制造测量口。晶体三极管电路中，若测得 I_C 约为零，则说明接管截止；若测得电流很大，则该管可能饱和。

(2)注意事项

①测量切口应该选择合适的位置，以便于测试和测试后修复。

②注意电流表极性，应连接可靠后，再接入电源。

7.4.3　波形法

通过示波器观察被检电路工作在交流状态时各测试点波的形状、幅度、周期等，从而判断交流电路中各元器件是否损坏变质的方法，称为波形观察法，简称波形法。

若采用直观法和万用表测量法均未能确定故障的部位，则可采用波形法了解问题。波形法能检查电路动态功能是否正常，检修结果较前两种方法更为可靠，且较多电器产品说明书中或维修资料中常给出各点波形图，所以波形法是常用的故障检修方法之一。

用波形法检修振荡电路和信号产生电路时，不需外加其他任何信号，而其他被测电路如放大、整形、变频、检波、整流等电路及数字电路则需把信号源的标准信号馈送至输入端。波形法在检修多级放大器增益下降、波形失真、振荡电路、变频、检波及数字电路时应用很广。

(1)方法要领

①使用示波器，从待检修电器的第一级开始，依次向后边的单元电路推移，观察其信号波形是否正常，如哪一级单元电路没有输出波形或波形发生畸变，则可确定故障在这一级。对于复杂的多级电路，可分段检修，以缩小测试范围，加快检修速度。

②使用示波器观察有疑问电路的输入和输出信号波形时，如有输入信号而无输出信号或信号波形发生畸变，则问题存在于被测电路中。

(2)注意事项

①应选用适当带宽和灵敏度的示波器，最好选用具有定量测试功能的示波器，即具有校准的增幅灵敏度、扫描速度、比较电压和时标信号等功能的示波器。

②应该注意示波器输入阻抗对被测电路的影响，必要时应使用 10∶1 固定衰减探头进行检修。

③应注意被测电路中的直流电压对示波器输入端器件的影响。设 U_D 为直流电压值，U_S 为信号电压，U_{max} 为示波器可观测的最大信号电压，则应满足 $U_{max} > U_D + U_S$，否则应采用串接电容器(隔直)的方法。

在用波形法检修复杂电路时，掌握正常运行时各部分电路输入、输出波形或有关节点波形，显得十分重要。检修人员应注意收集相关资料或进行测试记录，并备案存查。

7.4.4 其他方法

在电子产品的实际检修过程中，除上述3种方法外，替代法、信号注入法、分割测试法、短路法等也比较常用。

(1)替代法

替代法又称试换法或代换试验法，就是对于可疑的元器件、部件、插板、插件乃至半机，用同类型的部分试换来查找故障的方法。

在检修电器时，通常先使用相同型号、规格、结构的元器件，印制电路板，插入式单元部件等，暂时替代有疑问的元器件、印制电路板、插入式单元部件。如故障现象消失，说明被替换部分存在问题，然后进一步检查故障产生的原因。这对于缩小检修范围和确定元器件的好坏很有帮助，特别对结构复杂的电器的故障检查最为有效。

此法在下列条件下适用：有备份件；有同类型电器；机内有结构完全一样的零部件。应用此法的直接目的在于缩小故障范围，不一定能立即确定故障原因，但为进一步确定故障原因创造了条件。

(2)信号注入法

信号注入法是将各种信号逐步注入电器设备可能存在故障的有关电路中，然后利用示波器(或其他波形观察仪器)和电压表等测出数据或波形，从而判断各级电路是否正常的一种故障检修办法。

信号注入法适用于不产生信号的电路，如放大器电路、整形电路、检波器、计数器等，以及由功能不同、信号不同的电路组成的电器的检修。

信号注入法检修故障一般分两种：一种是顺向寻找法，即把电信号加在电路的输入端，然后再利用示波器或电压表测量各级电路的波形和电压等，从而判断故障部位；另一种是逆向检查法，就是把示波器、电压表接在输出端上，然后从后向前逐级加电信号，从而查出故障部位。

(3)分割测试法

分割测试法也叫断路法，就是把可疑部分从整机电路或单元中断开，使之不影响其他部分的正常工作，看故障现象是否消失。如消失，则故障原因通常就在被切开的电路处。

有的电器电路比较复杂，涉及元器件较多，因而受影响的因素也很多；有些闭环电路，如逻辑控制电路等，是由多个单元电路首尾衔接而成的，因而相互牵制。这样的电路发生故障时，采用分割法进行检修更为便捷。例如，对于有多路负载的电源故障，就可以采用“断路法”来分离有疑问的元器件、单元电路、供电支路，以判断其对故障现象的反应或单独检修其功能是否正常，这样就能迅速确定故障的部位和原因。

(4)短路法

短路法又称交流短路法、电容旁路法,即利用电容器对交流阻抗小的特性,将被测电路中的信号(对机壳)短路,以观察其对故障现象的反应。这种方法对于噪声、干扰、自激振荡等故障的判别简便迅速。

第8章　电子技术文件

从事电子技术工作离不开各种各样的电气图,如电路图、逻辑图、方框图、流程图、印制板图、装配图等,以及各种技术表格、文字等,这些图、文、表统称为技术文件。了解技术文件的组成、要求及特性,准确识别、正确绘制、灵活运用是掌握电子技术的重要环节。

8.1　电子技术文件概述

电子技术文件对所有领域电子技术工作都非常重要。但由于工作性质和要求不同,形成专业制造和普通应用两类不同的应用领域。

8.1.1　应用领域

专业制造是指专业从事电子产品规模生产的领域。在这里,产品技术文件具有生产法规的效力,必须严格执行统一的标准,生产部门完全按图纸进行工作,技术部门分工明确,等级森严,各司其职,各管一段;一张图一旦通过审核签署,便不能随便更改,即使发现错误,操作者也不能改动。技术文件的完备性、权威性和一致性表现得淋漓尽致。

普通应用泛指除专业制造以外所有应用电子技术的领域,包括学生电子实验设计、业余电子科技活动、企业技术改革等。在这里,技术文件始终处于不断完善的过程。单件、小批量作坊式生产模式,使技术文件的严肃性和权威性大打折扣;一个小组甚至一个人,既搞设计,又管工艺,甚至采购、制作、调试一条龙,技术文件的管理具有很大随意性,文件的编号、图纸的格式很难正规和统一。这里的技术文件与专业制造领域差别是很大的。

虽然专业制造领域电子技术文件的完备、标准和严谨无可挑剔,但如果用来要求普通应用领域则不现实。单是技术组织结构就没有可比性。因此,在普通应用领域中对技术文件有自己的要求和特点。除8.2节“产品技术文件”简要介绍专业制造领域之外,其余内容都是针对普通应用的。

8.1.2　基本要求

技术文件包括表格和文字,基本要求是对电子技术普通应用领域而言的。

(1)共同语言

技术文件是用规定的“工程语言”描述电路设计内容,表达设计思想,指导电子实践活动和传递信息的媒体。这种语言的“词汇”就是各种图形符号及标记,其“语法”则是有关图形、符号、标记的规则及表达方式。

词汇不规范,表达不合语法,相互交流便没有“共同语言”。如同推广普通话,规范语言不是针对语言文字工作者,而是所有使用汉语的人群一样,要求按国家标准使用工程语言,对象是所有从事电子技术工作的人员,也包括学生和电子爱好者。

(2)科学作风

学习和从事电子技术工作,要养成严谨的科学作风,一块集成电路,一个三极管,如果不按规定接线电路就无法正常工作甚至烧坏器件,同理,图形符号不合规范,标注不按规定,绘制的图纸就无法正常交流甚至贻误工作。特别要杜绝那些小范围流行的“自定标准”,以及随意篡改国家标准的做法。

(3)应变能力

在我们强调严格执行国家标准的同时,必须正视在一定范围内有不少不符合国标的图形符号、标记存在的现实。

一方面由于国际交流开放,非国标的图形符号、标记不仅大量见于译著,而且也出现在专业报刊中;另一方面由于语言的“惯性”及“约定俗成”的性质,某些虽不符合标准但流行广泛且不会误解的图形、符号、标记很难“纠偏”。要求与现实有差距,作为一种应变能力,面对比比皆是的资料和书刊,应该能读懂各种各样的图纸,包括那些虽不规范但人们已“习以为常”的内容。这就是为什么我们还要介绍各种非国标的图形、符号和规则的原因。

8.1.3　分类及特点

8.1.3.1　电子技术图的分类

电子技术图(请注意这里说的“技术图”包括图、表格和文字,为叙述方便统称“图”)按使用功能可分为原理图和工艺图两大类。图 8-1 是电子技术图的组成示意图,其中有“Δ” 标记的为产品必备技术资料。

另一种分类方式是按专业制造厂的技术分工将图分为设计文件和工艺文件两大类,因为在专业制造厂设计和工艺是两个不同的技术部门,就像 8.2 节所介绍的那样。但对普通应用领域来说,更具实际意义的分类是按电子技术图本身特性,分为工程性图表和说明性图表两大类。在图 8-1 中,有“○”标记的为工程性图表,其余为说

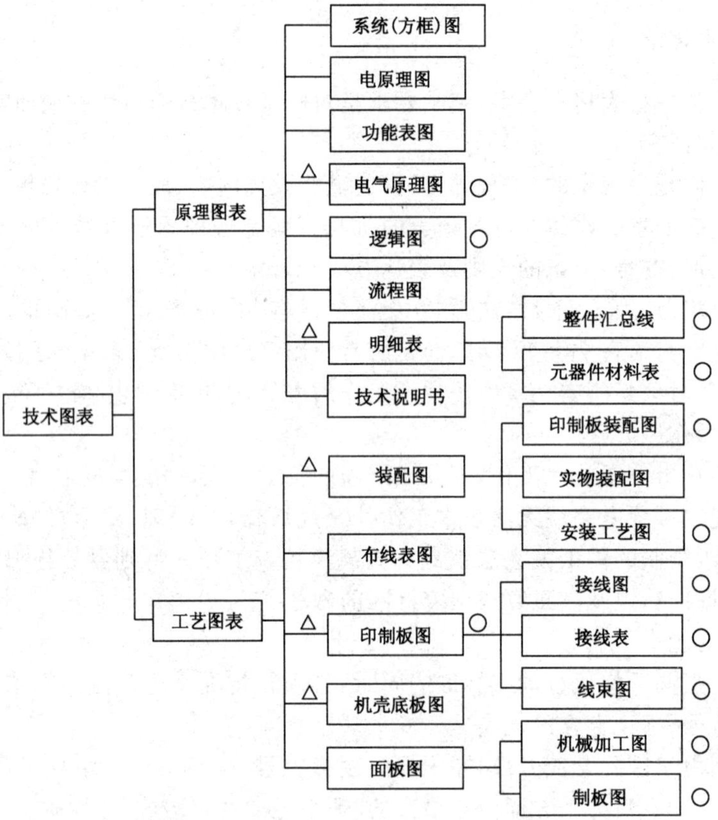

图 8-1　电子技术图的组成示意图

明性图表。

8.1.3.2　工程性图表特点

之所以用“工程性图表”的名称，是因为这一类图是为产品的设计、生产而用的，具有明显的“工程”属性。这一类图最大特点：一是严格“循规蹈矩”，不允许丝毫灵活机动；二是这类图是企业的技术资产，除产品说明书外一般不对外公开。

(1)随着电子科学技术的发展，不断有新的元器件、组件涌现，因此，不断有新的名词、符号和代号出现。

(2)集成电路、大规模集成电路、超大规模集成电路，以及微组装混合电路等高度集成化的技术，使一片电路具有成千上万个分立器件才能达到的电路功能，传统的象形符号已不足以表达其结构及功能，象征符号大量采用。

(3)除部分图具有机械工程图(如机壳图、印制板机械加工图等)特点外，大部分电子技术图以表达元器件、部件及电路各部分之间相互连接关系为主，它们在空间的实际距离和位置则是次要的，这一点同其他工程图有很大区别。

(4)电子技术图在不产生误解的前提下尽量追求简化，本章提及的一些简化图仅是很少部分，随着电子技术的发展，简化图的发展。

(5)说明性图有较大灵活性。可根据需要将框图、原理图、功能表图及实物图穿插应用，也可在图中标明元器件型号、规格等具体参数。

8.2　产品技术文件

产品技术文件包括设计文件、工艺文件和研究试验文件等，是产品从设计、制造、检验到储运，从销售服务、使用到维修全过程的基本依据。

8.2.1　产品技术文件特点

产品技术文件是企业组织和实施产品生产的“基本法”，规模化生产组织和质量控制对产品技术文件有严格的要求。

(1)严格的标准(执行国标)

标准化是产品技术文件的基本要求。标准化的依据是关于电气制图和电气图形符号的国家标准。这些标准是：

电气制图 GB 6988. X－86 共 7 项；

电气图形符号标准 GB 4728. X－8X 共 13 项；

电气设备用图形符号 GB 5465. X－85 共 2 项；

相关标准 GB 5094－85 等 5 项。

上述标准详细规定了各种电气符号、各种电气用图以及项目代号文字符号等，覆盖了技术文件各个方面。标准基本采用 IEC 国际标准，考虑了技术发展的要求，尽量结合国内实际，具有先进性、科学性、实用性和对外技术交流的通用性。

产品技术文件要求全面、严格执行国家标准，不能有丝毫的“灵活”或另外标准。“企业标准”只能是国家标准的补充或延伸，而不能与国家标准相左。技术成果的验收，产品的鉴定，都要进行标准化审查。

(2)严谨的格式

按照国家标准，工程技术图具有严谨的格式，包括图样编号、图幅、图栏、图幅分区等。其中，图幅、图栏等采用与机械图兼容的格式，便于技术文件存档和成册。

(3)严明的管理

产品技术文件由企业技术管理部门进行管理，涉及文件的审核、签署、更改、保密等方面，都由企业规章制度约束和规范。

例如，一张正式投入产品生产的图纸，要有设计、复核、工艺、标准化技术负责人的签字，并由制图及描图工作者签字，经技术管理部门批准才有效，这种签署的底图由专门技术部门保管，在生产线上流通的是复制图(复印或晒制)。技术文件的任何更改都须由技术负责人签字并作标记才有效力。

技术文件中涉及核心技术的资料，特别是工艺文件，是一个企业的技术资产。对技术文件进行管理和不同级别的保密是企业自我保护的必要措施。

8.2.2 设计文件

设计文件是由企业设计部门制定的产品技术文件，它规定了产品的组成、结构、原理，以及产品制造、调试、验收、储运全过程所需的技术资料，也包括产品使用和维修资料。

(1)产品分级及设计阶段

电子产品根据结构特征分为 8 级，见表 8-1。

表 8-1 电子产品分级代号

级的名称	成套设备	整件	部件	零件
级的代号	1	2,3,4	5,6	7,8

(2)设计文件分类(图 8-2)

- 按表达内容
  - 图样(以投影关系绘制的图)
  - 简图(图形符号为主)
  - 文字表格
- 按使用特征
  - 草原
  - 原图
  - 底图
    - 基本底图
    - 副底图
    - 复制底图

图 8-2 设计文件分类

(3)设计文件组成及完整性

设计文件必须完整成套。一般按产品技术特征分为 10 级，每级分为 10 类，每类分为 10 型，每型又分为 10 种(均为数字 0～9)，特性标记前加企业代号，特征标记后加 3 位数字表示登记号，最后是文件简号(拼音字母)。

8.2.3 工艺文件

工艺文件是具体指导和规定生产过程的技术文件。它是企业实施产品生产、产品经济核算、质量控制和生产者加工产品的技术依据。

8.2.3.1　工艺简介

工艺,简单地说是将原材料或半成品加工成产品的过程和方法,是人类在实践中积累的经验总结。将这些经验总结以图形设计表述出来用于指导实践,就形成工艺文件。

工艺管理则是企业在一定生产方式和条件下,按一定原则和方法,对生产过程进行计划、组织和控制。严格科学的工艺管理是实施工艺文件的保证。

工艺工作内容包括两个阶段。

(1)产品试制阶段:设计方案讨论,审查产品工艺性,拟定工艺方案和工艺路线,编制工艺文件和工艺初审,处理生产技术问题,工装设计和试验制造,关键工艺试验,工艺最终评审,修改工艺文件。

(2)产品定型阶段:设计文件的工艺性审定,编制工艺规程,编制定型工艺文件,工艺文件编号归档。

8.2.3.2　工艺文件分类

工艺文件分为工艺管理文件和工艺规程两大类。

工艺管理文件有工艺路线表,材料消耗工艺定额表,专用及标准工艺装备表,配套明细表等。

工艺规程按使用性质有专用工艺,通用工艺,标准工艺(典型工艺细则);按专业技术有机械加工工艺卡,电气装配工艺卡,机线接线工艺卡,绕线工艺卡等。

8.2.3.3　工艺文件内容

一般工艺文件包括的内容见表 8-2。

表 8-2　工艺文件完整性表

序号	工艺文件名称	模样阶段	初样阶段	试样阶段	定型阶段
1	工艺总方案		△	△	△
2	工艺路线表	+	○	△	△
3	工艺装备明细表		○	△	△
4	非标准仪器、仪表、设备明细表		○	△	△
5	材料消耗工艺定额明细表	+	○	○	△
6	辅助材料定额表		+	+	△
7	外协件明细表		+	+	+
8	关键、重要零、部件明细表		○	△	△
9	关键工序明细表	○	○	△	△
10	生产说明书		+	△	△

续表

序号	工艺文件名称	模样阶段	初样阶段	试样阶段	定型阶段
11	各类工艺过程卡片	+	○	△	△
12	各类工艺卡片		○	△	△
13	各类工序卡片		○	△	△
14	各类典型工艺(工序)卡片		+	+	+
15	毛坯下料卡片		+	+	+
16	检验卡片		○	△	△
17	产品工艺性分析报告		△	△	
18	专题技术总结报告		△	△	△
19	工艺评审结论		△	△	△
20	工艺定型总结报告				△
21	专用工艺装备设计文件	+	△	△	△
22	非标准设备设计文件		△	△	△
23	工艺文件目录		+	△	△

8.3 图形符号及说明

电气图形符号和有关字符是绘制电子技术图的基础。熟悉常用图形符号及标注，了解有关图形符号的规定及习惯用法，对于正确识别和绘制电子技术图是非常必要的。

8.3.1 常用符号

电气图形标准符号由 GB 4728 标准规定，本书附录 A 和 B 是常用符号要素、限定符号及常用图形符号。附录 C 是国家标准符号与国际电工委员会及日、德、英、美等国标准符号对照。这些符号在报刊和国外资料中屡见不鲜，当直接采用国外 CAD 软件绘制电气图形时也需要同国家标准对照。标准图形符号可用电子或电工模板绘制。另外，采用符合 GB 4728 标准构造的元件库也可直接得到标准图形。

8.3.2 有关符号的规定

(1)符号所处位置及线条粗细不影响含义。

(2)符号大小不影响含义，可以任意画成一种和全图尺寸相配的图形，但在放大或缩小时，图形本身各部分应按比例放大或缩小，如图 8-3 所示。

(3)在元器件符号端点加上“o”不影响符号原义，如图 8-4(a)所示。但在逻辑元

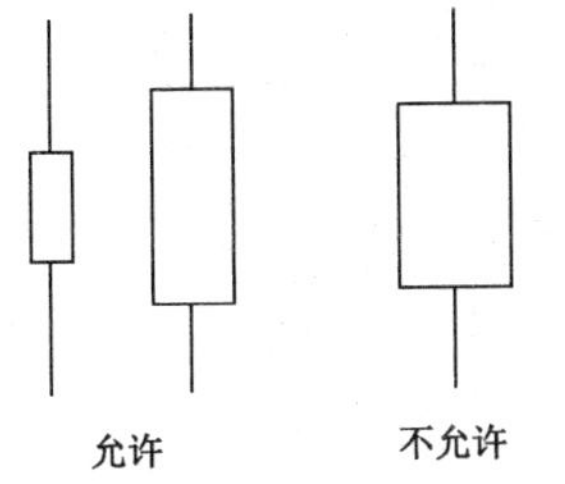

图 8-3　图形符号比例

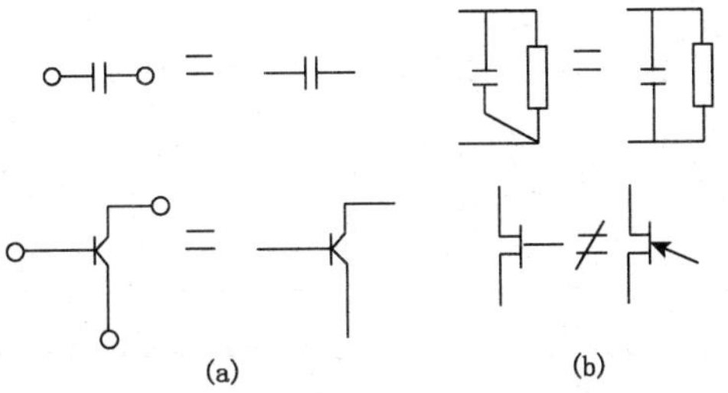

图 8-4　符号规定示例

件中，“o”另有含义。

(4)符号的连线画成直线或斜线，不影响符号本身含义，仅符号本身的直/斜线不能混淆。如图 8-4(b)所示。

8.3.3　元器件代号

在电路图中的元器件符号旁，一般都标上文字符号，作为该元器件的代号。这种代号只是附加的说明，不是元器件图形符号的组成部分。

在用 CAD 绘制电路图时，每个元器件都要求输入一个唯一的字符作为该元器件的标号。该标号可以更改，但同一张图中不得重复，在相关的 PCB 图和元器件表中也都代表该元器件。

习惯上往往用元器件名称的汉语拼音或英语名称字头作为元器件的代号，例如 CT(插头)、CZ(插座)、D(二极管)等。在国家标准中规定了统一的文字符号。

不同国家元器件代号不同，例如三极管有 T，Tr，Q 等代号，运算放大器有 A，OP，U 等代号。好在这些文字符号只是附属记号，一般不会产生误解。在我们设计的电路中还应该按国标标注。

8.3.4　下脚标码

(1)同一电路图中，元器件都有序号，如 R_1，R_2……，V_1，V_2……。

(2)电路由若干单元电路组成，一般前面缀以标号：

$1R_1$，$1R_2$……$1V_1$……

$2R_1$，$2R_2$……$2V_1$……

(3)一个元器件有几个功能独立单元时，标码后再加附码，如图 8-5 所示，为一个三极三位开关的下脚标码。

8.3.5　元器件参数标注

在电子技术图中，工程用图一般在电路图中只标代号，元器件型号和规格参数是

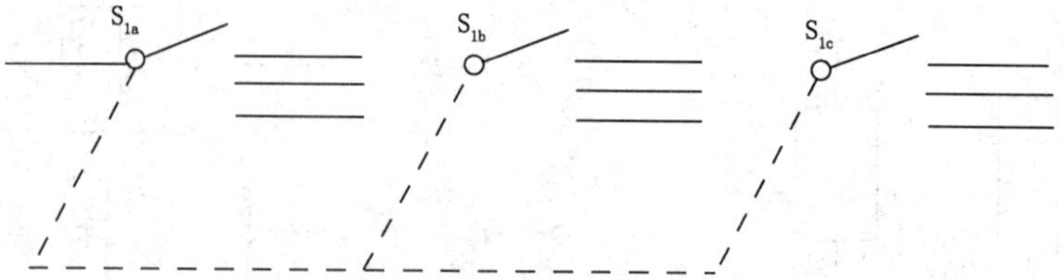

图 8-5　三极三位开关下脚标码

在元器件明细表中详细说明。在说明性图中，一般需要将元器件型号规格等标出。标注的原则如下。

(1)尽量简短

电路图中符号已经表达了主要信息，文字只要附加必要的信息即可，如集成电路、半导体分立器件型号、阻容元件阻值和容量等。

阻容元件标注时一般将过长的数字去掉，以求简短。例如，1 000 pF 标为 1 n，1 000 Ω标为 1 kΩ 或 1 k。有时在电解电容中注明电压，一般用"/"分开，如 100 μ/6 V 或 16 V/100 μ 均可。

(2)取消小数点

小数点在图中容易忽略或误读，电路中用字母单位取代小数点既简短又不容易读错。

例：4.7 μ 标为 4μ7　　　0.1 μ 标为 μ1

　　4.7 k 标为 4k7　　　0.1 Ω 标为 Ωl

由于计算机绘图时键盘上没有"Ω"和"μ"，也可用"R"代"Ω"，"u"(小写)代"μ"，这已经得到普遍认可。

例：3.3 μ→3u3

　　3.3 Ω→3R3

(3)省略

在不引起误解的条件下，对元器件标注省略可使电路图简洁、清晰。例如，一般电路图中默认将电阻单位"Ω"省略，电容"F"省略，如图 8-6 所示。

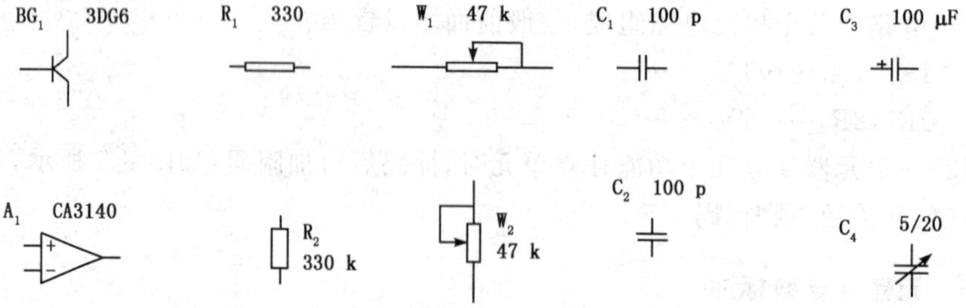

图 8-6　元器件标注举例

当然这种默认也可通过少量文字规定。例如，某电路图有50只电容，其中45只单位为μ，5只为p，则我们可将"μ"省略，而在图中加附注"所有未标电容单位为μ"。

8.4　原理图简介

用图形符号和辅助文字表达设计思想，描述电路原理及工作过程，这一类图统称原理图，是电子技术图的核心部分。

8.4.1　系统图

系统图习惯称方框图或框图，是一种使用非常广泛的说明性图形，它用简单的"方框"代表一组元器件、一个部件或一个功能块。用它们之间的连线表达信号通过电路的途径，或电路的动作顺序，具有简单明确、一目了然的特点。图8-7是普通超外差收音机的方框图，它使我们一眼就可看出电路的全貌、主要组成部分、各级的功能等。

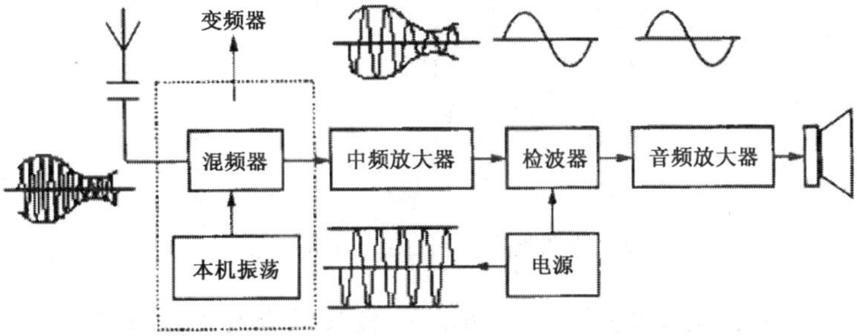

图8-7　超外差收音机方框图

有了方框图，对了解电原理图非常有用。因此，一般比较复杂的电路图都附有方框图说明。绘制方框图，一定要在方框内注明该方框所代表电路的内容或功能，方框之间的连线一般应带箭头表示信号流向。方框图也可以和其他图组合以表达一些特定内容。

8.4.2　电路图

电路图也称电原理图、电子线路图，表示电路的工作原理。它使用各种图形符号，按照一定的规则，表达元器件之间的连接及电路各部分的功能。它不表达电路中各元器件的形状或尺寸，也不反映这些元器件的安装及固定情况，因而，一些辅助元件如加紧固件、接插件、焊片、支架等组成实际仪器不可缺少的东西在电路图中都不必画出。

电路图主要由图形符号和连线组成。图形符号前面已经介绍过了，下面主要介绍连线、省略画法及原理图绘制。

8.4.2.1 电路图中的连线

连线有实线和虚线两种。

(1)实线

在电路中元器件之间的电气连接，是通过图形符号之间的实线表达的。为使条理清楚、表达无误，应注意以下特点。

①连线尽可能画成水平或垂直线，斜线不代表新的含义。在说明性电路图中，有时为了表达某种工艺思路，特意画成斜线表示电路接地点位置和强调一点接地，如图8-8所示。

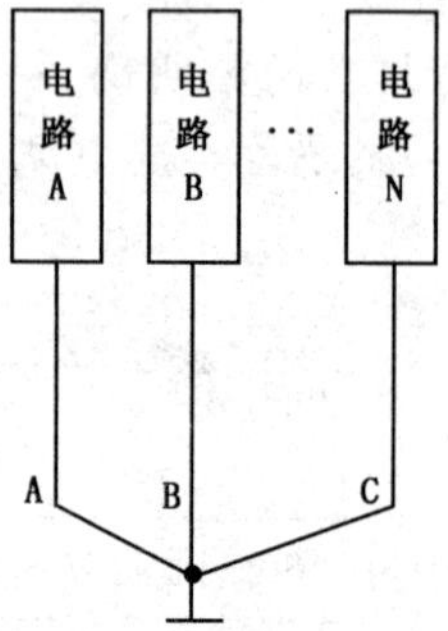

图 8-8 说明性电路图(斜线表示接地于一点)

②相互平行线条之间距不小于1.6 mm；较长线应按功能分组画，组间应留两线间距离，如图8-9(a)所示。

③一般不要从一点上引出多于3根的连线(图8-9(b))。

④线条粗细如果没有说明，不代表电路连接的变化。

⑤连线可以任意延长和缩短。

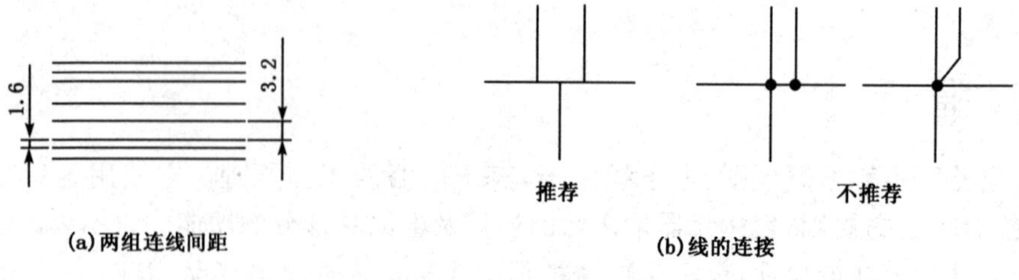

图 8-9 实线的间距和连接

(2)虚线

在电路图中虚线一般是作为一种辅助线,没有实际电气连接的意义。虚线有以下几种作用。

①表示元件中的机械联动(图 8-10)。

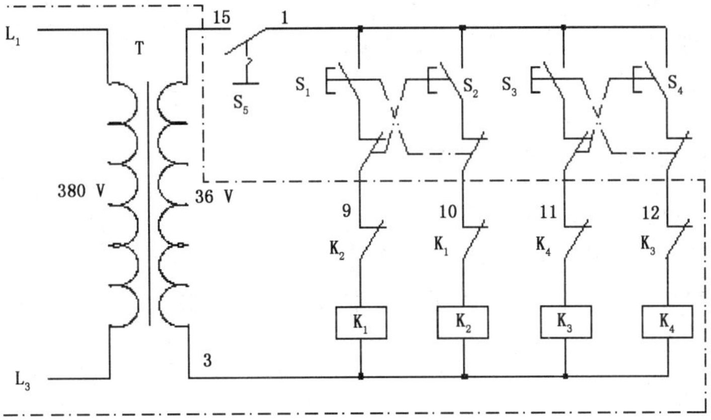

图 8-10　虚线表示机械联动

②表示封装在一起的元件(图 8-11)。

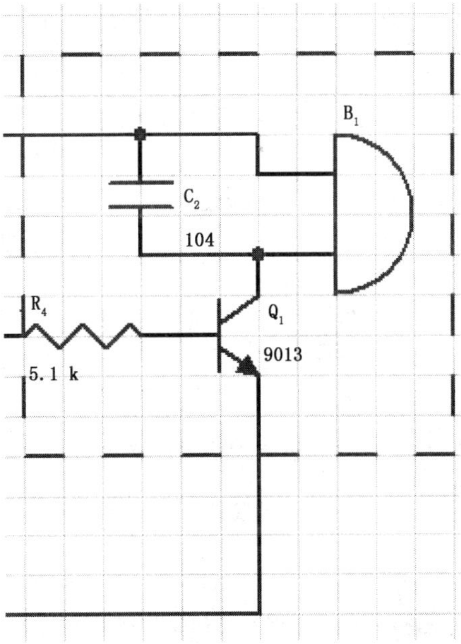

图 8-11　封装在一起的元器件

③表示屏蔽(图 8-12)。

图 8-12　用虚线表示屏蔽

④其他作用,如单元之间的分隔。

8.4.2.2　电路图中的省略与简化

有些比较复杂的电路中,如果将所有连线和接点都画出,则图形过于密集,线条多反而不易看清楚。因此,人们都乐于采取各种办法简化图形。很多省略已为大家公认,使画图、读图都很方便。

(1)线的中断

某些在图中离得较远的两个元器件之间的连线,可以不画到最终去处,而用中断的办法表示,特别是成组连线,可大大简化图形,如图 8-13 所示。

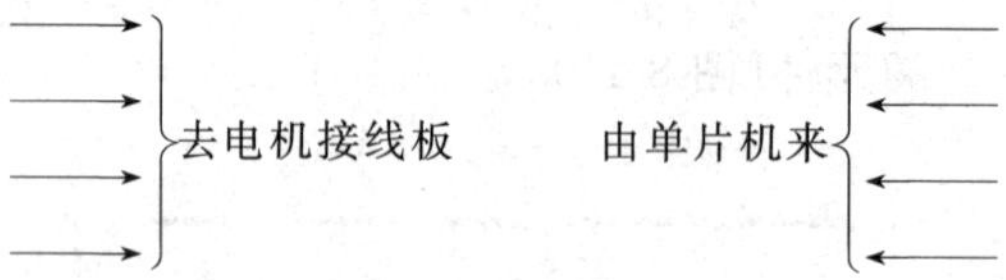

图 8-13　线的中断

(2)用单线表示多线

成组的平行线可用单线表示,线的交汇处用一短斜线表示,如图 8-14 所示,并用数字标出代表的线数。

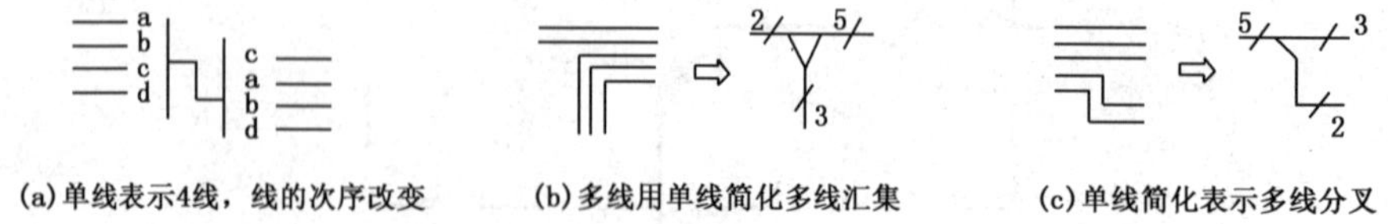

图 8-14　单线表示多线示例

(3)电源线省略

在分立元器件中,电源接线可以省略,只标出接点(图 8-15)。而在集成电路中,由于管脚及使用电压都已固定,所以往往把电源接点也省去(图 8-16)。

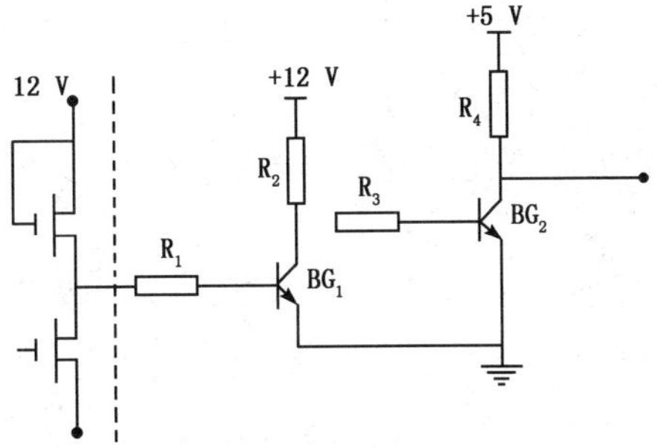

图 8-15　电源线省略

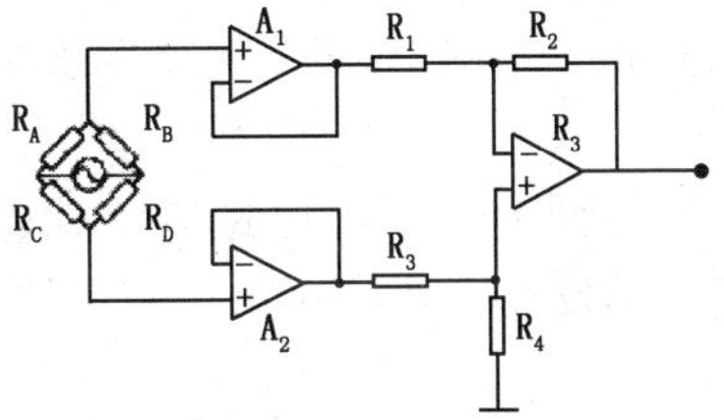

图 8-16　集成电路图中的省略

(4)同种元器件图形简化

在数字电路中,有时重复使用某一元器件,而且功能也相同,可以采用如图 8-17 的表示方法。图中从 R_1 到 R_{21} 共 21 支电阻,从阻值到它们在图中的几何位置都相同。

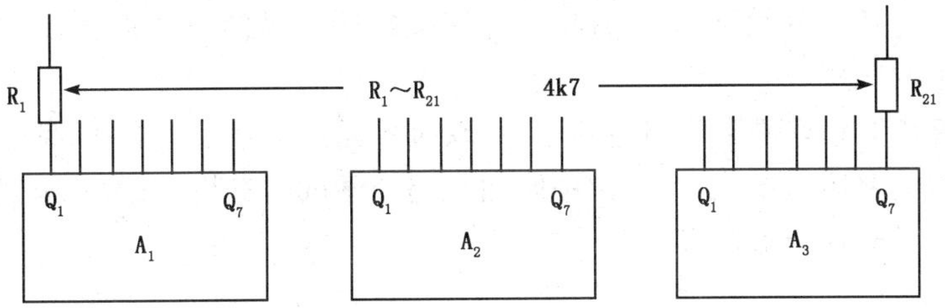

图 8-17　同种元器件省略

(5)功能块简化

在复杂电路图特别是数字电路中,会遇到从电路形式到功能都相同的部分,可采用图 8-18 的方式简化,这种情况下,应该确认不会发生误解,必要时可以加附注。

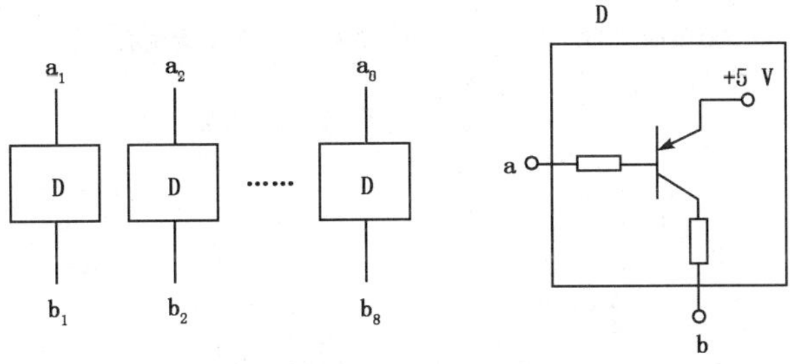

图 8-18　功能块省略画法

8.4.2.3　电路图的绘制

绘制电路原理图时，要注意做到布置均匀、条理清楚。

(1)正常情况下，电信号是从左到右、从上而下的顺序，即输入端在左上、输出端在右下。

(2)各图形符号的位置应体现电路工作时各元件的作用顺序。图 8-19 中运放 A_4 是作为反馈回路将输出信号反馈到输入端，故方向与 A_1，A_2，A_3 不同。

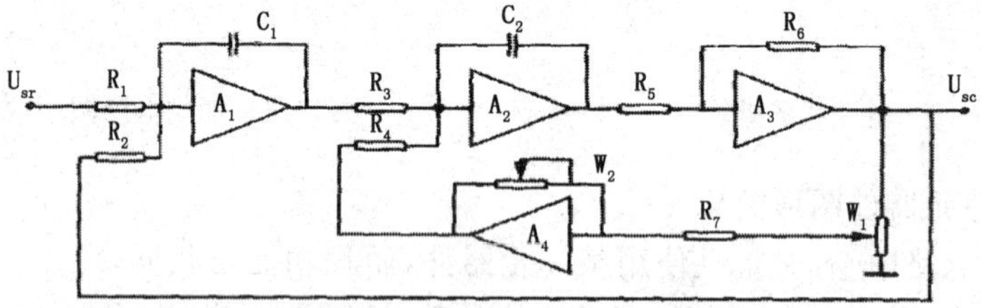

图 8-19　图形位置与作用(控制系统模拟电路)

(3)复杂电路分单元绘制时，各单元电路应标明信号的来龙去脉，并遵循自左至右、从上而下的顺序。

(4)元件串联最好画到一条直线上，并联时各元件符号中心对齐，见图 8-20。

(5)根据电路图需要，也可在图中附加一部分调试或安装信息，如测试点电压值、波形图、某些元器件外形图等。

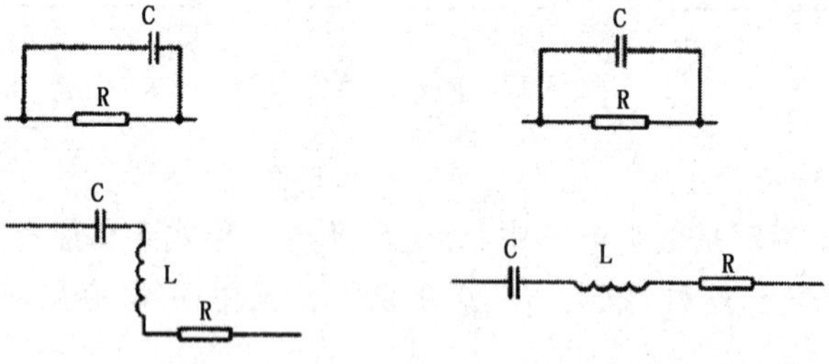

(a)不推荐画法　　(b)推荐画法

图 8-20　元器件串并联时位置

8.5　工艺图简介

工艺图大部分属于工程图的范畴，主要用于产品生产，是生产者进行具体加工、制作的依据，也是企业或技术成果拥有者的技术关键。

8.5.1　实物装配图

实物装配图是工艺图中最简单的图，它以实际元器件形状及其相对位置为基础画出产品装配关系。

这种图一般只用于教学说明或为初学者入门制作说明。但与此同类性质的局部实物图则在产品装配中仍有使用，图 8-21 所示，为某仪器上波段开关接线图，由于采用实物画法，装配时一目了然，不易出错。

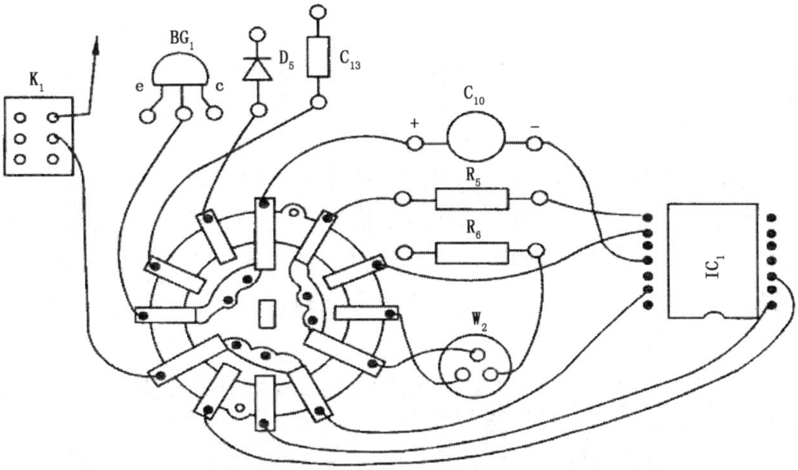

图 8-21　实物装置图

8.5.2　印制板图

这是电子工艺设计中最重要的一种图。关于印制板设计已在第 3 章详细讨论过，需要强调的是某些元器件在送出加工时应注意安装尺寸，必要时注明公差，类似机械图。如图 8-22 所示，插座在印制板上穿孔安装，插针间距为 2.54 mm，设插孔在绘图时孔间距有 0.05 mm 的误差，这是很容易忽略的。但到第 50 个孔时，就会有 $0.05 \times 49 = 2.45$ mm 几乎一个孔的误差，就意味着这个插座无法装到印制板上。因此，在加工时，不仅要控制每个孔的距离，还要注意误差积累。采用图中的标注就可以避免上述漏洞。

8.5.3　印制板装配图

印制板装配图是供焊接安装工人加工制作印制板的工艺图。这种图有两类，一类是将印制板上导线图形按板图画出，然后在安装位置加上元器件，如图 8-23 所示。

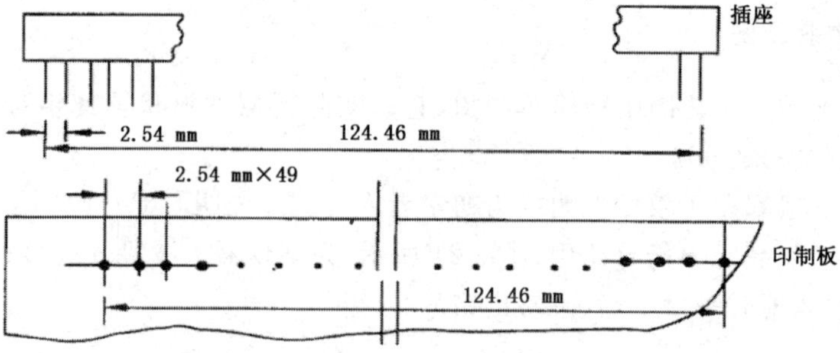

图 8-22　印制板上的尺寸标注

绘制这种安装图时要注意：

(1)元器件可以用标准符号，也可以用实物示意图，也可混合使用；

(2)有极性的元器件，如电解电容极性、晶体管极性一定要标记清楚；

(3)同类元件可以直接标参数、型号，也可标代号，另附表列出代号内容；

(4)特别需说明的工艺要求，例如焊点大小、焊料种类、焊后保护处理等要求应加以注明。

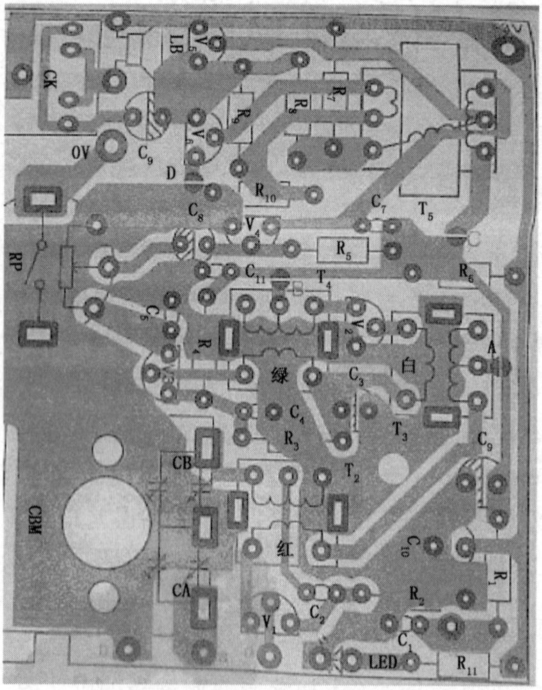

图 8-23　印制板装配图(一)

另一类印制板装配图不画出印制导线的图形，只是将元件作为正面，画出元器件外形及位置，指导装配焊接。如图 8-24 所示。这类电路图大多以集成电路为主，电路元器件排列比较有规律，印制板上的安装孔也比较有规律，而且印制板上有丝印的元器件标记，对照安装图不会发生误解。

绘制这种安装图要注意以下几点：

(1)元器件全部用实物表示，但不必画出细节，只绘制外形轮廓即可；

(2)有极性或方向定位的元件要按实际排列时所处位置标出极性和安装位置，如图 8-24 中的 C_7，J_2，J_8 等；

(3)集成电路要画出管脚顺序标志，且大小和实物成比例；

(4)一般在每个元件上标出代号；

(5)某些规律性较强的器件，如数码管等，也可采用简化表示方法。

当采用计算机设计印制板图时，大多数情况下可同时获得印制板装配图。

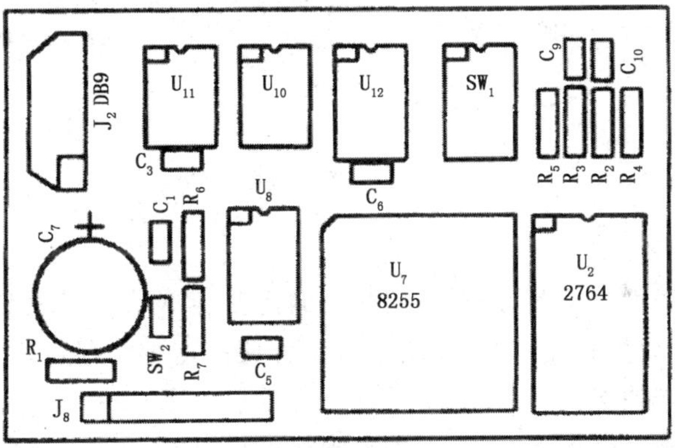

图 8-24　印制板装配图(二)

8.5.4　布线图

布线图是用来表示各零部件相互连接情况的工艺接线图，是整机装配时的主要依据。常用的有直连型、简化型、接线表等。其主要特点及绘制要点如下。

(1)直连型接线图

这种接线图类似于实物图，将各个零部件之间的接线用连线直接画出来，这对简单仪器既方便又实用。应注意以下 3 点。

①由于布线图所要表示的是接线关系，因此，图中各零件主要画出接线板、接线端子等同连接线有关的部位，其他部分可简化或省略。同时，也不必拘泥于实物比例，但各零部件位置、方向等一定要同实际所处位置、方向对应。

②连线可用直线表示，也可用任意线表示，但为了图形整齐，大多数情况下都采用直线。

③图中应标出各导线的规格、颜色及特殊要求。如果不标注，就意味着由制作者任选。

图 8-25 所示是一个仪器面板的实体接线图。

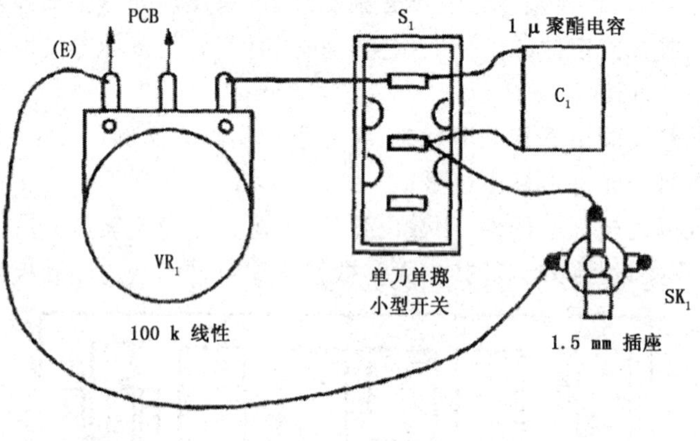

图 8-25　实体接线图举例

(2)简化接线图

直连型接线图虽有读图方便、使用简明的优点，但对复杂产品来说不仅绘图非常费时，而且连接线太多且相互交错，阅图也不方便。这种情况可使用简化型接线图。这种图的主要特点如下。

①装接零部件以结构形式画出，即只画简单轮廓，不必画出实物。元器件可用符号表示，导线用单线表示。与接线无关的零部件无须画出。

②导线汇集成束时可用单线表示，结合部位以圆弧 45°角表示。表示线束的线可用粗线表示，其形状同实际线束形状相似。

③每根导线的两端应标明端子号码，如果采用接线表，还应该给每条线编号。简单图也可以直接在图中标出导线规格、颜色等要求。

(3)接线表

上述接线图也可用接线表来表示。如图 8-26 所示，先将各零部件标以代号或序号，再编出各零部件接线端子的序号，这种方法在较大批量生产中使用较多。

8.5.5　机壳底板图

这种图是表达机壳、底板安装位置的，应按机械制图标准绘制，图 8-26 是某底板加工图。机壳、面板的尺寸，应该采用标准尺寸系列。在“电子设备主要结构尺寸”

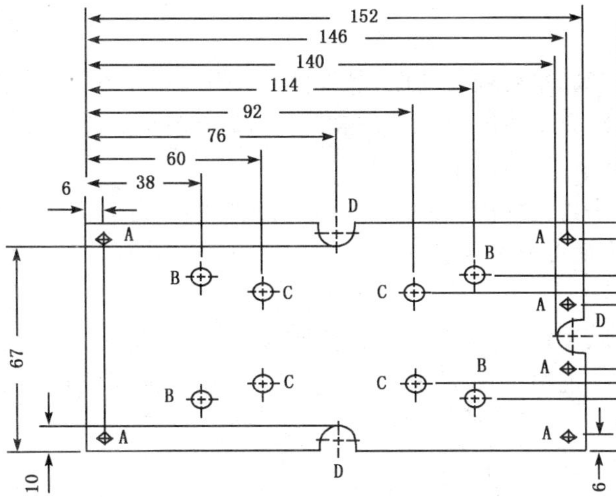

代号	数量	孔径
A	6	3.0
B	4	5.0
C	4	6.0
D	3	(R)5.5

图 8-26　机壳机械加工图例

(SJ147—77)中已经制定了标准。

在电子仪器外壳图的表达中，常常采用一种等轴图（图 8-27），这种图可以使我们对整个机壳外形一目了然，起到视图表达的补充及说明作用。其特点是：

(1)实物的平行线条在等轴图上也是平行的，这同摄影图不一样；

(2)等轴图 X,Y,Z（长、宽、高）3 个方向的线长都等于实物长度；

(3)实物的 Z 方向（垂直）与等轴图相同，而 X,Y 方向则变成同水平线方向成 30°角的线。

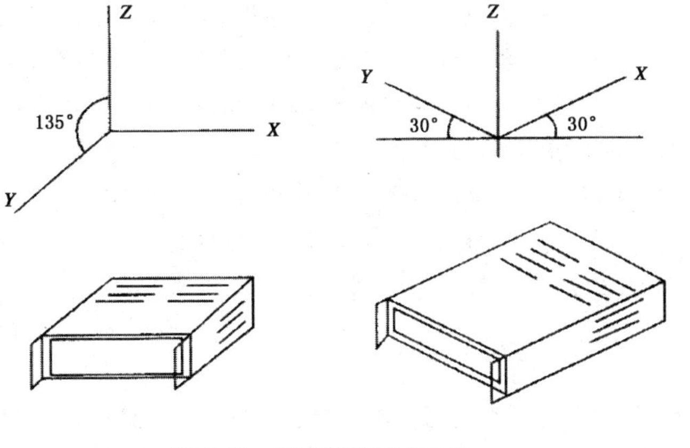

图 8-27　机壳等轴图表示法

8.5.6 面板图

面板图是工艺图中要求较高、难度较大的图，既要实现操作要求，又要讲究美观悦目。将工程技术人员的严谨、科学态度同工艺美术人员的审美观点结合起来，才能使设计出来的面板图达到上述要求。

关于面板的设计，不是本章讨论的内容。这里讨论的是如何绘制出符合加工要求的合格的面板图。面板图由两部分组成。

(1)面板机械加工图

它表达面板上安装的仪表、零部件、控制件等的安装尺寸、装配关系以及面板同机壳的连接关系。这种图要以机械制图要求进行绘图。面板加工图应说明以下内容：

①面板外形尺寸；

②安装孔尺寸，机械加工要求；

③材料、规格；

④文字及符号位置、字体、字高、涂色；

⑤表面处理工艺及要求、颜色；

⑥其他需要说明内容，如某孔需配打、附配件等。

(2)面板操作信息

面板上用图形、文字、符号表达的各种操作、控制信息。它要求准确、简练，既要符合操作习惯，又要外形美观。

简单的面板图，面板操作信息可以和机械加工图画在一起，较复杂的面板这两种图需要分别绘制。面板文字图形的表达要注意以下几点。

①文字符号(汉字、拼音、数字等)的大小应根据面板大小及字数多少来确定。同一面板上同类文字大小应当一致，文字规格不宜过多。字高应符合标准。

②非出口仪器面板上文字表达应符合国家标准要求(见附录 C)，并考虑国内用户习惯，说明文字应尽量简单明确。

③控制操作件的说明文字位置要符合操作习惯。例如，一个竖直工作的面板上，如果操作钮名称在下面或右面，在操作时很容易被遮住。

④控制件操作方向要符合习惯方向。图 8-28 是几个常见例子。

8.5.7 元器件明细表及整件汇总表

对非生产图纸，我们可将元器件型号、规格等标在电路原理图中并加适当说明即可。而对生产图纸来说，就需要给出采购及计划人员用的元器件明细表。必须注意的是，因为使用这个表的人对设计者思路并不了解，他们只是照单采购，所以明细表

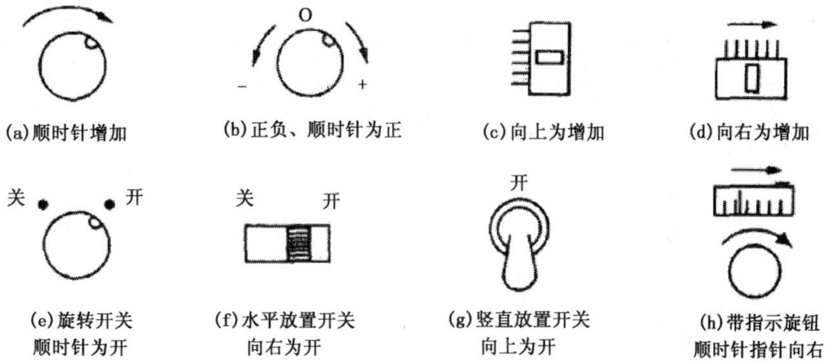

图 8-28　面板控制操作件设计示意图

应尽量详细。详细的明细表应包括：

①元件名称及型号；

②规格、档次；

③数量；

④有无代用型号、规格；

⑤备注：例如是否指定生产厂家，是否有样品等。表 8-3 是一个例子。

表 8-3　元器件明细表(示例)

序号	符号	名　称	型　号	数量	封装	备　注
1		RJ45(带灯)	HR911105A	1		
2		232 接口		2		
3		SD 卡座		1		
4	C44	贴片电容	20 pF	4	805	C45－47
5	C42	贴片电容	10 pF	2	805	C43
6	C40	贴片电解容	10 μF＋	4	1206	C41,C50,51
7	C6	贴片电容	0.1 μF	5	805	C31，C33，C35，C37
8	C3	贴片电容	100 nF	27	805	C4－C5，C9－C30,C48,C49
9		电池插座		1		
10	Y1	晶振	32.768 kHz	1	直插	
11	Y3	晶振	50 MHz	1	贴片	
12	Y2	晶振	25 MHz	2	直插	
13		2 路拨码开关	2 路	1	直插	
14	S1	四腿按钮		3	直插	S2,S3
15	RN7	贴片排阻	2.2 kΩ	1	805	
16	RN8	贴片排阻	680 Ω	2	805	RN9
17	RN6	贴片排阻	50 Ω	1	805	
18	RN2	贴片排阻	33 Ω	4	805	RN3－5

续表

序号	符号	名　称	型　号	数量	封装	备　注
19	R65	贴片精密电阻	4.8 kΩ 误差 1%	1	805	
20	R64	贴片电阻	1.5 kΩ	1	805	
21	R60	贴片电阻	2.2 kΩ	4	805	R61－63
22	R66	贴片电阻	2 kΩ	1	805	
23	R58	贴片电阻	220 Ω	2	805	R59
24	R55	贴片电阻	4.7 kΩ	3	805	R56－57
25	R52	贴片电阻	1 M	1	805	
26	R44	贴片电阻	470 Ω	7	805	R112－113,R01～R04
27	R43	贴片电阻	120 Ω	1	805	
28	R19	贴片电阻	0 Ω	12	805	R20,R25－28,R31,R36－40
29	R53	贴片电阻	1 kΩ	4	805	R54,R116－117
30	R0	贴片电阻	10 kΩ	27	805	R1－10,R13－18,R88－95,R110－111
		贴片电阻	2.4 kΩ	8	805	R80－87
	R100	贴片电阻	680 Ω	3	805	R100－102

一般来说，元器件明细表并不包括整个仪器的全部材料，因此，除明细表外还应给出整机汇总表。它包括：

①机壳、底板、面板；

②机械加工件、外购部件；

③标准件；

④导线、绝缘材料等；

⑤备件及工具等；

⑥技术文件；

⑦包装材料，包括内外包装、填料等。

8.6　电子技术文件计算机处理系统简介

电子技术文件计算机处理主要有以下两方面的内容：计算机绘图和工程图设计、处理与管理系统。前者适用于各种需要电子技术图的应用，包括教学、培训及电子科技活动；而后者主要用于大中型企业对工程图纸、文字、图表资料进行综合处理。

8.6.1　计算机绘图

计算机绘制电子技术图即通常所说的电子 CAD 或电子图板，主要由硬件平台和相应软件两部分组成。随着计算机技术的飞速发展，CAD 软件层出不穷，性能越来越高，功率越来越强，但系统基本构架是一致的，如图 8-29 所示。

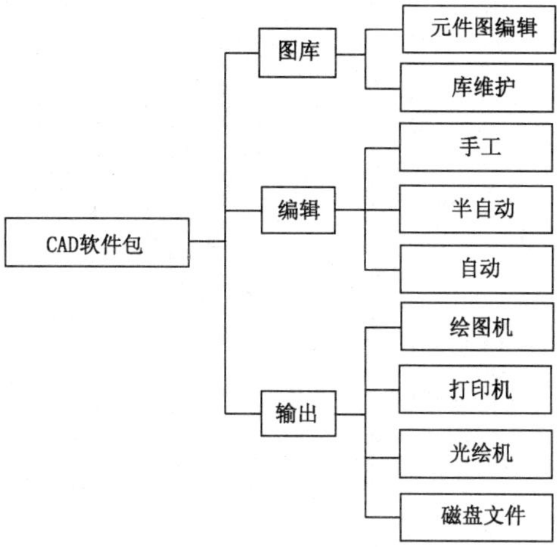

图 8-29　计算机绘图系统示意图

绘图软件核心部分是图形编辑模块。软件功能越强,其自动化、智能化程度就越高,绘图效率也越高。这里所说的自动化、智能化主要指的是,由电路原理图到印制板图时自动布局与布线。目前应用较普遍的软件在布局时一般手工干预还是免不了的,而布线的自动化已日趋完善。

单纯用计算机取代图板只是应用的初级阶段,不仅专用软件,现在有些通用软件如 Word 也具有绘制流程图的功能。进一步的应用是将绘图和设计试验结合起来,现在已有多种用于电路试验的软件,输入原理图后不用实际搭电路,即可进行性能、功能试验,使产品开发速度大大加快。

未来发展趋势是人们仅仅输入设计思想和必要的规则,其他工作都由计算机去完成。在达到这个目标之前,充分利用计算机资源,提高电子技术工作效率和质量,仍然是目前工程技术人员的努力方向。

8.6.2　工程图纸处理与管理系统

工程图纸处理与管理系统也称无纸技术档案库。它实际包含的内容不是一个简单的档案库,而是一个集图纸录入、净化、修改、输出、矢量化等图形处理,设计与管理为一体的综合系统,其结构如图 8-30 所示。在这个系统中,单纯的绘图只是作为系统中的一个图形单元。用任何软件绘制的任何一种电子技术图都可以作为一个文件归入系统,不仅如此,手工绘制的图纸或旧的工程图亦可通过扫描方式输入,通过图纸净化、交互分层、矢量化处理、设计、修改,统一为系统电子档案。

现代高质量硬盘及光盘存储使系统容量几乎是无限的,数据库及网络技术使各种图纸的检索和查阅十分便利;技术文件的分类及查阅者的权限设置以及修改、备份

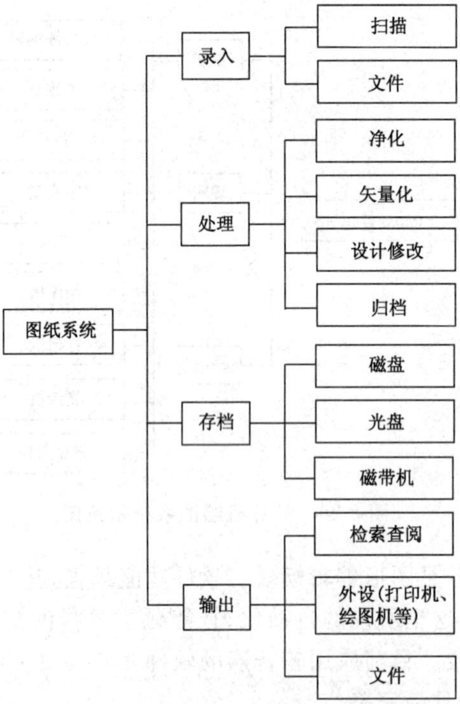

图 8-30　工程图纸自动综合管理系统示意图

等,对计算机更是轻而易举。可以预见,这种图纸处理和管理系统不仅成为大中型企业科学管理的基础,也将有更多微型系统进入小型企业或教学、科研部门,甚至电子技术人员的工作室。

第 9 章 实习电子产品

电子工艺实习所用电路应选择具有代表性的、模数结合的电路，以根据所掌握的基础知识展开设计、焊接和调试。本章主要介绍适合电子实训的收音机电路的原理与制作。

9.1 无线电收音机原理

100 多年前，三声短促而且微弱的讯号，向世界宣布了无线电的诞生。1901 年，扎营守候在讯号山(Signal Hill 位于加拿大东南角)的意大利科学家马可尼，终于接收到了从英格兰发出的跨过大西洋的无线电信号，这个实验向世人证明了无线电再也不是仅限于实验室的新奇东西，而是一种实用的通信媒介。

今天，利用无线电波传送声音和图像节目的广播和电视，已经深入到社会生活的各个角落，成了亿万人民的伴侣。无线电并不是一两个人发明出来的，它是人类文明逐步发展的结果，但是，有些人在其中起到了较为重要的作用。麦克斯韦之所以被称为无线电通信的报春人，是因为在当时，人们虽然已经知道“电”能生“磁”，“磁”能生“电”，知道利用电磁原理来制造电机和变压器，但是对于电与磁相互关系的本质还并不清楚，对于伴随某些电现象和磁现象而存在的电磁波还没有认识；而麦克斯韦在总结前人经验的基础上，用非常精辟而微妙的数学方程式，阐明了电场与磁场的基本关系，建立了严谨的电磁场理论。麦克斯韦根据他所做的数学分析指出：只要存在着交变的电场，就能在其周围产生交变的磁场；反之，只要存在交变的磁场，就能在其周围产生交变的电场。这样一来，变化的电场在其周围产生变化的磁场，变化的磁场又在其附近产生变化的电场，如此循环下去，电场和磁场不就会越传越远了吗？据此，麦克斯韦认为：运动着的电荷能产生电磁辐射，形成逐渐向外传播的看不见的电磁波(简称电波)。这一结论公布于一百多年前是很了不起的，它告诉人们，“电”是可以“无线”传播的。后来的事实证明，麦克斯韦的电磁波理论是完全正确的。除此之外，他还推导出电磁波有和光波相同的传播速度，从而揭示了光与电磁现象在本质上的统一性。

广播节目的发送在广播电台进行。广播节目的声波，经过电声器件转换成声频电信号，并由声频放大器放大，振荡器产生高频等幅振荡信号；调制器使高频等幅振荡信号被声频信号所调制；已调制的高频振荡信号经放大后送入发射天线，转换成无线电波辐射出去。

无线电广播的接收是由收音机实现的。收音机的接收天线收到空中的电波；调谐电路选中所需频率的信号；检波器将高频信号还原成声频信号（即解调）；解调后得到的声频信号再经过放大获得足够的推动功率；最后经过电声转换还原出广播内容。

综上所述，可以把无线电通信（广播也属于无线电通信范畴）的发送和接收概括为互为相反的 3 个方面的转换过程：传送信息—低频信号、低频信号—高频信号、高频信号—电磁波。

调幅制无线电广播分为长波、中波和短波 3 个大波段，分别由相应波段的无线电波传送信号。我国只有中波和短波两个大波段的无线电广播。中波广播使用的频段为 550～1 600 kHz，主要靠地波传播，也伴有部分天波；短波广播使用的频段为 2～24 MHz，主要靠天波传播，近距离内伴有地波。

调频制无线电广播多用超短波（甚高频）无线电波传送信号，使用频率为 88～108 MHz，主要靠空间波传送信号。

收音原理就是把从天线接收到的高频信号经检波（解调）还原成音频信号，送到耳机变成音波。由于广播事业发展，天空中有了很多不同频率的无线电波。如果把这些电波全都接收下来，音频信号就会像处于闹市之中一样，许多声音混杂在一起，结果什么也听不清了。为了设法选择所需要的节目，在接收天线后，有一个选择性电路，它的作用是把所需的信号（电台）挑选出来，并把不要的信号“滤掉”，以免产生干扰，这就是我们收听广播时所使用的“选台”按钮。选择性电路的输出是选出某个电台的高频调幅信号，利用它直接推动耳机（电声器）是不行的，还必须把它恢复成原来的音频信号，这种还原电路称为解调，把解调的音频信号送到耳机，就可以收到广播。上面所讲的最简单收音机称为直接检波机，但从接收天线得到的高频天线电信号一般非常微弱，直接把它送到检波器不太合适，最好在选择电路和检波器之间插入一个高频放大器，把高频信号放大。即使已经增加高频放大器，检波输出的功率通常也只有几毫瓦，用耳机听还可以，但要用扬声器就嫌太小，因此在检波输出后增加音频放大器来推动扬声器。高放式收音机比直接检波式收音机灵敏度高、功率大，但是选择性还较差，调谐也比较复杂。

9.2　晶体管超外差收音机

晶体管调幅收音机可分为直接放大式和超外差式两大类。由于直接放大式收音机中一般都加有“再生”电路，故通常都叫它“再生式”收音机。把从天线接收到的高频信号放大几百甚至几万倍，一般要有几级的高频放大，每一级电路都有一个谐振回路，当被接收的频率改变时，谐振电路都要重新调整，而且每次调整后的选择性和通带很难保证完全一样，为了克服这些缺点，现在的收音机几乎都采用超外差式电路。与再生式收音机相比较，超外差式收音机具有灵敏度高，选择性好，音质好，在整个波段内灵敏度比较均匀，便于变换波段，使用简单方便，便于加自动增益控制等优点。

9.2.1　超外差收音机基本原理

超外差式收音机与直放式收音机不同，一般由输入电路、变频器、中频放大器、检波器、低频放大器、功率放大器组成，如图 9-1 所示。

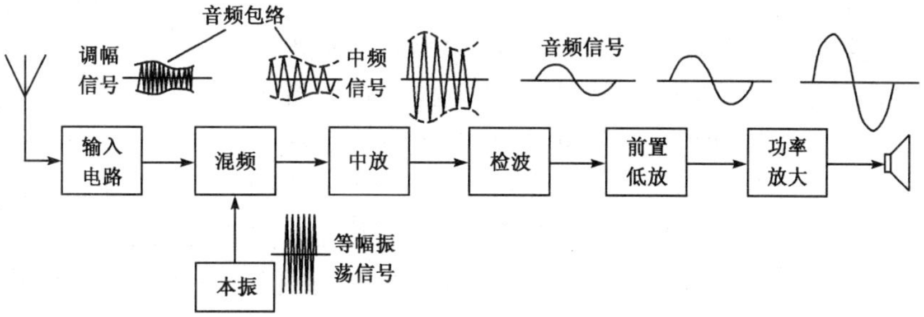

图 9-1　超外差收音机原理框图

超外差式收音机的工作过程是：在空中传播的广播电台发射的高频调幅信号，遇到收音机的接收天线时，在天线线圈中感应出高频电动势，输入调谐电路中就产生感生电流。通过输入电路的串联谐振，选择出所需电台信号，然后进入变频级。变频级包括本机振荡器和混频器两个部分。本机振荡器用来产生本机振荡信号。在中波波段(535～1 605 kHz)，这个本机振荡信号的频率比输入高频信号高。这两个信号在混频器中作用后，会产生包含有新频率成分的信号，其中除输入的高频信号(设其频率为 f_S)及本机振荡信号(设其频率为 f_L)外，还有频率为 f_S+f_L(和频)和 f_S-f_L(差频)等频率的信号成分。这些频率的信号经过接在混频器输出端的调谐回路(即我们通常所说的中频变压器)，选择出中频信号。在我国一般都用 f_S-f_L 的差频信号作为中频，中频频率为 465 kHz。

本机振荡器的振荡回路与输入回路的可变电容器是同轴联调的，不管调到何处，都使本 机振荡频率 f_L 比 f_S 高一个中频。这样就可以做到，不管接收哪一个电台的信号，经变频器送到中频放大器的信号的中心频率总是固定的 465 kHz。这个中心频率固定的中频信号再经过几级中频放大器放大到一定程度后，再送入检波器进行检波，然后送到低频放大器进行音频放大，去激励功率放大器，使其输出足够功率，推动扬声器发出声音。通常,我们把含有变频器和中频放大器等功能电路的接收机都称为超外差式接收机。

9.2.2 输入电路

从接收天线到变频管输入端之间的电路叫输入电路。它由接收电台信号的接收天线、选择信号的调谐回路和向变频管输送信号的耦合电路组成。

9.2.2.1 输入回路的工作原理

超外差式收音机的输入电路是由调谐线圈 L 和可变电容器串联构成,如图 9-2 所示,它是利用等效串联谐振现象来选择所需要的信号的。

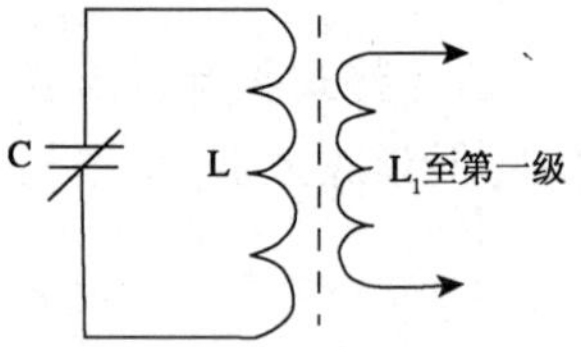

图 9-2 输入回路

调谐线圈 L 一般绕在铁氧体磁棒上,这就是通常所说的磁性天线。当空间各个不同的无线电波通过调谐线圈时,都会在线圈中产生感生电动势,并产生一定的电流。调节可变电容器 C 使电路与某一中心频率为 f_S 的信号 v_S 发生谐振。当发生串联谐振时,电路对信号所呈现的阻抗为最小,则电路电流也就最大,因而频率为 f_S 的信号能在调谐线圈两端产生较高的信号电压。此信号电压通过绕在同一磁棒上次级线圈 L 的耦合,传送到下一级输入端。而其他频率的信号,因未发生谐振,电路对它们呈现的阻抗大,相应的回路电流也小,在调谐线圈两端所产生的信号电压很小,故只有频率为 f_S 的信号被选出来,其他频率的信号都被有效地加以抑制。

调节 L,C 组成的输入回路,使它对欲接收的信号发生谐振的过程叫调谐,也就是通常所说的选台。这种输入回路一般称为调谐输入回路或调谐回路。

9.2.2.2 输入回路的种类

超外差式收音机的输入回路一般可分为磁性输入回路和使用外接天线的输入回路两种。中波波段常采用磁性天线,而短波波段常使用带外接天线的输入回路。

(1)磁性天线输入回路

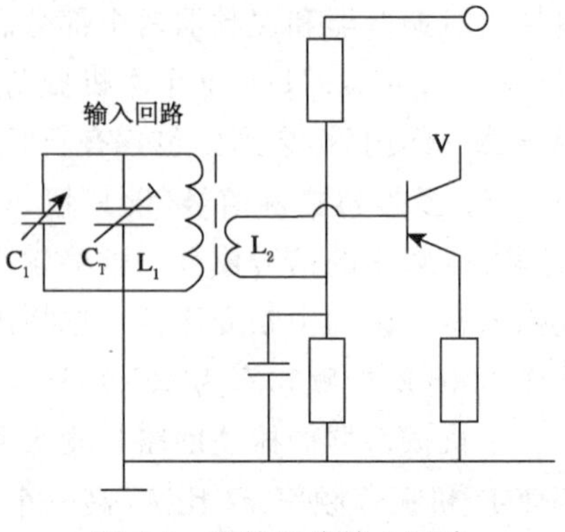

图 9-3 磁性天线输入回路

图 9-3 是超外差式收音机典型的中波段磁性天线输入回路。它由可变电容 C_1、高频补偿电容 C_T 以及绕在磁棒上的调谐线圈 L_1 与耦合线圈 L_2 组成。空间各种频率的电磁波穿过磁棒时,使调谐线圈 L_1 上感生出强弱和频率各不相同的信号电动势,然后利用串联谐振回路的选频作用,把选出来的信号电

压，通过 L_2 的耦合作用传送到收音机变频级的基极。

为了保证输入回路的频率覆盖，同时考虑到分布电容的存在、输入回路元件及分布电容的不一致性，一般在可变电容器两端并联一只小容量的微调电容 C_T 进行补偿。它主要是在高频端起补偿作用，通常称为高频补偿电容器。在低频端时，可变电容器 C_1 的电容量最大，C_T 的作用可以忽略。

通过 L_1，L_2 构成的高频变压器把调谐回路选出的信号传送到变频级。高频变压器除了能将信号电压耦合到基极以外，还有阻抗变换的作用。在超外差式收音机中，初、次级匝数比一般取 10∶1 左右。

(2)使用外接天线的输入回路

为了提高收音机的灵敏度，在接收远地电台时，经常使用外接天线，尤其是短波段，都设有拉杆天线或装设外接天线插孔，可外接任意天线。

外接天线电路主要有电容耦合 、电感耦合以及混合式耦合 3 种类型，如图 9-4 所示。由于电容、电感的电抗随频率的变化关系的不同，导致电容耦合天线在高频时接收灵敏度高，而电感耦合式天线在低频时接收灵敏度高。混合耦合方式有较均匀的接收灵敏度，但调整比较麻烦。

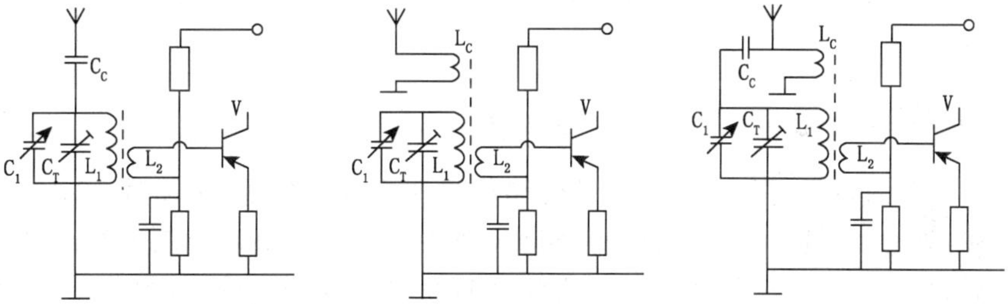

(a)电容耦合式外接天线输入回路　(b)电感耦合式外接天线输入回路　(c)混合式外接天线输入回路

图 9-4　有外接天线的输入回路

9.2.2.3　输入回路常用元件简介

(1)磁棒

磁棒是用一种叫作“软磁铁氧体”的磁性材料制成的。软磁铁氧体简称“铁氧体”，这种磁性材料具有较高的磁导率，适用于各种高频电路。磁性天线、中频变压器和振荡线圈的磁芯都是由它制成的。由于磁棒的磁导率高，因此磁性天线能够提高收音机的灵敏度。当交变磁场方向与磁棒的轴线相平行时，感生电动势最大，相垂直时，感生电动势最小，这使收音机具有明显的方向性。

(2)电感线圈

电感线圈是输入回路的主要元件之一，它与可变电容组成串联谐振回路。电感线圈对交流信号而言，除表现出电感 L 的特性外，还具有一定的损耗电阻 r。线圈的感抗与其串联损耗电阻之比，称为电感线圈的品质因数。品质因数是衡量谐振回路选频性能的重要参数。品质因数越大，则谐振回路的选择性越强。

磁棒的磁导率高，可提高绕制在它上面的线圈的品质因数。当线圈在磁棒中心时，电感量最大，但品质因数降低；当靠近磁棒两端时，电感量减小，但品质因数增大；若线圈外移到端点以外，则品质因数显著下降。为提高线圈的品质因数，常把调谐线圈分成两段，分别放在磁棒的两端。

(3)电容器

输入回路常采用如下两种电容器。

①双联可变电容器：双联可变电容是由两组同轴控制的可变电容器所组成，以适应超外差式收音机输入和本机振荡电路中两个调谐回路的需要。双联可变电容器有空气介质和塑料介质两种。其中，两组电容量相等的，叫作等容双联；两组电容量不相等的，则叫差容双联。常用的是等容塑料双联。它体积小、外罩密封，每联最大容量为 270 pF，连线时双联的动片组一定要接地，以防人体感应。

②微调电容器：输入回路中的高频补偿电容器(图 9-3 中的 C_T)一般采用高频瓷介微电容器，其容量变化范围在 5～25 pF。有的塑料介质双联本身就带有微调电容器。

9.2.3　变频电路

变频电路的质量对收音机的灵敏度和信噪比有很大影响，是超外差式收音机的重要组成部分。它的主要作用是变换频率，即将输入变频电路的已调制高频信号变换成已调制中频信号，变频前与变频后的调制规律不变，对于调幅信号而言，要求其包络形状和原来一样，如图 9-5 所示。

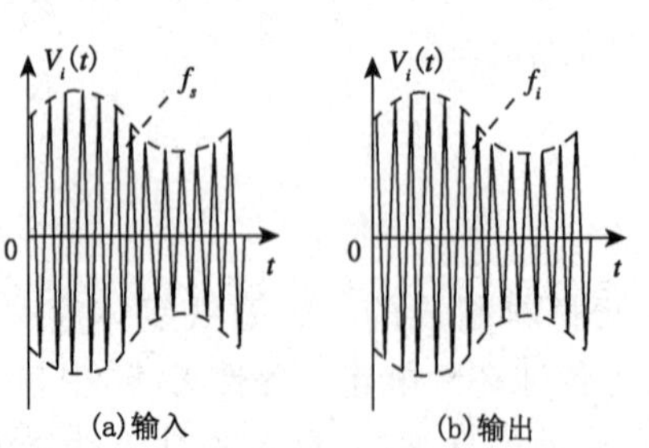

图 9-5　变频电路输入、输出波形图

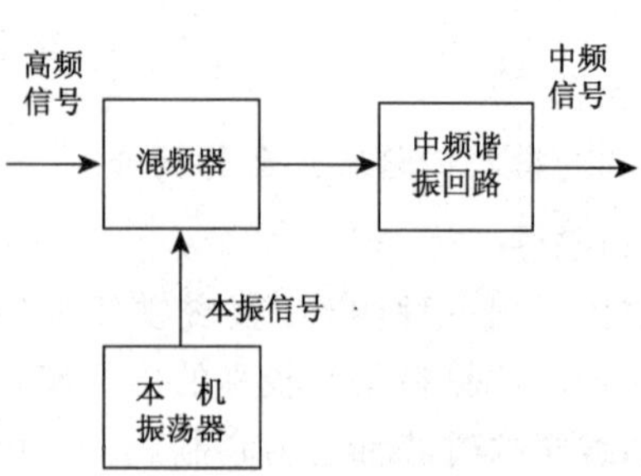

图 9-6　变频电路方框图

变频电路由混频器、本机振荡器和中频调谐回路 3 部分组成，如图 9-6 所示。混频器由非线性器件构成，在收音机中采用晶体三极管，通过输入信号和本机振荡与外信号混频，产生中频频率信号。本机振荡器用来产生等幅的振荡信号，其频率 F_L 与外来高频信号载波频率 F_S 之差为一个中频频率 F_L，即 465 kHz。中频调谐回路的作用是从混频器输出的各种频率信号中选出有用的中频信号，并滤除其他频率成分。本机振荡器是个振荡回路，它可以是独立的，也可以利用起混频作用的三极管组成。当本机振荡器和混频器共同由一个晶体管电路完成时，称为自激式变频电路；当本机振荡和混频各由一个晶体管电路完成时，称为它激式变频电路。

根据本振信号注入混频管的方式可分为基极注入式、发射极注入式和集电极注入式三种。其中以发射极注入应用最为广泛。

常用的收音机变频器实际电路如图 9-7、图 9-8 所示。这两种电路的不同点在于振荡器部分，基极和发射极接法不同。图 9-7 是共基极电路；图 9-8 是共发射极电路。

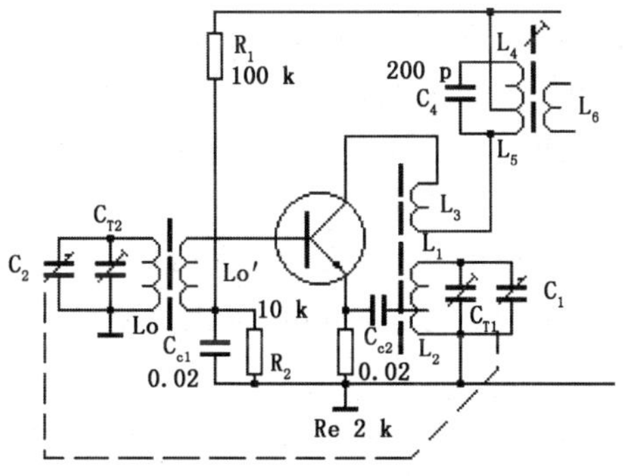

图 9-7　共基极变频电路

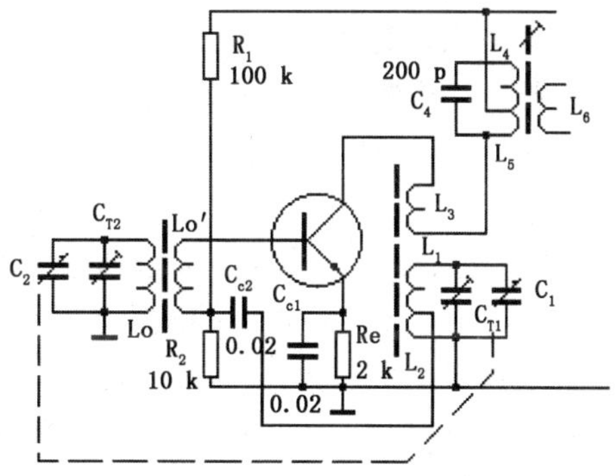

图 9-8　共发射极电路

图 9-7 中，由 Lo、C_2、C_{T2} 组成输入调谐回路，谐振于外来信号的频率，信号由 Lo 耦合到 Lo′，而传输到变频管 9018 的基极上。L_1、C_1、C_{T1} 组成振荡回路产生振荡频率的电压，L_3 是产生振荡所需的反馈线圈。L_4、C_4 组成的回路谐振于中频频率（465 kHz），且只接入一部分，因为它对振荡频率 1 000 kHz 以上几乎是短路的。因 L_1、C_1、C_{T1} 组成的回路谐振于本机振荡频率，因此它对 465 kHz 的中频来说，差不多是短路的。L_3 因为电感量不是很大，对中频电感较小，对 L_4、C_4 回路的谐振阻抗可以忽略不计。反馈电压经 L_2 而回到发射极，由于 L_2 一般线数很少，故对本机振荡的阻抗影响也不大。经过变频管 9018 进行频率变换后的中频信号，输出到谐振于中频的中频回路上，就可在回路两端取出中频信号，然后通过次级线圈 L_6 把中频电压耦合到第一级中放电路去进行放大。这个调谐回路（L_4、C_4）加上次级线圈 L_6 就是中频变压器，它是变频电路的负载。图 9-8 的工作原理同图 9-7。但图 9-7 电路的特点是不易过激励，振荡波形好，但因发射极输入阻抗较低，振荡回路的负载较大，所以不易起振。而图 9-8 电路的特点是容易过激励，易使产生的振荡波形失真，但因基极输入

阻抗较大，电路容易振荡，一般的收音机中多用这种电路。

在收音机变频器中，比较重要的是直流工作点。为了产生混频所必需的非线性和最大的混频增益，直流工作点要合适。直流集电极（或发射极）电流过大时，则出现不发生混频作用或者混频现象效果较低；电流过小时，则混频管对中频成分的放大作用小。这个电流在实际试验过程中加以调整较为方便，一般在 0.15～0.5 mA。集电极电压越高越好，但在 3 V 以上时，逐渐趋于饱和，即混频增益不再显著增加。混频增益与加到混频管上的振荡电压有关，当振荡电压在 100～300 mV 时，混频增益最大，因此在实际调试中，应调整耦合线圈的圈数，以期得到最大的混频增益。

9.2.4 中频放大电路

9.2.4.1 中频放大电路的作用及性能要求

中频放大电路的作用是把变频级电路输出的中频信号加以选频、放大，然后送到检波器进行检波。检波前的信号主要是由中频放大级电路进行放大，所以中频放大器对整机的灵敏度和选择性起着非常重要的作用。通常对中频放大电路有如下性能要求。

(1)增益要大。中频放大电路输出功率（或输出电压）与输入功率（或输入电压）之比称为中放增益或放大倍数。在保证一定的输出信号与噪声功率比的前提下，中放增益越高，收音机的灵敏度越高。

(2)选择性要好。中频放大电路的选择性是指从变频器输出的信号中选出有用信号而抑制干扰的能力。选择性的好坏，主要由放大器中 LC 调谐回路来决定。

(3)有一定宽度的通频带。中频放大电路的通频带也主要取决于调谐回路。如果调谐回路的通频带不够宽，则信号通过时，将会削弱高频音分量，引起声音沉闷。一般调幅收音机中频放大电路的通频带为 4.5～6 kHz。

(4)放大电路的稳定性要好。放大电路的工作温度、电源电压在一定范围内变动时，它的增益、选择性、通频带等参数应基本不变，更不允许产生自激。

9.2.4.2 中频变压器

中频变压器通常称中周，是超外差式收音机的重要元件，在电路中起选频和阻抗变换的作用。

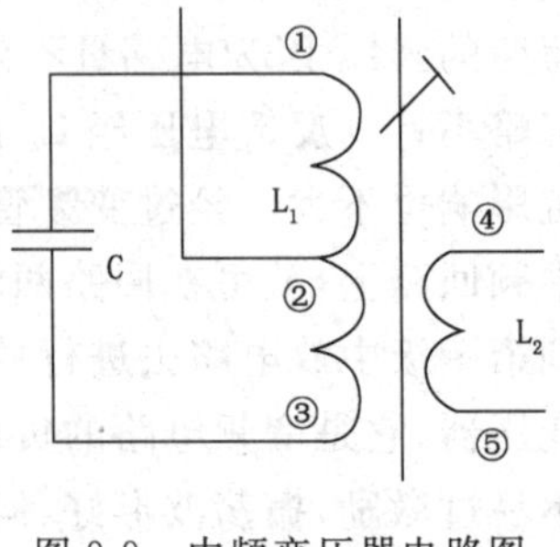

图 9-9 中频变压器电路图

(1)中频变压器选频原理

如图 9-9 所示的是中频变压器电路图。中频变压器的初级与电容组成并联谐振回路，利用并联谐振完成选频作用。回路对谐振频率信号，即中频呈现的阻抗很大，对非谐振频率的信号呈现的阻抗较小，所以中频变压信号通过中频变压器时，产生很大的中频信号压降，由中频变压器的次级耦合到下一级。而其他非谐振频率信号，被短路入地，无法耦合到下一级。这样就完成了选频作用。

(2)中频变压器的阻抗变换

变频电路与第一中放之间、第一中放与第二中放之间是通过中频变压器来耦合的，它利用变压器阻抗变换的原理，实现前后级之间的阻抗匹配，从而使中频放大电路获得较大的功率增益。

图 9-10 是一种 LC 单调谐中频放大电路。图中 T_{r1}、T_{r2} 为中频变压器，它们分别与 C_1、C_4 组成输入和输出选频网络，同时还起阻抗变换的作用。

在超外差收音机中，三极管通常采用共发射极电路，其输入阻抗要比输出阻抗低得多，所以变压器的次级线圈圈数比初级少得多，以实现阻抗变换，得到最大的输出功率。而三极管的输出阻抗比中频变压器的谐振阻抗低，一般都采用部分接入法，即将图 9-9 谐振回路①、②两端接入电路，使三极管输出阻抗与回路阻抗相匹配，从而一定程度上避免了过多降低谐振回路的品质因数而导致选择性变差。

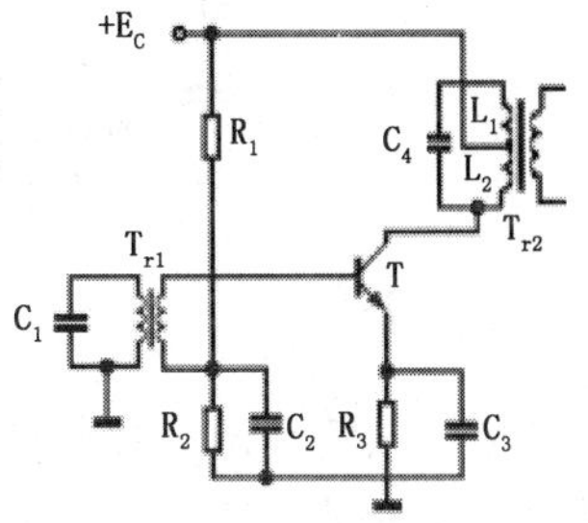

图 9-10　LC 单调谐中频放大电路

9.2.4.3　中频放大电路分析

为了保证足够的放大量，超外差式收音机中通常都有两级中频放大级。图 9-11 所示为一种较常用的二级单调谐中频放大电路。这种电路除具有结构简单、调试方便的特点之外，由于采用硅高频管做中放管，其频率特性好、中放增益较大、极间电容 C_k 小、穿透电流小、稳定性较高。

图 9-11 中晶体管 V_2 构成第二级中放。从变频级送来的中频信号，经过中频变压器 B_3 耦合到第一中放管 V_2 的基极，经 V_2 放大后，由第二中频变压器 B_4 耦合到第二中放管 V_3 的基极，再做一次中频放大，然后经过第三中频变压器 B_5 耦合到检波器。由于 B_3，B_4，B_5 这 3 个中频变压器都是调到 465 kHz 的频率上，所以中频信号得以顺利通过并得到足够的放大，而其他频率上的干扰信号则受到 3 个调谐回路的抑制而被削弱。因而中频放大级保证了收音机能有足够的灵敏度和选择性。

图中 R_{13}，W，R_{12}，R_5，R_6 和 D_3 的正向电阻组成第一中放管 V_2 的直流偏置电路。调整 R_5，可确定第一中放的直流工作点。R_9，R_{10} 组成第二中放管 V_3 的直流偏置电路。C_{10}，C_{11}，C_{12}，C_{13}，C_{14} 为旁路电容。中频变压器 B_3，B_4 和 B_5 的初级电感线圈分别与 3 个等容量的谐振电容 C_8，C_9，C_{15} 并联，调谐于中频 465 kHz 上，作为变频

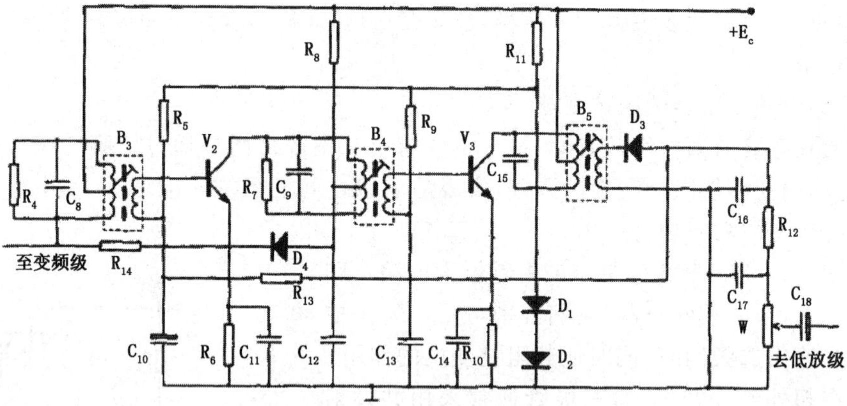

图 9-11　二级中频放大电路

是为了使中频管和两只放管的集电极负载。R_4 和 R_7 是为了放大电路工作稳定和展宽频带而设置的。R_{13} 和 C_{10} 滤除由检波产生的音频信号，取出直流分量，实现自动增益控制作用。D_4，R_{14} 和 R_8 组成二次自动增益控制电路，起抑制强信号作用。R_{11}，D_1，D_2 组成单的稳压电路，保证电源电压变化时电路仍能稳定工作。

9.2.5　检波及自动增益控制电路

9.2.5.1　检波器

在调幅广播中，收音机接收到的是高频调幅信号，其振幅的变化反映了所需要的音频调制信号的变化。从调幅信号中取出所需要音频调制信号的过程叫作检波，也叫解调。完成检波作用的电路叫作检波电路，通常称检波器。检波器是收音机必不可少的一部分。

一般检波器由非线性器件和低通滤波器两部分组成，如图 9-12 所示。非线性器件通常采用晶体二极管或三极管，它们工作于非线性状态，利用器件的非线性作用，产生包括音频调制信号在内的许多新频率。低通滤波器通常用 RC 电路，它可取出原音频调制信号，滤除中频分量。

如图 9-12 中波形所示，若检波器输入信号是中频等幅波，则输出是直流电压；若输入信号是中频调幅波，则输出就是原调制信号。检波过程的实质是应用非线性器件进行频率变换，检波后通过滤波器滤除无用频率的信号分量，最后还原出音频信号。

检波器的一个重要性能指标是电压传输系数（也称检波效率），它是指检波器输出音频电压和输入中频电压振幅之比，用 K_d 表示。对输入的中频调幅波有 $K_d =$

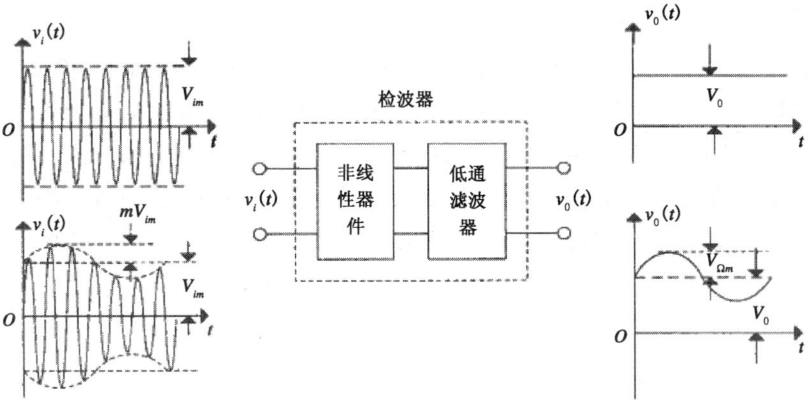

图 9-12 检波器的组成及其输入、输出波形

$V_{\Omega m}/(mV_{im})$。式中，$V_{\Omega m}$ 为输出端音频电压的振幅，mV_{im} 为输入中频电压包络变化的振幅，m 为调幅度。晶体二极管检波器的 K_d 值总是小于 1，通常希望 K_d 尽量接近于 1。

图 9-13 是一般检波电路，其中 D 为检波二极管，W 为人工音量控制电位器。R_2、C_3 组成滤波电路，使用作自动增益控制的检波直流输出更为纯净。R_2、C_3 时间常数不能太小，太小了不能彻底清除检波所得的音频成分；但也不能太大，太大了将使控制速度跟不上输入信号激烈变化的速度，使弱信号漏掉。一般在中波收音机中 R_2、C_3 时间常数多为 0.1～0.33 s，在短波中则采用 0.1～0.2 s。和电子管收音机不一样的是，在晶体管电路中所用 R 较小，一般为几千欧到几十千欧，C 较大，一般为 10～30 μF。例如在本电路中，R_2 = 5.1 kΩ，C_3 = 30 μF，其乘积为 $5.1\times10^3\times30\times10^{-6}=0.153$ s。为了保证晶体管必要的稳定性系数，R_2 不能采用过大的数值，否则晶体管的热稳定性就不好。

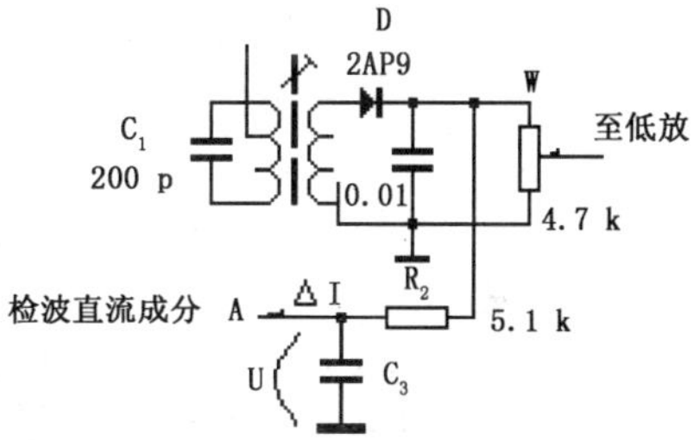

图 9-13 二极管检波电路

9.2.5.2 自动增益控制电路

自动增益控制电路简称 AGC 电路。收音机的各级增益都是为接收一定的微弱信号而设计的。但实际接收的各种信号电压差异很大，外来信号的强度范围在几微伏至几百毫伏之间。在接收弱信号时，希望收音机有较大的增益，而接收强信号时，

希望收音机增益稍小一些。AGC 电路就是为了使这两种情况下收音机输出功率的变化范围尽量小的一种自动控制电路。

图 9-14 是一种三极管自动增益控制电路。AGC 控制原理如下：无信号输入时，V_2的静态基极电流由偏置电阻决定。当收音机收到信号时，检波得到的直流分量通过 R_8 叠加在 V_2的基极，形成 AGC 控制电流，由于该电流与 V_2 的静态基极电流方向相反，使得实际的基极电流减小。接收到的信号越强，AGC 控制电流越大，V_2 的实际基极电流就越小，增益也越小。相反接收到的信号越弱，V_2 的增益就越高。所以设置了 AGC 电路后，电路的增益能进行自动调节，从而使检波后得到的音频电压基本保持稳定。

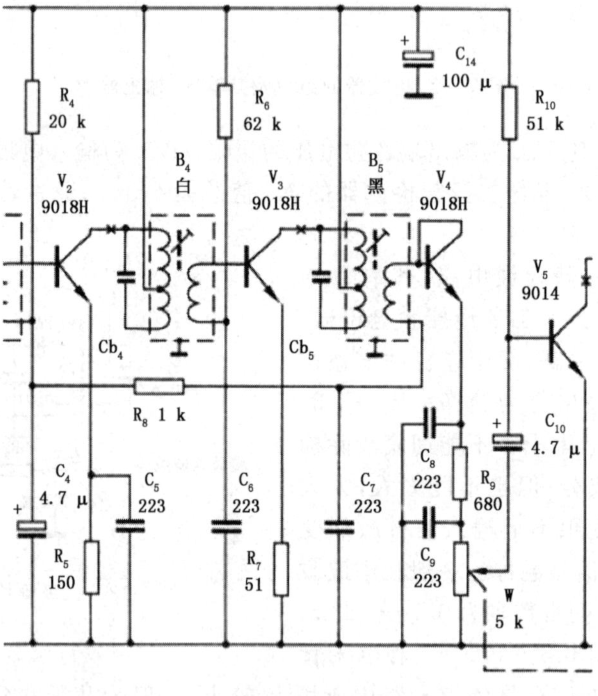

图 9-14　自动增益控制及其相关的电路

9.2.6　低频放大电路

超外差式收音机低频放大电路是指从检波以后到扬声器输出这一部分电路。它通常包括前置低频放大器和低频功率放大器两部分，在高档收音机中，还包括音调控制电路。

检波器与功率放大器之间的低频放大电路，统称为前置低频放大器。其主要作用是放大低频信号，用来激励功率放大器，使功率放大器有足够的输出功率。前置低频放大器有阻容耦合、变压器耦合和直接耦合 3 种级间耦合形式。收音机中多用阻容耦合和变压器耦合，在无变压器低放电路中，多用直接耦合。

低频功率放大器，是把前置低放送来的低频信号进行功率放大，以足够的功率输出去推动扬声器。功放管的动态工作电流、电压都较大，为了充分利用管子的放大性能，常常使功放管工作在极限状态，即在保证输出信号不失真的前提下，尽量扩大功放管的动态范围。直流供电电源的消耗主要在功放级，因此，功率放大器的效率是一个很重要的问题。

收音机中常用的功率放大器常可分为：有输出变压器的功率放大器和无输出变压器(OTL)的功率放大器。在收音机中常见的 OTL 电路包括：有输入变压器的 OTL 电路，无输入变压器的 OTL 电路。而后者又有互补管 OTL 电路及准互补管(复合管)OTL 电路。

一般收音机的输出功率不大(从零点几瓦到几瓦)，低频级的总增益及输出功率都不要求太大，通常有 2～4 级低放就足够了。最简单的由一级前置低放和一级末级功放组成，较高档的则由一到两级前置低放、一级推动级和一级功放组成。

低频放大电路的工作原理可参考低频电子线路有关教材，在此不再详细介绍，下面仅介绍几种收音机中常用的低频放大电路。

9.2.6.1　变压器耦合低频放大电路

图 9-15 所示的为一种典型的变压器耦合推挽低频放大电路。V_6 和 V_7 同为 NPN 型功放三极管，其参数一致，R_{11} 分别为 V_6、V_7 的基极偏置电阻，使推挽功放工作在乙类状态。经一级电压放大后的音频信号由 B_6 耦合后加至 V_6 和 V_7 的基极，在一个周期内，两只功放管交替导通，轮流工作。功率放大后的音频信号加到扬声器上，推动扬声器发出声音。C_{13} 为旁路电容，有旁路二次谐波，改善音质的作用。C_{14}、R_{12}、C_{15} 构成 π 型滤波网络，实现电源退耦，作用一是防止高、中频信号通过电源串入音频放大器造成干扰；二是防止电路工作电流变化所引起的电压波动干扰其他电路。

9.2.6.2　输入变压器倒相式推挽 OTL 功放电路

图 9-16 所示的为一种输入变压器倒相式推挽 OTL 功放电路。V_1、V_2 为参数一致的 NPN 型功率管。R_1、R_2 和 R_{e1} 为 V_1 的偏置电阻；R_3、R_4 和 R_{e2} 为 V_2 的偏置电阻，保证管子静态时处于微导通状态，以克服交越失真。R_{e1} 和 R_{e2} 为电流负反馈电阻，稳定静态工作点，并减小非线性失真。输入变压器用作信号倒相耦合，在次级 N_1、N_2 上产生大小相等、相位相反的信号 v_{b1} 和 v_{b2}。C_L 为耦合电容，作用是隔直通交，并兼作 V_2 管的电源。

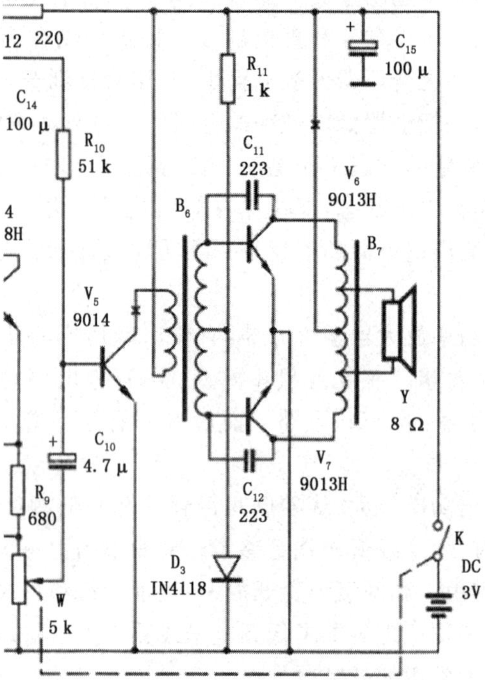

图 9-15　带输出变压器的低频放大电路

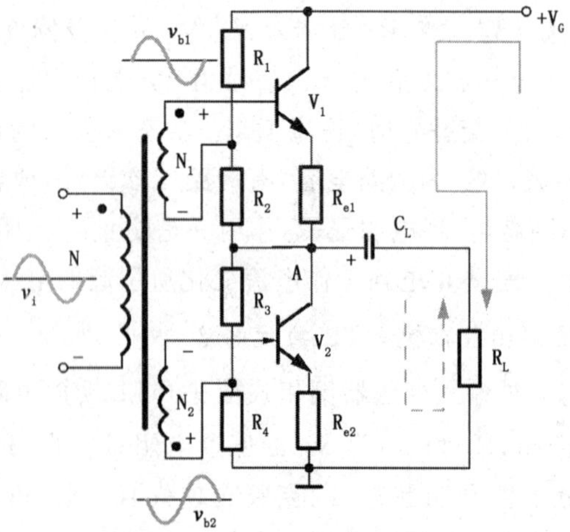

图 9-16　输入变压器倒相式推挽 OTL 功放电路

9.2.7　超外差式收音机整机实例

图 9-17 所示为一典型的六管超外差式调幅收音机。

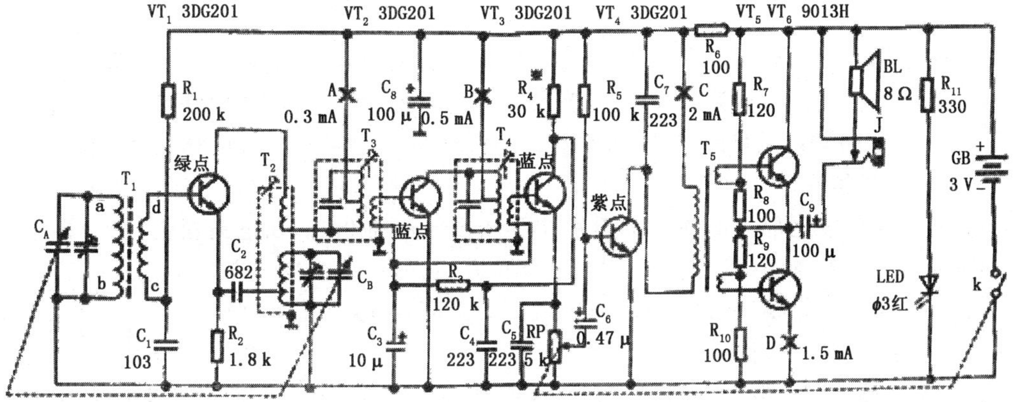

图 9-17　六管超外差式调幅收音机原理图

9.2.7.1　元件说明

(1)电阻

根据色差法对 11 个电阻进行分类。具体方法如下：

棕	红	橙	黄	绿	蓝	紫	灰	白	黑	金	银
1	2	3	4	5	6	7	8	9	0	5%	10%

电阻值计算方法:在实物电阻中,第一、二种颜色所对应的数字代表电阻值的前两位数字,最后一种颜色所对应的数字代表电阻值中从第三位开始数,“0”的个数。

(2)三极管

该收音机中有两种三极管。V_5,V_6 为 9013 属于中功率三极管，V_4 为 3DG201 属于高频小功率三极管,在安装时,一定要注意将元件安在正确的位置,否则装出来的效果不好。同时,要求电容和三极管管脚的长度要适中,不要剪得太短,也不要留得太长,使它们不要超过中周的高度。

(3)中频变压器(简称中周)

中周三只为一套,T_2 为振荡线圈的中周型号为 LF10－1(红色)，T_3 为第一级中放用的中周型号为 TF10－1(白色),T_4 为第二级中放的中周型号为 TF10－1(黑色)。这三只中周在出厂前均已调在规定的频率上,装好后只需微调甚至不调,不要乱调。中周外壳除起屏蔽作用外,还起导线的作用,所以中周外壳必须接地。

(4)磁棒线圈

磁棒线圈的四根引线头可以直接用电烙铁配合松香焊锡丝来回摩擦几次即可自动镀上锡,四个线头对应地接在印制板的焊盘上,即 a,b,c,d 点,焊接前要仔细辨别 b,c 引脚,切不可弄反。

(5)调谐盘

由于调谐用的双联拨盘安装时离电路板很近,所以在它圆周内的高出部分的元件引脚在焊接前先用剪刀剪去,以免安装或调谐时有障碍。影响拨盘调谐的元件有:T2 和 T4 的引脚以及接地焊片,双联的三个引出脚,电位器的开关脚和一个引脚。

(6)耳机插座

先将插座靠尾部下面的一个焊片往下从根部弯曲 90°插在电路板上,然后再用剪下来的一个引脚的一端插在靠尾部上端的孔内,另一端插在电路板对应的 J 孔内,焊接时的速度一定要快,以免烫坏插座的塑料部分,影响电路的导通。

(7)变压器

T5 为输入变压器,线圈骨架上有突出点标记的为初级,印制板上也有圆点作为标记,安装时不要装反(还可以配合万用表测量进行分辨)。

(8)发光二极管和喇叭

发光二极管主要用来进行收音机开关的指示,当开关打开时发光二极管亮,反之则不亮。它的接法弯曲成型,然后直接插到电路板上焊接即可,安装时要注意二极管的正负极。把喇叭放好后,如果要挪动,可用电烙铁将其周围的三个塑料桩靠近喇叭的边缘烫下去把喇叭压紧,以免其松动不稳。除了上面列出的元器件外,还有电位器、电路板、导线、螺丝等。

9.2.7.2　收音机的焊接与组装

组装前的准备包括以下几个方面。

(1)三极管的检查

①分清高频管与小功率低频管。

②测量各三极管 β 值,再以 β 值决定某级配用三极管。

③尽量地选 CEO I 小的三极管,最好不要单纯地以颜色标记作为三极管 β 值的依据,尽量用晶体管参数测试仪测量 β 和 CEO I。

(2)电阻的检查

电阻阻值有用数字表示的,有用颜色码表示的,但都要用万用表一一测量,阻值误差 10%左右照常选用,不必强求原来的标称值。选用的功率应大于在电路中耗散功率的 2 倍以上,以防止电阻过热、变值乃至烧毁。因受热而损伤的电阻不能再用,带开关的电位器也要按其在电路中的功能要求检测。

(3)电容的检查

用万用表"Ω"挡测量电容，主要从表针观察时间常数 RC 的大小，只能判断其是否断路。0.022 μF 左右的小电容可观察到指针的变化，漏电电阻应为几十至几百兆欧。故测量几百皮法小电容时，其时间常数 R 对于大容量的电解电容，选择适当的"Ω"挡测量，其泄漏电阻是与电容量成正比的，泄漏电阻几千百欧以上可用。测量前，充过电的电容要进行放电。测量时，指针式万用表的"—"要接在电解电容的"+"极，不要把人体电阻加进去。电容器的耐压值应大于电源电压。本机振荡回路或谐振槽路的固定电容最好用云母或瓷介电容，其电容值不要偏离过大。电解电容误差在 100%也照常使用。如有必要，可以用数字万用表(多数带有测电容功能)和电桥测量。

(4)线圈的检测(用万用表的"Ω"挡测量)

对于输入变压器的一组次级线圈，其直流电阻值应相等，原边线圈阻值也应与次级的阻值相比较，看是否符合所要求匝数的阻值(初、次级线径通常一致)，喇叭音圈直流电阻略小于音频阻抗，用表一搭一放听其"咯哒"声音判断其优劣。中周线圈只能用万用表判断其通断正确与否，一侧线圈自短路不能判断。焊接前电阻要看清阻值大小，并用万用表校核。电容、三极管要看清极性。一旦焊错要小心地用烙铁加热后取下重焊。拨下的动作要轻，如果安装孔堵塞，要边加热，边用针通开。电阻的读数方向要一致，色环不清楚时要用万用表测定阻值后再装。上螺丝、螺母时，用力要合适，不可用力太大。

总之，动手焊接前用万用表将各元件测量一下，做到心中有数，安装时先安装低矮和耐热元件(如电阻)，然后装大一点的元件(如中周、变压器)，最后装怕热的元件(如三极管)。电阻的安装，即将电阻的阻值选择好后，根据两孔的距离弯曲电阻脚，可采用卧式紧贴电路板安装，也可以采用立式安装，高度要统一。瓷片电容和三极管的脚剪的长短要适中，它们不要超过中周的高度。电解电容紧贴线路板立式焊接，太高会影响后盖的安装。

焊接完毕，仔细检查电路是否有虚焊、假焊和短路的地方，电阻是否有阻值接错的，电容、发光二极管是否有正负极接反的，三极管的 e,b,c 脚接对了没有，中周的型号是否有误等。逐步分析，发现错误，及时纠正，以免通电后烧坏元件。

9.2.7.3　元件清单

元件	型号	数量	位号
三极管	9013	2 只	V5,V6
三极管	9014 或 3DG201	1 只	V4
三极管	9018 或 3DG201	3 只	V1,V2,V3

发光二极管	3(红色)	1只	LED
振荡线圈(中周)	TF10(红色)	1只	T2
中频变压器(中周)	TF11(白色)	1只	T3
中频变压器(中周)	TF12(绿色)	1只	T4
输入变压器	绿色	1只	T5
磁棒及线圈	4 mm×8 mm×80 mm	1套	T1
扬声器	0.5W8 Ω	1只	BL
电位器	10 k	1只	RP
电阻	100 Ω	3只	R6,R8,R10
电阻	120 Ω	2只	R7,R9
电阻	510 Ω	1只	R11
电阻	1.8 k	1只	R2
电阻	30 k	1只	R4
电阻	100 k	1只	R5
电阻	120 k	1只	R3
电阻	200 k	1只	R1
瓷片电容	682	1只	C2
瓷片电容	103	1只	C1
瓷片电容	223	4只	C4,C5,C7,C11
电解电容	4.7 μF	1只	C6
电解电容	10 μF	1只	C3
电解电容	100 μF	3只	C8,C9,C10
耳机插座	3.5 mm	1只	CK
双联电容	CBM－223 pF	1只	CBM
机壳上下壳		各1个	
刻度面板		1块	
调谐拨盘		1只	
电位器拨盘		1只	
磁棒支架		1只	
印刷电路板		1块	
电池极片		1套(三件)	
导线	红、黑、黄×2	4根	
螺丝	PM2.5×4	3个	
螺丝	PM1.7×4	1个	
螺丝	PA2×6(自攻)	1个	

9.2.7.4 收音机的调试

收音机的调试主要包括：基本调试（外观检查和静态电路测试）、中周调整、中频频率调整、统调。

（1）基本调试

调试是为了收音机能正常更好的工作，将调试好的部件组装成整机后，不可能都处在最佳配合状态，而满足整机的技术指标。所以，单元部件经组装后一定要进行整机调试。

首先，按直观检查的方法对整机进行外观检查。外观检查有如下内容：焊接质量检查、电池夹弹簧检查、频率刻度指示检查、旋钮检查、耳机插座检查、机内异物检查等。结构调整主要是检查印制电路板各部件的固定是否牢靠，有无松动，各接插件间接触是否良好，机械转动部分是否灵活。

其次，对电路电流进行测量。将电位器开关关掉，装上电池，用万用表的 50 mV 挡来测量，表笔跨接在电位器开关的两端（黑色表笔接电池负极，红色表笔接开关的另一端），若电流指示小于 10 mV，则说明可以通电，将电位器开关打开（音量旋至最小即测量静态电流），用万用表依次测量 D，C，B，A 四个电流缺口，若被测量电流的数字在规定的参考值左右即可用电烙铁将四个缺口依次连通，再把音量开到最大，调双联拨盘即可收到电台。在安装电路板的时候，注意把喇叭及电池引线埋在比较隐蔽的地方，并且不要影响调谐拨盘的旋转和避开螺丝桩子，电路板挪位后再上螺丝固定。当测量不在规定的电流值的范围时，则要仔细检查三极管的极性有没有装错，中周是不是装错位置以及虚焊等，若测量哪一级电流不正常则说明那一级电流有问题。

（2）中周调整

由于和中周变压器并联的电容器的容量总存在误差，机内的布线也存在着不同的分布电容，这些都会引起中周变压器的失谐，所以要进行调整。但由于中周在出厂时厂家就已经调好，在这里就不需要我们再调整了。如果出厂时没有调整好中周，则可以按以下方法进行中周调整：把高频信号发生器调到 465 kHz 上，双联电容逆时针旋到头，然后调 TF10（黑色）、TF10（白色）两个中周，反复调几次，达到收音机喇叭声音最响为止。

（3）中频频率调整

收音机中波段频率范围一般规定在 535～1 605 kHz。它是通过双联电容从容量最大到容量最小来实现连续调谐的，为了满足上述的要求，必须调频率范围。在出厂前厂家也已经调整好，在这我们也不需要再调整了。

（4）统调

统调就是通过调试收音机的输入回路、本机振荡频率、中放回路的中频频率校正，从而达到在接收的频率范围内机子具有良好的频率跟踪特性。所谓跟踪是指在接收的频率范围内，当接收任一频率的电台时，本机振荡频率与要接收的频率通过混频电路后都应该输出标准的中频频率信号，在超外差 AM(调幅)波段中，中频频率为 465 kHz。

从理论上讲，中波收音机从 525～1 605 kHz 的范围内，振荡频率和外部电台频率之差各点都应该是 465 kHz，但实际上是很难做到的，为了使整个波段内都能做到基本同步，经过大量实验证明，只要把 600 kHz，1 000 kHz，1 500 kHz 这三点调准就可以了，所以要进行三点统调。

中波的频率范围是：530～1 600 kHz，那么本机振荡的频率范围就应该在 955～2 065 kHz，收音机是通过一个双联可变电容来同时改变输入回路的谐振频率和本机振荡频率的，理想状态下，我们在选台时在整个波段的频率范围内，本机振荡频率与输入回路谐振频率之差都应该保持在 465 kHz，但实际情况并没有这么理想，由于本机振荡电路与输入回路分属不同的谐振槽路且谐振频率也不同，虽然输入回路和本机振荡电路的谐振电容是同步联动的，但由于电路参数的差异，很难保证在整个接收频率范围内都能准确地差拍出 465 kHz 中频，为此在实际电路中都做了一些补偿措施。一般说来，输入回路的线圈和本机振荡线圈及所配的双联电容都是配套元件。统调的具体方法如下所示：在波段的低端接收一个已知频率的本地强信号台，当接收到电台声音后，看此时调谐刻度指针所指的频率是否和所接收的频率一致，如果不一致可调整本机振荡线圈 T_5 的磁芯，并同时旋动调谐旋钮，直到刻度指针所指示的频率与接收频率一致，然后调整输入回路线圈 T_1 在磁棒的位置使声音最大为止。如果刻度指针所指示的频率与接收频率已经一致，此时只要调整 T_1 使声音最大即可。统调的第三步方法与第二步相似，在波段的高端接收一个已知频率的强信号电台，分别调整 C_2 和 C_9 使刻度指针所指的频率与接收的频率一致且声音最大即可。反复第二步和第三步进行微调使接收效果达到最好成绩。高、低端调试好后，中端一般都不用调了，除非你在输入回路或本机振荡电路所使用的元件参数有误。

9.3 调频电路收音机

由前面介绍可知，调幅广播是用音频调制载频的振幅，振幅随音频信号变化，载频频率不变。调幅广播电台间隔小，接收机通带窄，保真度不高；况且调幅收音机抗干扰能力差，差拍及串台干扰严重。调幅广播通常用中波和短波来发射，电台非常拥挤，为了避免邻近电台之间的串台干扰，两个电台之间的频率间隔需大于 9 kHz，这样就要求中频放大器的通频带也应满足 9 kHz 的带宽。即使这样，因经检波后的高频成分有一定的损耗，最高也只有 4.5 kHz。声音中的高频成分大部分未能重放出来，所以调幅收音机的保真度低。此外，调幅收音机的抗干扰能力也差，这是因为各种干扰信号大多以调幅形式调制在载波上，收音机很难将有用信号和干扰信号完全分开。再加上交叉调制及电台之间的串扰，形成差拍啸叫也较严重。

调频广播可解决调幅广播中存在的缺点，因调频信号是用音频信号对载频的频率进行调制，载频的幅度固定不变，不但可做到音频信号的高保真传送，抗干扰能力也大大增强。在调频广播中，调频信号 100%调制时，频偏规定为±75 kHz，而音频信号的最高频率为 15 kHz，因此，调频收音机的带宽应为 $B \geqslant \pm(75+15)$kHz，即带宽大于 180 kHz。调频广播的频率间隔为 200 kHz，所以调频收音机的带宽可以做到 180～200 kHz，从而保证了音频信号的高保真重放。高保真度要求传送 15 kHz 的音频成分，而音频的频率响应可达到 30～15 000 Hz（人耳可听频率范围为 20～20 000 Hz），大大高于调幅收音机的 4.5 kHz。因此，调频收音机可获得声音的真实重放。而且，调频收音机都设有限幅器，可以抑制调频波上的调幅干扰，使声音清晰，噪声很小，信噪比大大提高。

9.3.1　调频收音机的原理框图及波形

调频广播使用超短波发送，采用的是调频广播国际标准频段 88～108 MHz。调频收音机一般采用超外差接收，中频频率为 10.7 MHz。它与调幅超外差式收音机的电路结构很相似，是由输入电路、高频放大器、变频器、中频放大器、限幅器、鉴频器、低频放大器、功率放大器及自动频率控制（AFC）等电路组成的，输入回路、高频放大器、变频器一般称为调频头电路。图 9-18 所示为调频收音机的原理图及各点处的波形。

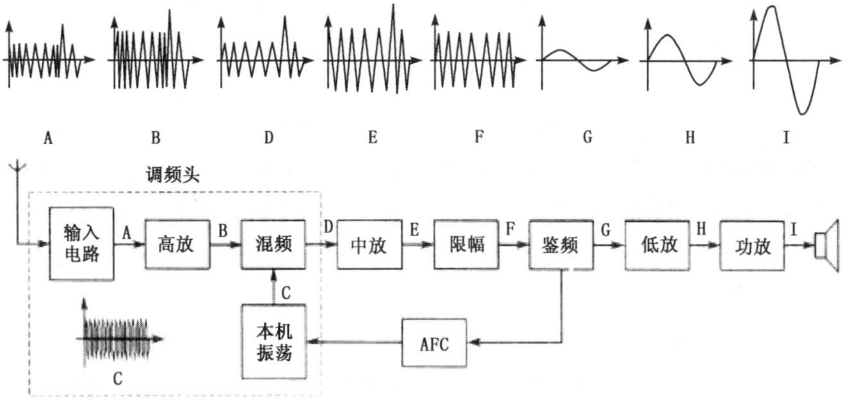

图 9-18　调频收音机原理图及波形

从原理图及波形图来看，经高频放大器放大的调频信号的调制频率没有改变，只是幅度增大了。变频级是利用晶体管的非线性作用，把高频放大器送来的调频信号和本机振荡电路产生的无调制的正弦波信号进行混频。混频的结果得到了10.7 MHz的差频(中频)信号,即完成变频任务。在变频的过程中,只改变信号的载频频率,原来调制信号(音频)的内容没有改变。10.7 MHz的中频信号经过中频放大器放大后送到限幅器。限幅器的作用是切除调频波上的幅度干扰和噪声,使中频信号变成一个等幅的调频波,然后送至鉴频器。鉴频器的功能是将频率变化的信号转变成电压变化信号,即把调频信号恢复成音频电压变化信号(相当于调幅收音机中的检波)。低频放大级和功率放大级与调幅收音机的功能完全相同。

调频收音机的本机振荡频率很高,为了防止由电源电压及温度变化引起的振荡频率漂移而造成失谐,电路中还设有自动频率控制(AFC)电路。为了充分发挥调频收音机音质好的优点,低频放大级应尽可能做到频响宽、失真小、功率余量大,以得到高保真的放声效果。

9.3.2　调频头电路

调频头电路由输入电路、高频放大电路、混频及本机振荡电路组成。电路如图9-19所示。其作用是用调谐方式接收、放大调频广播信号,并把它变成10.7 MHz的中频信号。调频头电路应具备噪声小、选择性好、动态范围宽的特点。

图9-19为常见的调频头电路。天线接收到的调频电台信号通过C进入输入回路,然后由C_1耦合到高放管VT_1进行高频放大,在VT_1集电极调谐负载回路上选出所需要的电台信号。信号耦合给变频管的输入端,同时由VT_2的组成共基极电容反馈式振荡器产生的本振信号,通过反馈电容C_9输送到VT_2的输入端,与输入电台信号混频。经变频后产生的中频信号通过中频变压器IFT耦合到第一中放管进行中频放大。R_2是VT_1的发射极电阻,R_1是VT_1的基极偏置电阻,为VT_1提供稳定的偏置。

(1)输入电路

输入电路是用来把天线接收到的调频无线电波耦合到高频放大级,因此,它不仅是一个阻抗匹配网络,还是一个频率选择电路。对接收调频信号的晶体管收音机的输入电路来说,它应具有宽的通频带,并能获得较好的阻抗匹配。因此,便携式调频收音机的输入电路大多数都采用宽频带形式。常见的调频收音机的可变调谐式输入电路如图9-20所示。

(2) 高频放大器

高频放大器是指收音机电路中变频器之前的放大器,它是调频收音机的一个重要组成部分。它的主要作用是把从天线上接收到的各种信号加以放大,同时防止本机振荡信号向天线泄露。该级电路的优劣在很大程度上决定了收音机的灵敏度和选择性,以及整机的信噪比。收音机天线所接收到的广播信号多是在微伏(μV)数量级。因此,作为第一级高频放大器,要求增益高、频带宽、动态范围大、噪声低、工作稳定。

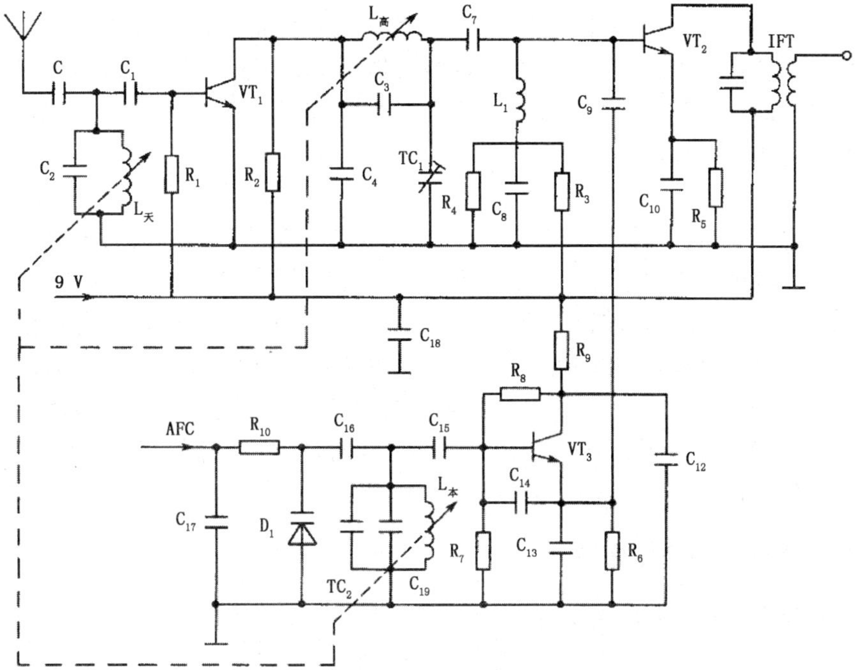

图 9-19　调频头电路

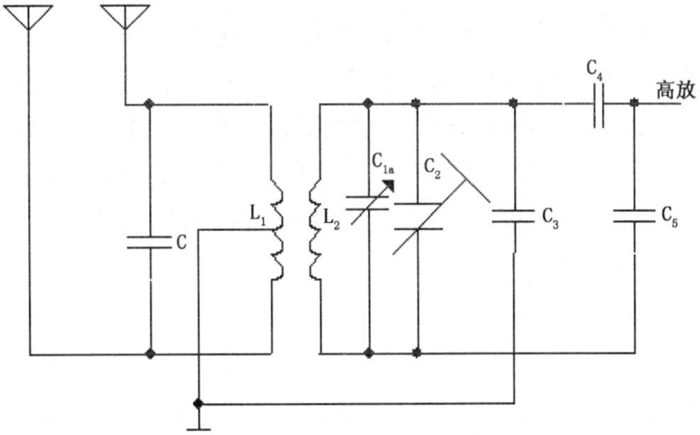

图 9-20　调频收音机输入电路

调频收音机的高频放大电路有共射极和共基极两种形式，共基极电路的输入阻抗低，适合与固定调谐的宽带型输入回路配接。输出阻抗高，集电极与其选频负载不必采取抽头形式接入。输出端向输入端的反馈小，工作稳定性好。对晶体管的截止频率要求不高，大于 350 MHz 即可。所以在调幅/调频(FM/AM)收音机中，大都采用共基极高频放大器。

(3)变频器

变频电路包括本机振荡和混频两部分，主要任务是将由高频放大电路来的信号和由本机振荡电路来的未调制波进行混频，把超高频信号变为 10.7 MHz 的中频信号，然后送到中频放大级进行中频放大。对变频电路的要求是振荡波形好、频率稳定度高。变频级完成频率变换的任务，只改变信号的载波频率，而不改变原来调制信号(音频)的内容。与调幅收音机一样，变频电路由两个晶体管分别完成振荡功能和混频功能，叫作混频器。变频电路是由一只晶体管同时完成本机振荡和混频两个功能，叫作变频器。在简单的调频晶体管收音机中，变频一般采用变频器电路。

9.3.3 中频放大器及限幅器

中频放大器与限幅器密不可分，中频放大器主要是放大 10.7 MHz 的中频信号，限幅器可以抑制调幅波的干扰，限幅作用是由末级中频放大器和比例鉴频器分别实现的。

9.3.3.1 中频放大器

中频放大电路也是调频收音机的重要组成部分，它的任务是把来自变频级的中频信号放大到检波级电路可以正常工作的电平。这级电路不仅关系到整机的灵敏度和选择性等主要性能指标，而且它的限幅性能对消除幅度干扰、提高信噪比、改善调幅抑制比、减小失真、加宽通频带起着重要作用。调频收音机的中频放大电路与调幅收音机的中频放大电路形式相似，只是工作频率不一样，调频收音机的中放频率为 10.7 MHz。对中频放大电路的要求是：功率增益高、稳定性好、通频带宽度合适、选择性好和有良好的限幅性能。

9.3.3.2 限幅器

在调频收音机中，限幅器设置在末级中频放大器与鉴频器之间。限幅器的功能是切除输入信号的幅度变化，提供一个等幅的输出信号，这个输出信号保持输入信号频率的变化规律，但输入信号的幅度一定要大于限幅器的门限幅值，才能起到限幅作用。对限幅器的要求是有合适的门限电压，晶体管的工作点要选择恰当。限幅作用是决定调频收音机抗干扰能力优劣的重要因素之一，也是调频收音机抗干扰能力远远优于调幅收音机的重要原因。这是因为无线电波干扰大多表现为幅度起伏的干扰，而限幅作用恰恰是削弱或切除寄生调幅干扰。常见的限幅电路有二极管限幅器和三极管限幅器。

(1)二极管限幅器

在中频放大器的调谐回路上并联一对反向连接的二极管就构成了二极管限幅器，电路如图 9-21 所示。二极管 D_1，D_2 并联在中频变压器回路中。一般二极管的正向导通电压为 0.3～0.6 V，导通时电阻很小。当两个二极管反向接于回路两端时，虽然它们都处于零偏置的工作状态，但对高频交流信号而言，它们却处于正、负极性交替变化的信号高低电平两端。当回路两端输入信号电压大于二极管的正向导通电压时，二极管导通，放大器的负载阻抗变小，增益降低，这样使输出电压钳制在二极管导通电压值左右。对于具有理想导通特性的二极管，在导通时，正向电阻很小，而且基本上保持恒定，在反向截止时，电阻呈无穷大。

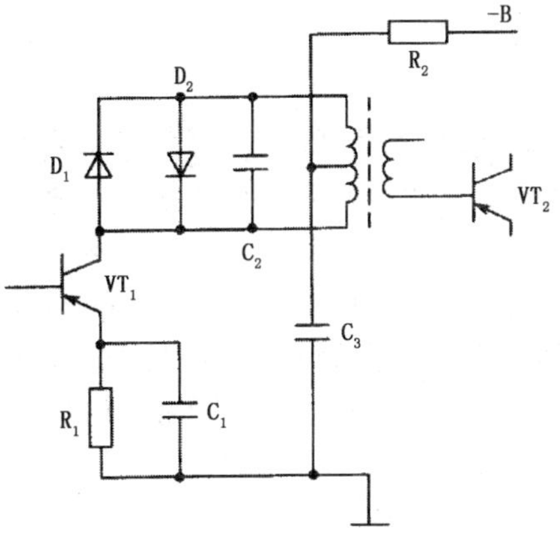

图 9-21　限幅器电路

(2)三极管限幅器

三极管限幅器主要是利用三极管的截止及饱和特性限制放大器的动态范围，也就是说，三极管限幅器实际上就是工作在截止区和饱和区的放大器。当输入的正半周信号大到一定程度时，晶体管饱和，而在负半周时，晶体管截止，从而起到了限幅作用。为了对小的输入信号也能起限幅作用，所选用的负载电阻应使晶体管容易进入饱和区或截止区，并且使饱和点和截止点相对于工作点是对称的，以获得对称的限幅波形。三极管限幅原理如图 9-22 所示。

在图 9-21 所示电路中，中频变压器 T 之前的电路，若作为中频放大电路，则此电路既为中频放大又为二极管限幅电路。若中频变压器 T 之前的电路为三极管限幅电路(静态设置与中频放大器不同)，则此电路为附加二极管限幅器，它是将二极管限

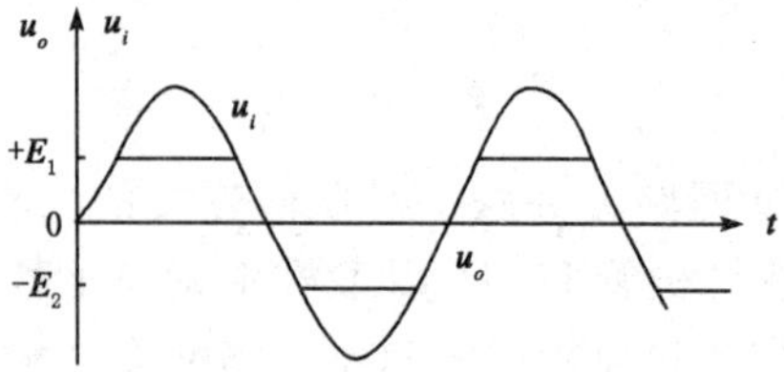

图 9-22 三极管限幅示意图

幅电路应用在三极管限幅器负载谐振回路上，即构成了两种限幅电路的组合，这种限幅电路的限幅效果更加理想。在实际应用中，二极管限幅器和三极管限幅器可单独使用，也可组合使用。

9.3.4 鉴频器及自动频率控制

9.3.4.1 鉴频器

鉴频器是调频收音机中的重要电路之一，它的功能是从调频信号中检出音频调制信号，所以又称频率检波器。频率检波通常要经过两个过程。第一，用频—幅变换器将调频波转变成调幅波，使其幅度的变化正比于调频波频率的变化，如图 9-23(a)所示；而它的载频则仍然是调频波，实际上是一个调幅的调频波，如图 9-23(b)所示的波形。第二，用一般的幅度检波器检出调幅的调频波的幅度变化部分，即其包络。这就是需要的，与原来调频波频率变化成正比的音频信号，如图 9-23(c)所示。

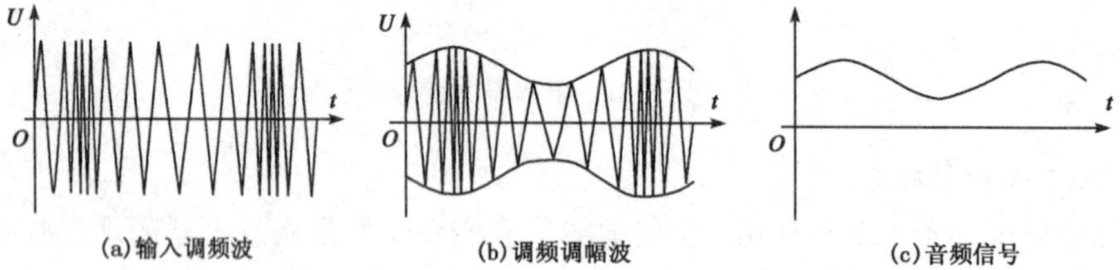

图 9-23 调频检波波形

鉴频器分为相位鉴频器和比例鉴频器，比例鉴频器本身就具有限幅作用，所以在使用比例鉴频器时，可省去限幅电路。下面以相位鉴频器为例，说明鉴频器的工作原理，如图 9-24 所示是相位鉴频器的电路图。

它的工作原理可分为两部分。第一部分是频—幅变换器，它是由互相耦合并且调谐在同一频率(即信号的中心频率 10.7 MHz)的两个谐振回路构成的。L_1，C_1 组成初级调谐回路；L_2，C_2 组成次级调谐回路。L_2 具有中心抽头，抽头上下两部分的电压相等。这部分电路先将调频信号频率的变化转换为两个电压间相位的变化，并将该相位变化转换成对应的幅度变化。也就是说，将调频波转换为调频调幅波，这时载波虽然仍是调频波，但其幅度有了变化，即包络相应于调制的音频信号，如图 9-23(b)所示。第二部分是一般的调幅检波器，它由两个二极管检波器平衡地连接而成，所以这种电路常称为平衡鉴频器。R_1，C_4 和 R_2，C_5 分别是检波二极管 VD_1，VD_2 的负载。它可以从调频调幅波幅度的变化成分中检出音频信号。C_3 是隔直流电容器，对高频来说相当于短路。L_3 是高频扼流圈，主要给二极管以直流通路，并使通过 C_3 耦合的信号电压不被短路。

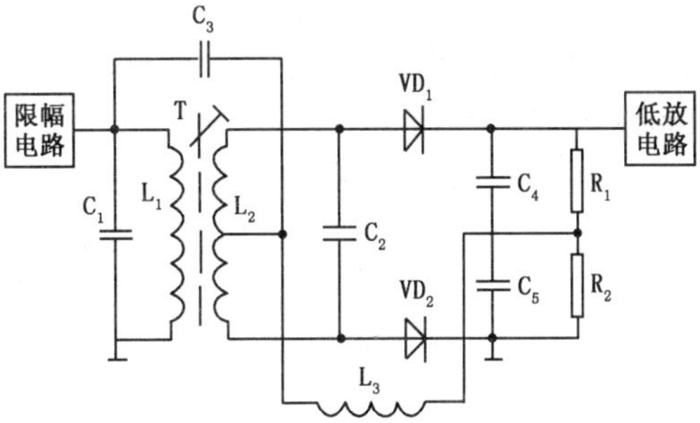

图 9-24 相位鉴频器电路

9.3.4.2 自动频率控制(AFC)电路

AFC 电路是调频收音机的特有电路。其作用是保持本机振荡器的频率稳定，避免中频失谐。它主要利用变容二极管来实现，随着变容二极管两端反向电压的增大，电容量变小。把变容二极管并联在本振回路，并施加一个固定负电压，使其具有一个起始电容量，作为本振回路谐振电容的一部分。再把鉴频器输出的与频率漂移相对应的正(负)直流电压作为 AFC 控制电压，加在变容二极管上。当选到一个电台，本振信号频率正确，从而使 10.7 MHz 中频无失谐时，鉴频器输出的直流电压为零，变容二极管维持起始电容量，本振频率维持稳定。当本振频率因某种因素而升高时，中频随之升高，鉴频器输出一个正电压，使变容二极管的反向电压减小，其电容量增大，于是本振频率降低。相反，当本振频率因某种因素而降低时，鉴频器输出直流负电压，使变容二极管容量减小，本振频率升高，从而实现本振频率的自动控制。

在图 9-25 所示的自动频率控制电路中，电路中 L_1、C_1 构成 LC 并联谐振网络。变容二极管的固定负偏压由电阻 R_1 和 R_2 分压取得。电压 V_i 经 R_3 加到变容管的正极，与其两端的固定负电压叠加，达到控制变容管容量的目的。变容管通过 C_2 控制了 LC 并联谐振网络的谐振频率。

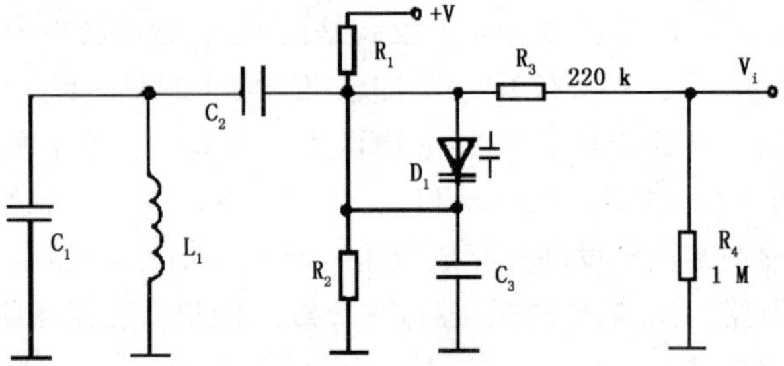

图 9-25　自动频率控制电路

调频收音机与调幅收音机的音频放大电路基本是一样的。由于调频收音机的工作频率较高,分立元件构成的晶体管调频收音机,因其电路复杂,频率间的相互干扰比较严重,性能不够稳定。所以我们只对调频机的各级电路作一简单的介绍,主要让读者掌握调频收音机各级电路的工作原理,这样对了解集成电路收音机的工作会有一定的帮助。

9.3.5　集成电路收音机

由于集成技术的迅速发展,晶体管调频收音机早已被集成电路调频机所取代,大规模集成电路可将调幅、调频收音机的绝大部分电路集成在一个芯片内,不但大大简化了电路,并且工作更加可靠。集成电路收音机是由集成电路配以适当的外围元器件构成的。集成电路在音响设备方面应用日益广泛,收音机电路的集成化已成为收音机发展的必然趋势。目前收音机的高频、中频、检波、鉴频及音频放大电路均已实现集成化,而且集成度越来越高。为了满足接收不同频率的需要,输入调谐电路一般需使用分立元件或专用集成电路,其他各功能电路均集成在一个芯片内。

CXA1191 系列集成电路是日本索尼公司研制的,其功能齐全、集成化程度高。在调频/调幅中短波收音机中被广泛使用。图 9-26 所示为 CXA1191 的内部逻辑电路。从图中可以看到,在集成电路内有调频高频放大、调频/调幅宽频、本机振荡、调频中频放大及鉴频、调幅中频放大及检波、音频放大电路等,几乎包含了调频/调幅收音机的所有电路。各引脚的功能见表 9-1。

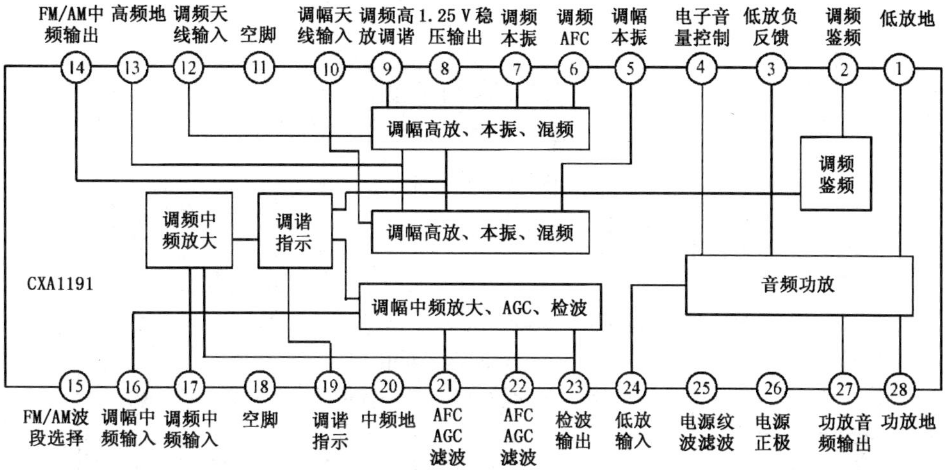

图 9-26　CXA1191 内部逻辑电路

表 9-1　CXA1191 引脚功能

引脚	功能	引脚	功能	引脚	功能	引脚	功能
1	调频静噪	8	1.25 V 稳压输出	15	FM/AM 波段选择	22	AFC 滤波
2	FM 鉴频器	9	FM 高放	16	AM 中频输入	23	检波输出
3	负反馈	10	AM 输入	17	FM 中频输入	24	音频输入
4	电子音量	11	空脚	18	空脚	25	电源滤波
5	AM 本振	12	FM 输入	19	调谐指示	26	电源(电源正极)
6	AFC 自动频率控制	13	高频地	20	中频地	27	音频输出
7	FM 本振	14	FM/AM 中频输出	21	AGC 滤波	28	地(电源负极)

CXA1191 集成电路的收音机所需外围元件少、性能稳定、焊装调试方便。

图 9-27 所示为利用 CXA1191M 组成的调频/调幅收音机电路，收音机的 FM/AM 转换只需一个开关即可完成。FM 广播信号经天线接收后由 C_1、C_2、C_3、L_5 组成的带通滤波电路，除去 88～108 MHz 以外的信号，然后从 IC 的 12 脚输入到内部进行高频放大，再经 9 脚外围元件 C_5、L_2 选频回路选出要接收的广播信号。与 7 脚外接的 C_6、L_3 等组成的本振回路混频，从 CXA1191 的 14 脚输出 10.7 MHz 的中频信号，经 10.7 MHz 的中频滤波器滤掉 10.7 MHz 以外的信号，从 17 脚输入到内部进行中频放大，然后经内部电路和 2 脚所接的陶瓷晶振组成的鉴频电路鉴频，从 23 脚输出音频信号，23 脚输出的音频信号通过 C_{20} 再从 24 脚送入内部进行电子音量控制、功率放大，最后从 27 脚输出，经 C_{22} 推动喇叭发出声音。15 脚为波段选择引脚，

AM 接收时接地，FM 接收时接 C_{12} 瓷片电容接地。4 脚为电调音量控制端。

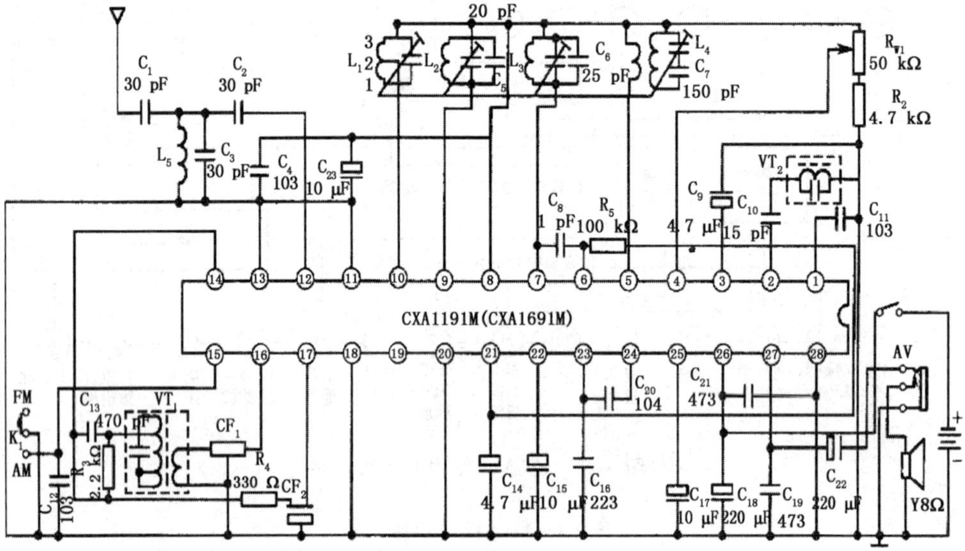

图 9-27　集成电路收音机

9.3.6　电子产品焊装

电子产品的焊接装配是电子工艺实习中的一项重要训练内容，通过完成产品的焊接装配，对学员进行工艺知识综合能力的训练。因为收音机的电路结构、产品大小、元器件种类非常适合工艺训练，所以常被选为电工电子训练的产品。下面以分立元器件的中波收音机为例，介绍实习产品的焊装。

9.3.6.1　焊装前的准备

必要的准备是优质焊装的前提。首先，要经过焊接的基本训练，掌握电子焊接的基础，包括元器件的整形、镀锡及拆焊等。其次，要能看懂装配图，会使用万用表并具备元器件的检测与识别的能力。

(1)元器件清点测试

将所有元器件按照材料单逐个清点后，利用万用表进行测试，其目的有两个：一是保证焊装在线路板上的元器件都是好的；二是加强万用表检测元器件的训练，所有元器件都要认真检查测试。在检测之前，要按电子元器件的标注方法正确读出含义，包括标称值、精度、材料和类型等。机械件、铸塑件使用目测的方法检查好坏。严格按照电子产品生产工艺要求，电子元器件在焊装前都应进行通电老化，老化后的电子元器件，经过检测将不合格的挑选出来。

收音机元器件材料单见表 9-2。

表 9-2 收音机元器件材料单

序号	器件编号	规格	名称及作用
1	R2	4.7 k	电位器串联电阻
2	R3	2.2 k	调幅中频输入电阻
3	R4	330	调频中频输入电阻
4	R5	100 k	AFC 反馈回路电阻
5	RW1	50 k	电子音量控制电位器
6	C1	30 pF	带通滤波器电容
7	C2	30 pF	带通滤波器电容
8	C3	30 pF	带通滤波器电容
9	C4	0.01 uF	高频地滤波电容
10	C5	20 pF	FM 高放回路电容
11	C6	25 pF	FM 本振回路电容
12	C7	150 pF	AM 本振回路电容
13	C8	1 pF(或 1.2 pF)	AFC 控制电路
14	C9	4.7 uF	电子音量外接电容
15	C10	15 pF	FM 鉴频电容
16	C11	0.01 uF	静噪电容
17	C12	0.01 uF	波段控制电容
18	C13	470 pF	调幅中频耦合电容
19	C14	4.7 uF	AGC/AFC 自举电容
20	C15	10 uF	AGC/AFC 外接电容
21	C16	0.022 uF	去加重电容
22	C17	10 uF	电源滤波电容
23	C18	220 uF	电源滤波电容
24	C19	0.047 uF	音频高频滤波
25	C20	0.1 uF	音频耦合电容
26	C21	0.047 uF	电源高频滤波电容
27	C22	220 uF	音频输出耦合电容
28	C23	10 uF	退耦电容
29	C	AF-126	四联可变电容
30	L1	三端天线线圈	AM 输入回路电感
31	L2	4 圈	FM 高放回路电感
32	L3	3 圈	FM 本振回路电感
33	L4	红色中周式样	AM 本振回路电感
34	L5	4 圈	FM 输入回路电感

续表

序号	器件编号	规格	名称及作用
35	VT1	黄色	AM 中频选择回路中周
36	VT2	粉红色	FM 鉴频选择回路中周
37	CF1	SFU 455B	AM 中频选择回路陶瓷滤波器
38	CF2	10.7 MHz	FM 中频选择回路陶瓷滤波器
39	IC	CXA1191M (CXA1691)	收音机集成块
40	K1		波段开关(FM、AM)
41			立体声耳机座(接耳机或软天线)
42		5 mm×12 mm×58 mm	磁棒，套上 AM 天线线圈 L1
43			磁棒支架
44			FM 外接拉杆天线
45		直径 46 mm 8 Ω，0.25 W	电动式喇叭
46			前盖
47			后盖
48		大盘	调谐钮
49		小盘	音量钮
50		正极	电池片 2 个
51		负极	电池弹簧片 2 个
52	M2.5×6	螺钉、螺母、焊片 1 套	用于固定天线 FM 拉杆
53		2.5×6　1 只	自攻螺钉(用于固定电路板)
54		M2.5×4　3 只 M1.6×4　1 只	螺钉(用于固定可变电容和上大小拨盘)
55		1 块	印刷电路板

(2)烙铁头修整

烙铁头的形状、大小直接影响焊点的质量，焊接前要根据印制电路板上焊盘的大小、形状及焊盘的间距，对烙铁头进行修整。

(3)检查印制电路板

焊接前还有一项工作就是检查印制电路板，主要看焊盘是否钻孔、有无脱离，印制导线有无毛刺短路、断裂现象，定位凹槽、安装孔及固定孔是否齐全。

9.3.6.2　焊接印制电路板

印制电路板的焊接是保证产品质量的关键，避免焊接中出现虚焊、桥接等不合格焊点。焊接中力求仔细认真，要焊一个焊点，合格一个焊点。

(1)焊接要求

大型电子产品的焊接装配都有严格的工艺要求，焊装时应按工艺要求进行，不可随意乱装。收音机属于小型电子产品，一般没有严格的工艺要求，因其结构紧凑，元器件大都采用立式安装，至于元器件距印制电路板的高度、安装方向等，均按照元器件焊接常规要求即可。

(2)插件

插件是手工焊接的第一步，按照图 9-28 所示的装配图，将元器件插在印制电路板上，首先要保证元器件安装位置无误，极性插装正确，并对元器件的引脚进行镀锡、整形处理。元器件的焊接顺序根据具体情况，有些电器焊接装配时，先插装矮而小的元器件，后插装大而高的元器件，有些电器则相反。若收音机的结构比较紧凑，插件时可先插装矮而小的元器件，以免大而高的元件焊装完，矮而小的元器件安装比较困难。为使焊装的元器件不至于过高而影响后期的整机装配，可先焊装一至两个较高的元器件，作为其他元器件的参考高度。

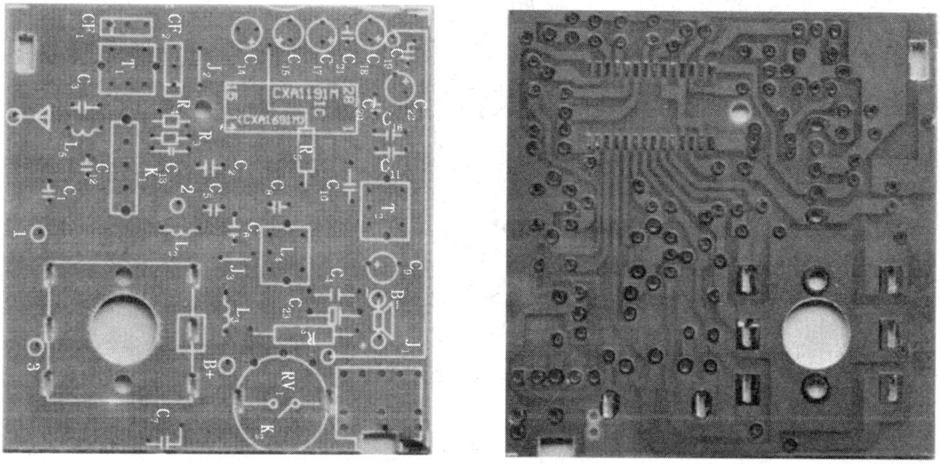

(a)正面　　(b)反面

图 9-28　印刷电路板及装配图

(3)焊接

元器件插装完可进行焊接，焊接前要对插入印制电路板上的元器件再次进行检查，确保元器件位置、极性正确后，方可实施焊接。焊接时请不要将所有元器件全部插装完后再进行焊接，这样焊接面密集的元器件引脚，不但影响对元器件插装正误的检查，还对焊点的正确焊接造成影响。正确的焊接方法是：插装一部分，检查一部分，焊接一部分。

有些收音机的印制电路板预留有电流测试断点，在收音机试听前应将这些断点连通。

9.3.6.3　组装

印制电路板上的元器件焊装完成后，可进行其他器件的组装。组装是焊装产品的最后一道工序，印制电路板与外界的连线，结构件、机械件及铸塑件的安装固定都在组装中进行。

(1)磁棒架与双联的安装：磁棒架应放在印制电路板与双联电容器之间，用螺丝钉紧固，如图 9-29 所示。

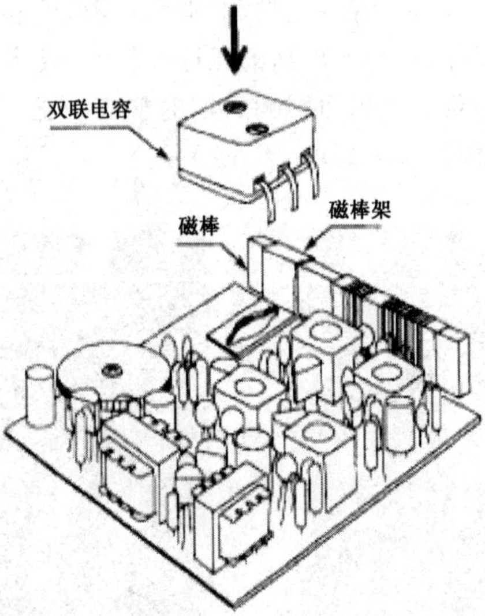

图 9-29　线路板上的器件组装图

(2)扬声器的安装：将扬声器放入机壳指定位置，并将其压入卡住。若机壳没有设计卡位，可将机壳扬声器位置周围高出的塑料用电烙铁将其烫软，堆在扬声器上(只需 3 处)。

9.3.6.4　检查试听

收音机组装完后请不要急于通电，应对组装好的收音机进行检查。检查无误后装入电池，不要接通电源，首先检测整机电流是否正常，无论电流过大还是过小，都说明焊装阶段存在故障，应查出原因将其解决后，再进行试听。收音机组装完后需要检查的内容有：

(1)印制电路板对外连接线是否正确，如电源连线、扬声器连线等；

(2)电子元器件的焊接是否可靠，是否存在漏焊、虚焊或桥接等现象；

(3)印制电路板元器件面是否有因元器件过高或不正造成引脚相碰的短路情况;

(4)频率盘、电位器盘转动是否灵活,螺丝钉是否上紧;

(5)焊装好的线路板能否顺利装入机壳。

经过以上检查后检测电流,若发现电流仍然不正常,还应对线路板上的元器件的安装是否正确进行再次检查。

消除故障后,检测电流应为正常值,这时可接通电源开关进行试听。无论是否经过调试,焊装好的收音机都应能收到两个以上的电台广播,这时可视为收音机焊接装配工作结束。

9.4　收音机的检修

收音机产生故障的原因很多,情况也错综复杂,像收音机完全无声、声音小、灵敏度低、声音失真、有噪声无电台信号等故障,是经常出现的。一种故障现象可能是一种原因,也可能是多种原因造成的。但只要掌握了收音机故障的类型及特点,使用正确的检修方法,就会很快查出故障。

9.4.1　完全无声的故障

收音机无声是一种常见的故障,所涉及的原因较多。电源供不上电、扬声器损坏、低频放大级或功率放大级电路不工作等,都能使收音机出现完全无声的故障。收音机出现完全无声的故障有两种情况:一是在收音机焊接装配完毕后,试听时收音机没有任何声音;二是在收音机使用期间,出现了完全无声故障。同一种故障出现在两种不同的场合,就具备了不同的特点,因此,检修时的侧重点也不同。

收音机焊装完毕出现无声的故障,最好使用观察法进行检修。检修时重点检查元器件安装和焊接的错误。例如,电池夹是否焊牢,电池连接线和扬声器连接线是否接错,元器件相对位置及带有极性元器件焊装是否正确,是否因元器件引脚相碰造成短路,焊接时是否存在漏焊、虚焊、桥接等现象。将焊装完的收音机对照电路原理图和装配图认真仔细地检查,可能会发现由于焊装的疏忽大意造成的故障。若经过认真观察、对照,仍然无法发现故障,可按下述步骤进行检修。

(1)测整机电流

将万用表置于直流电流挡,断开收音机电源开关,将电流表跨接在开关两端,正常时收音机的整机静态工作电流一般为 10～20 mA。测量时若发现:

①无电流。首先检查电池电压是否正常、电池夹是否生锈、正负极片与电池接触是否良好、电源线是否接错、印制电路板电源电路有无断裂现象。

②电流小。检查电池是否有电,检查时不能只测电池两端的电压,测其瞬间短路

电流才是正确的方法。可用万用表直流电流 500 mA 挡，红表笔接电池的正极，黑表笔接电池的负极，快速瞬时测量，电量充足时可达 500 mA 以上，若电流小于 250 mA，说明电量不足。检查各电阻阻值、晶体管极性安装是否正确，检查电池夹、开关接触电阻是否过大，检查焊点有无漏焊、虚焊等接触不良的现象。

③电流大。当整机电流较大时，不要长时间接通电源，应查出故障后再通电，否则会因电流过大而损坏其他元器件。如果是刚刚焊装完的收音机，首先应检查焊点是否有桥接短路的情况，再检查三极管和起稳压作用的二极管极性是否接反。实践中发现，中频变压器在焊接时，往往由于焊接时间过长或焊锡量过多，容易使焊锡流到元器件表面与中频变压器屏蔽壳接触，从而造成短路。

当整机电流大于 100 mA 时，说明电路有严重的短路现象，或放大电路静态工作点偏离比较严重，或晶体管被击穿。电容器的漏电或击穿、变压器初级与次级的漏电或短路、放大电路偏置电阻开路或阻值增大、电源正负极相碰短路，都是造成整机电流大的原因。

整机电流大的故障，适合使用开路法检修，可分别切断各放大器集电极的印制导线，若放大电路集电极预留有电流测试缺口的，逐一将缺口焊开，观察整机电流的变化，可确定故障的范围。

(2)测电源

检查电源电路是否正常，首先测电池两端电压，再测电池接入电路板的电压。若无电压，说明电源连接线开路(电池夹接触不良)或开关没有接通。对交直流供电收音机还要重点检查外接电源插座的焊点和其内部接触情况。若为正常的电压，再逐级测低放、前置、检波级及前级电路的供电电压。

(3)检查低放及功放电路

低频部分的检查应先检查功率放大级，再检查低频放大级。使用干扰法判断故障在低频放大级，还是在功率放大级。对于采用电位器分压方式进行音量调整的收音机，首先“碰”音量电位器的滑动端(电位器不可放在音量最小处)，确定低频部分的确有故障，再“碰”低放和功放输入端，判断故障是在功率放大级还是在低频放大级，最后用电压测量法找出损坏的元器件。利用电压测量法，检查输出变压器、输入变压器初级与次级是否开路，晶体管是否损坏。也可以将被怀疑的元器件焊下，用万用表的电阻挡进行测量，以确认是否真的损坏。通过测量低放级与功放级电路的电流及静态工作点电压是否正常，同样可以找出哪级电路存在故障。

(4)检查扬声器

将扬声器连线焊下，用万用表电阻挡(R×1)测扬声器的阻抗应为 7.5～8.0 Ω，再检查连接扬声器、耳机插孔的导线是否断线、接错，耳机插孔开关接触是否良好。

9.4.2　有“沙沙”噪声无电台信号的故障

收音机接通电源后，能听到“沙沙”的噪声，而收不到电台广播，基本可以断定低频电路是正常的。收不到电台信号，应重点检查检波以前的各级电路。在检修这类故障时先使用观察法，查看检波以前各级电路元器件是否有明显的相碰短路或引脚虚接、天线线圈是否断线或接错。

检查时可根据收听到“沙沙”声的大小，分析故障可能出现在收音部分前级电路还是后级电路，因为“沙沙”声越大，经过放大的级数越多，故障在前级的可能性就越大。相反，经放大电路的级数越少，“沙沙”声就越小。没有检修经验的初学者，难以从“沙沙”声的大小判断故障是在前级还是在后级。在实际检修中，往往使用干扰法判断故障在哪一级电路。

9.4.3　声音小、灵敏度低的故障

声音小、灵敏度低的故障涉及的范围较大。声音小，除低频放大电路是主要考虑的部位以外，还与中频放大电路和变频电路有关。灵敏度低，一般是中频放大电路和变频电路存在问题，与低频放大电路关系不大。检修时先试听，如果各个电台声音都很小，则是声音小的故障；如果有的电台声音大有的声音小，则是灵敏度低的故障。声音小的故障应重点检查低频放大电路，灵敏度低则应检查中频放大电路和变频电路。声音小和灵敏度低这两种故障，有时可能同时存在，在检修时应先排除声音小的故障，再排除灵敏度低的故障，灵敏度低的故障主要出现在低频放大以前的各级电路中。

9.4.4　啸叫声的故障

超外差式收音机因灵敏度高、放大级数多，容易产生各种啸叫声和干扰，引起啸叫声故障的原因很多，查找起来比较困难。检修时要根据啸叫声的特点，判断该啸叫声是属于高频、低频或差拍啸叫，并根据啸叫声频率的高低，针对不同的电路进行检查。

(1)高频啸叫

收音机在调谐电台时，常常在频率的高端产生刺耳的尖叫声，这种啸叫出现在中波频率 1 000 kHz 以上位置时，可能是变频电路的电流大、元器件变质、本振或输入回路调偏等原因。

如果啸叫出现在频率的低端位置，可能是中频频率调得太高，接近于中波段的低端频率，此时收音机很容易接收到由中放末级和检波级辐射出的中频信号，以致形成正反馈而形成自激啸叫。另外还有一种啸叫在频率的高、低端都出现，且无明显变化，并在所接收的电台附近啸叫声强，这多是由于中频放大级的自激原因造成的。

对高端的啸叫主要检查输入电路和变频级电路。先检查偏置电路是否正常，测变频级电流是否在规定的范围内。对天线输入回路或振荡回路失谐产生的啸叫，最好用信号发生器重新进行跟踪统调，并用铜铁棒两端测试后将天线线圈固定好。

低频的啸叫可用校准中频 465 kHz(或 455 kHz)的方法解决，用信号发生器输送 465 kHz(或 455 kHz)中频信号，从中放末级向前级依次反复调整中频变压器。

在整个波段范围的啸叫，一般是中频放大自激引起的。先检查两级中频放大电路的静态电流，断开电流测试点或晶体管集电极开路，串联电流表，若两级中频放大电路的静态电流在正常值的范围内，可检查中频变压器是否失谐于 465 kHz(或 455 kHz)，调谐曲线是否调得过分尖锐，失谐就要重新调中周。曲线调得尖锐时，可用无感起子将中周磁心微微调偏。对中周线圈本身 Q 值高引起的啸叫，还可在中周初级并联阻尼电阻 R^* (100～150 kΩ)。对有自动增益控制电路的收音机，当 AGC 的滤波电容干涸、容量减小，或 AGC 电阻阻值变化、开路时，也会产生轻微的失真和啸叫。变频管和中放管的放大倍数要适当，穿透电流要小，才能保证工作稳定可靠，不致引起啸叫。

(2)低频啸叫

这种啸叫不像高频啸叫那样尖锐刺耳，且与一种“嘟嘟”声混杂在一起，而且发生在整个波段范围内。啸叫来源主要在低频放大电路或电源滤波电路，检修时先测电源电压是否正常，当电压不足时也会出现“嘟嘟”声。电源滤波电容或前后级电路的去耦滤波电容容量减小、干涸或失效也会引起啸叫和“嘟嘟”声。当电路中的输入、输出变压器更换后，出现了啸叫，可能是线头的接法与原来不一样，这时要互相对调试一试。

(3)差拍啸叫

这种啸叫并不是满刻度都有，也不是伴随电台信号两侧出现，而是在某一固定频率出现的。比较常见的是中频频率 465 kHz(或 455 kHz)的二次谐波、三次谐波干扰，这种啸叫将出现在中波段 930 kHz、1 395 kHz 的位置，并伴随电台的播音而出现。检修时重点检查中频放大级，是否因中频变压器外壳接地不良，造成各个中频变压器之间的电磁干扰，从而引起差拍啸叫。减小中频放大级电流，将检波级进行屏蔽也是消除差拍啸叫的有效方法。判断收音机啸叫声的方法除了根据啸叫频率的高低、啸叫所处频率刻度上的位置以外，通常以电位器为分界点。先判断啸叫在前级还是在后级，当关小音量时啸叫声仍然存在，说明故障在电位器后面的低频电路；若关小音量时啸叫声减小或消失，说明故障在电位器前的各级电路。故障范围确定后，再采用基极信号短路的方法判断故障在哪一级电路中。

9.4.5 声音失真的故障

声音失真是收音机常见的故障，收听电台广播时扬声器发出的声音走调、断续、阻塞、含糊不清，失去了正常的音质。引起声音失真的原因较多，常见的失真现象可能与以下电路有关。

(1)电源电压不足

当电池使用时间较长，其内阻会变大，这样就造成了电池电压的下降，同时电池所能提供的电流也严重不足，使收音机各级电路的静态工作电位及工作电流受到影响；电池夹生锈、接触电阻增大，也会使收音机受到相同的影响，当音量开大时整机消耗电流将增加，失真现象更加明显；电源滤波电容容量不足，也会使收音机产生失真。

(2)扬声器损坏

收音机严重磕碰，会使扬声器的磁钢松动脱位而将线圈卡住，此时表现为声音小且发尖。扬声器纸盆的破损，会使广播的声音嘶哑，音量增大时伴有“吱吱”声。

(3)功率放大级引起的失真

推挽功放部分引起失真的原因有：

①推挽管一只工作，另一只开路或断脚，此时可以通过测试两管的集电极电流来判断；

②输入变压器次级有一组断线，使两只功率管一只管子有偏置电压，另一只管子基极无偏置电压而不工作；

③输出变压器初级有一组断线，使一只推挽管的集电极无电压；

④上偏置电阻变值或开路，功放管静态电流不正常，这样将引起交越失真，其特征是当音量小时失真严重，声音开大失真并不明显；

⑤两只推挽功放管不对称或放大倍数 β 相差太大。

(4)其他各级电路的失真

低频放大级偏置电压不合适，使低放管的集电极电流过大或过小；二极管检波电路的检波管正反向电阻差值小或正负极接反；中频变压器严重失谐；自动增益控制电路的电阻变大或开路；变频级本振信号弱等，都可能引起收音机的收听效果失真。

第 10 章　常用电子仪器仪表的使用

10.1　万用表

10.1.1　指针型万用表

指针型万用表又称模拟万用表，是一种多功能、多量程的便携式电工仪表。一般的万用表可以测量直流电流、交直流电压和电阻，有些万用表还可测量电容、功率、晶体管共射极直流放大系数等。下面以 MF47 型指针型万用表为例进行介绍。MF47 型万用表具有 26 个基本量程和电平、电容、电感、晶体管直流参数等 7 个附加参考量程，是一种量程多、分挡细、灵敏度高、体形轻巧、性能稳定、过载保护可靠、读数清晰、使用方便的新型万用表。MF47 型万用表外观如图 10-1 所示。

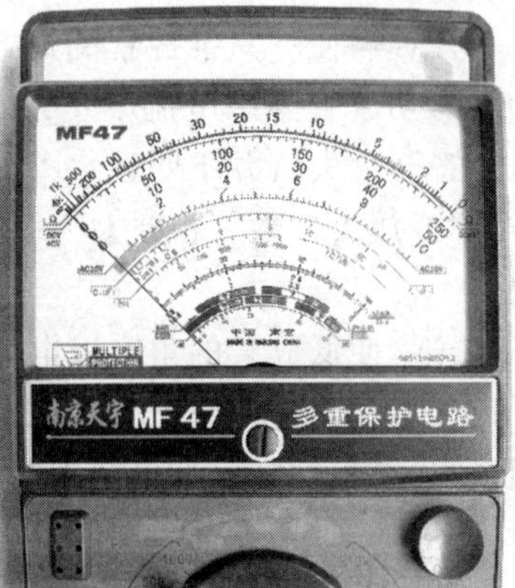

图 10-1　MF47 型指针型万用表

10.1.1.1　MF47 型万用表的特点

MF47 型万用表采用高灵敏度的磁电系整流式表头，造型大方、设计紧凑、结构牢固、携带方便，零部件均选用优良材料及处理工艺，具有良好的电气性能和力学强度。其特点为：

(1)测量机构采用高灵敏度表头，性能稳定；

(2)线路部分可靠、耐磨、维修方便；

(3)测量机构采用硅二极管保护，保证过载时不损坏表头，并且线路设有 0.5 A 保险丝以防止误用时烧坏电路；

(4)设计上考虑了湿度和频率补偿；

(5)低电阻挡选用 2 节干电池，容量大、寿命长；

(6)配合高压探头，可测量电视机内 25 kV 以下的高压；

(7)配有晶体管静态直流放大系数检测装置；

(8)表盘标度尺刻度线与挡位开关旋钮指示盘均为红、绿、黑三色，分别按交流红色、晶体管绿色、其余黑色对应制成，共有 7 条专用刻度线，刻度分开，便于读数；

(9)配有反光铝膜，消除视差，提高了读数精度；

(10)除交直流 2 500 V 和直流 5 A 分别有单独的插座外，其余只需转动一个选择开关，使用方便；

(11)装有提把，不仅便于携带，而且可在必要时作倾斜支撑，便于读数。

10.1.1.2　MF47 型万用表的结构

MF47 型万用表的样式很多，但基本结构是类似的。MF47 型万用表主要由表头、表盘、转换开关、机械调零旋钮、电阻挡调零旋钮和表笔插孔等组成。

(1)表头

表头是万用表的重要组成部分，决定了万用表的灵敏度。表头由表针、磁路系统和偏转系统组成。为了提高测量的灵敏度和便于扩大电流的量程，表头一般都采用内阻较大、灵敏度较高的磁电式直流电流表。另外，表头上还设有机械调零旋钮，用以校正表针在左端的零位。

万用表的表头是一个灵敏电流表，电流只能从正极流入，从负极流出。在测量直流电流的时候，电流只能从与“＋”插孔相连的红表笔流入，从与“－”插孔相连的黑表笔流出，即红表笔接高电位，黑表笔接低电位；否则，一方面测不出数值，另一方面很容易损坏表针。

(2)表盘

表盘由多种刻度线和带有说明性质的各种符号组成。只有正确理解各种刻度线的读数方法和各种符号所代表的意义，才能熟练、准确地使用万用表。

表盘上的符号 A—V—Ω 表示这只表是可以测量电流、电压和电阻的多用表。表盘上印有多条刻度线，其中右端标有“Ω”的是电阻刻度线，其右端表示零，左端表示∞，刻度值分布是不均匀的。符号“—”表示直流，“～”表示交流，“$\overline{\sim}$”表示交流和直流共用的刻度线，h_{FE}表示晶体管放大倍数刻度线，dB 表示分贝电平刻度线。

(3)转换开关

转换开关用来选择被测电量的种类和量程(或倍率)，是一个多挡位的旋转开关。MF47 型万用表的测量项目包括直流电流、直流电压、交流电压和电阻。每挡又划分为几个不同的量程(或倍率)以供选择。

当转换开关拨到电流挡，可分别与 5 个接触点接通，用于 500 mA、50 mA、5 mA、0.5 mA 和 0.05 mA 量程的电流测量；同样，当转换开关拨到电阻挡，可用×1、×10、×100、×1 k、×10 k 倍率分别测量电阻；当转换开关拨到直流电压挡，可用于 0.25 V、1 V、2.5 V、10 V、50 V、250 V、500 V 和 1 000 V 量程的直流电压测量；当转换开关拨到交流电压挡，可用于 10 V、50 V、250 V、500 V、1 000 V 量程的交流电压测量。

(4)机械调零旋钮和电阻挡调零旋钮

机械调零旋钮的作用是调整表针静止时的位置。万用表进行任何测量时，其表针应指在表盘刻度线左端“0”的位置上，如果不在这个位置，可调整该旋钮使其到位。

电阻挡调零旋钮的作用是，当红、黑两表笔短接时，表针应指在电阻(欧姆)挡刻度线的右端“0”的位置，如果不指在“0”的位置，可调整该旋钮使其到位。需要注意的是，每转换一次电阻挡的量程，都要调整该旋钮，使表针指在“0”的位置上，以减小测量的误差。

(5)表笔插孔

表笔分为红、黑两支，使用时应将红色表笔插入标有“＋”号的插孔中，黑色表笔插入标有“－”号的插孔中。另外，MF47 型万用表还提供 2 500 V 交直流电压扩大插孔和 5 A 的直流电流扩大插孔，使用时分别将红表笔移至对应插孔中即可。

10.1.1.3　使用方法及注意事项

(1)在使用前应检查指针是否指在机械零位上，如不指在零位时，可旋转表盖上的机械调零旋钮使指针指示在零位上。

(2)将红、黑表笔的插头分别插入“＋”“－”插孔中。在测量交直流 2 500 V 或直流 5 A 时，红表笔插头应插到对应的插孔中，而后红、黑表笔分别跨接或串接于被测电路中。

(3)测未知量的电压或电流时，应先选择最高量程，待一次读取数值后，方可逐渐转至适当量程，以取得较准读数并避免烧坏电路。

(4)测量前，应用表笔触碰被测试点，同时观看指针的偏转情况。如果指针急剧偏转并超过量程或反偏，应立即抽回表笔，查明原因，予以改正。

(5)测量高压时，要站在干燥绝缘板上，并一手操作，防止意外事故发生。

(6)测量高压或大电流时，为避免烧坏开关，应在切断电源情况下，变换量程。

(7)如偶然发生因过载而烧断保险丝时，可打开表盒换上相同型号的保险丝。

(8)电阻各挡用干电池供电进行测量，应定期检查、更换干电池，以保证测量精度。如长期不用，应取出电池，以防止电池液溢出腐蚀损坏其他零件。

10.1.1.4　测量训练

(1)直流电流测量

测量 0.05～500 mA 时，转动开关至所需电流挡。测量 500 mA～5 A 时，红表笔插头插入对应的插孔中，转动开关至 500 mA 直流电流量程上，而后将红、黑表笔串接于被测电路中。

注意：严禁用电流挡去测量电压。

(2)交直流电压测量

①测量交流 10～1 000 V 或直流 0.25～1 000 V 时，转动开关至所需电压挡。测量交直流 1 000～2 500 V 时，开关应分别旋至交流 1 000 V 或直流 1 000 V 量程上，红表笔插头插到对应的插孔中，而后将红、黑表笔跨接于被测电路两端。

②高压探头可测量电视机内 2.5 kV 以下的高压，测量时，开关应放在 0.05 mA 量程上，高压探头的红、黑表笔分别插入"＋""－"插孔中，接地夹与电视机金属底板连接，然后握住探头进行测量。

注意：测量直流电压时，黑色表笔应接低电位点，红表笔应接高电位点。

(3)直流电阻测量

①装上电池(R14 型 2 号 1.5 V 及 6F22 型 9 V 各一只)，转动开关至所需测量的电阻挡，将两表笔短接，调整欧姆调零钮，使指针对准欧姆"0"位上，然后分开表笔进行测量。

②万用表的 Ω 挡分为×1、×10、×1 k 等几挡位置，其中 1、10、1 k 等数值为电阻 Ω 挡的倍率。

例如：转换开关旋至×1 k 位置，表笔外接一被测电阻 R_x，这时指针若指着刻度盘上的 30 Ω，则 $R_x=30\times1\ \text{k}\Omega=30\ \text{k}\Omega$。

③测量电路中的电阻时，应先切断电源。如电路中有电容则应先行放电。严禁在带电线路上测量电阻，因为这样做实际上是把欧姆表当作电压表使用，极易使电表烧毁。

④每换一个量程，应重新调零。测量电阻时，表头指针越接近欧姆刻度中心读数，测量结果越准确，所以要选择适当的测量量程。

⑤当检查电解电容器漏电电阻时，可转动开关至 R×1 k 挡，红表笔必须接电容器负极，黑表笔接电容器正极。

(4)音频电平测量

在一定的负荷阻抗上,用以测量放大器的增益和线路输送的损耗,测量单位以分贝(dB)表示。

音频电平与功率电压的关系式是

$$N(\text{dB})=10\lg\frac{P_2}{P_1}=20\lg\frac{U_2}{U_1}$$

音频电平的刻度系数按 0 dB=1 mW,600 Ω 输送线标准设计。即

$$U_1=\sqrt{PZ}=\sqrt{0.001\times 600}=0.775\ \text{V}$$

式中,P_2,U_2 分别为被测功率和被测电压。

音频电平是以交流 10 V 为基准刻度的,若指示值大于 22 dB 时可在 50 V 以上各量程测量。

测量方法与交流电压基本相似,转动开关至相应的交流电压挡,并使指针有较大的偏转。如被测电路中带有直流电压成分时,可在“+”插孔中串接一个 0.1 μF 的隔直流电容器。

(5)电容测量

转动开关至交流 10 V 位置,被测电容串接于任一表笔,而后跨接于 10 V 交流电压电路中进行测量。

(6)电感测量

与电容测量方法相同。

(7)晶体管直流参数的测量

①直流放大倍数 h_{FE} 的测量

先转动开关至晶体管调节 ADJ 位置上,将红、黑表笔短接,调节欧姆电位器,使指针对准 300h_{FE} 刻度线,然后转动开关到 h_{FE} 位置,将要测的晶体管脚分别插入晶体管测试座的 e,b,c 管座内,指针偏转所示数值约为晶体管的直流放大倍数 β 值。N 型晶体管应插入 N 型管座内,P 型晶体管应插入 P 型管座内。

②反向截止电流 I_{ceo},I_{cbo} 的测量

I_{ceo} 为集电极与发射极间的反向截止电流(基极开路)。I_{cbo} 为集电极与基极间的反向截止电流(发射极开路)。转动开关至 R×1 k 挡将两表笔短路,调节欧姆调零钮,使指针对准零欧姆上(此时满度电流值约 90 μA)。分开表笔,然后将欲测的晶体管插入管座内,此时指针指示的数值约为晶体管的反向截止电流值。指针指示的刻度值乘以 1.2 即为实际值。

当 I_{ceo} 电流值大于 90 μA 时可换用 R×100 挡进行测量(此时满度电流值约为 900 μA)。N 型晶体管应插入 N 型管座,P 型晶体管应插入 P 型管座。

③三极管管脚极性辨别

可用 R×1 k 挡进行三极管管脚极性的辨别。

a. 先判定基极 b。由于 b 到 c，b 到 e 分别是两个 PN 结，它的反向电阻很大，而正向电阻很小。测试时可任意取晶体管一脚假定为基极。将红表笔接“基极”，黑表笔分别去接触另两个管脚，如此时测得都是低阻值，则红表笔所接触的管脚即为基极 b，并且是 P 型管（如测得均为高阻值，则为 N 型管）。如测量时两个管脚的阻值差异很大，可另选一个管脚假定为基极，直至满足上述条件为止。

b. 再判定集电极 c。对于 PNP 型三极管，当集电极接负电压，发射极接正电压时，电流放大倍数才比较大，而 NPN 型管则相反。测试时假定红表笔接集电极 c，黑表笔接发射极 e，记下其阻值，然后红、黑表笔交换，再重新测试，将测得的阻值与第一次的阻值相比，阻值小的红表笔接的是集电极 c，黑的是发射极 e，而且可以判断是 P 型管（N 型管则相反）。

④二极管极性辨别

测试时选 R×1 k 挡，黑表笔一端测得阻值小的一极为正极。

万用表在欧姆电路中，红表笔为电池负极，黑表笔为电池正极。

注意：以上介绍的测试方法，一般都只能用 R×100、R×1 k 挡。如果用 R×10 k 挡，则因表内有 15 V 的较高电压，可能将二极管的 PN 结击穿；若用 R×1 挡测量，因电流过大（约 60 mA），也可能损坏管子。

10.1.2　数字万用表

图 10-2　VC9802 型数字万用表

现在，数字式测量仪表已成为主流，有取代模拟式仪表的趋势。与模拟式仪表相比，数字式仪表灵敏度高、准确度高、显示清晰、过载能力强、便于携带、使用方法更简单。下面以 VC9802 型数字万用表（图 10-2）为例，简单介绍其使用方法和注意事项。

10.1.2.1　使用方法

（1）使用前，应认真阅读有关的使用说明书，熟悉电源开关、量程开关、插孔、特殊插口的作用。

（2）将电源开关置于 ON 位置。

（3）交直流电压的测量。根据需要将量程开关拨至 DCV（直流）或 ACV（交流）的合适量程，红表笔插入 V/Ω 孔，黑表笔插入 COM 孔，并将表笔与被测线路并联，即可显示读数。

(4)交直流电流的测量。将量程开关拨至 DCA(直流)或 ACA(交流)的合适量程,红表笔插入 mA 孔(<200 mA 时)或 10A 孔(>200 mA 时),黑表笔插入 COM 孔,并将万用表串联在被测电路中即可。测量直流量时,数字万用表能自动显示极性。

(5)电阻的测量。将量程开关拨至欧姆挡的合适量程,红表笔插入 V/Ω 孔,黑表笔插入 COM 孔。如果被测电阻值超出所选择量程的最大值,万用表将显示"1",这时应选择更高的量程。测量电阻时,数字万用表的红表笔为正极,黑表笔为负极,这与指针式万用表正好相反。因此,测量晶体管、电解电容器等有极性的元器件时,必须注意表笔的极性。

10.1.2.2　注意事项

(1)如果无法预先估计被测电压或电流的大小,则应先拨至最高量程挡测量一次,再现具体情况逐渐把量程减小到合适位置。测量完毕,应将量程开关拨到最高电压挡,并关闭电源。

(2)满量程时,仪表仅在最高位显示数字"1",其他位均消失,这时应选择更高的量程。

(3)测量电压时,应将数字万用表与被测电路并联;测量电流时,应将数字万用表与被测电路串联。测直流电压时,将红、黑表笔跨按在被测电路上,红表笔所接点的极性与其电压值将同时显示在显示器上;测直流电流时,将万用表串入被测电路中,被测电流值及红表笔所接点的极性也将同时显示在显示器上。显示屏将显示"000",或低位上的数字出现跳动。

(4)禁止在测量高电压(220 V 以上)或大电流(0.5 A 以上)时换量程,以防止产生电弧,烧毁开关触点。

(5)当显示"BAT""BATT"或"LOW BAT"时,表示电池电压低于工作电压。

10.2　交流毫伏表

交流毫伏表是电工、电子实验中用来测量交流电压有效值的常用电子测量仪器。其优点是:测量电压范围广、频率宽、输入阻抗高、灵敏度高等。交流毫伏表种类很多,以 AS2294D 型交流毫伏表为例介绍其结构特点、测量方法及使用注意事项等。

10.2.1　AS2294D 型交流毫伏表的结构特点及面板介绍

AS2294D 型双通道交流毫伏表由 2 组性能相同的集成电路及晶体管放大电路和表头指示电路组成,如图 10-3 所示。其表头采用同轴双指针式电表,可进行双路交流电压的同时测量和比较,"同步/异步"操作,使立体声双通道测量带来方便。该表测量电压范围 30 μV～300 V 共 13 挡；测量电压频率范围 5 Hz～2 MHz；测量电平范围－70～＋50 dBV 和－70～＋50 dBm。

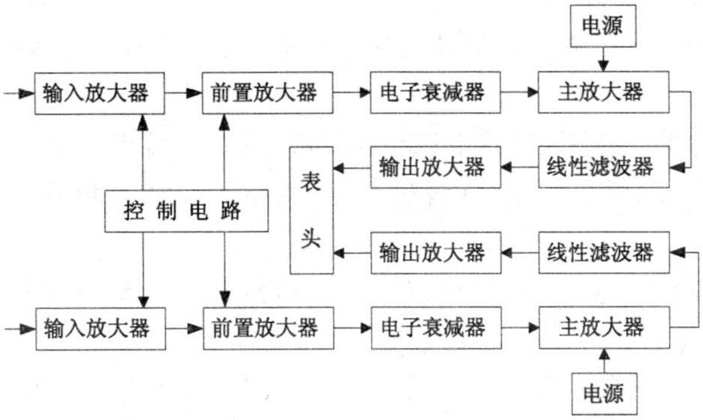

图 10-3　AS2294D 型交流毫伏表组成及工作原理框图

AS2294D 型双通道交流毫伏表前后面板如图 10-4 所示。

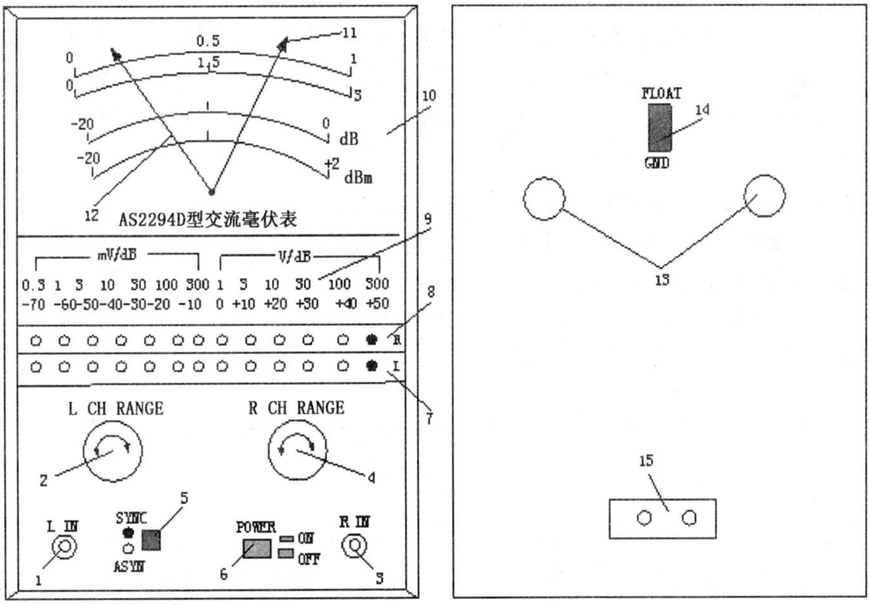

图 10-4　AS2294D 型交流毫伏表前后面板图

1——左通道(L IN)输入插座。输入被测交流电压。

2——左通道(L CH RANGE)量程调节旋钮(灰色)。

3——右通道(R IN)输入插座。输入被测交流电压。

4——右通道(R CH RANGE)量程调节旋钮(橘红色)。

5——“同步/异步”按键。“SYNC”即橘红色灯亮,左右量程调节旋钮进入同步调整状态,旋转 2 个量程调节旋钮中的任意一个,另一个的量程也跟随同步改变;“ASYN”即绿灯亮,量程调节旋钮进入异步状态,转动量程调节旋钮,只改变相应通道的量程。

6——电源开关。按下,仪器电源接通(ON);弹起,仪器电源被切断(OFF)。

7——左通道(L)量程指示灯(绿色)。绿色指示灯所亮位置对应的量程为该通道当前所选量程。

8——右通道(R)量程指示灯(橘红色)。橘红色指示灯所亮位置对应的量程为该通道当前所选量程。

9——电压/电平量程挡。共 13 挡,分别是:0.3 mV/－70 dB、1 mV/－60 dB、3 mV/－50 dB、10 mV/－40 dB、30 mV/－30 dB、100 mV/－20 dB、300 mV/－10 dB、1 V/0 dB、3 V/＋10 dB、10 V/＋20 dB、30 V/＋30 dB、100 V/＋40 dB、300 V/＋50 dB。

10——表刻度盘。共 4 条刻度线,由上到下分别是 0～1、0～3、－20～0 dB、－20～＋2 dBm。测量电压时,若所选量程是 10 的倍数,读数看 0～1,即最上边一条刻线;若所选量程是 3 的倍数,读数看 0～3 即第二条刻线。当前所选量程均指指针从 0 达到满刻度时的电压值,具体每一大格及每一小格所代表的电压值应根据所选量程确定。

11——红色指针。指示右通道(R IN)输入交流电压值。

12——黑色指针。指示左通道(R IN)输入交流电压值。

13——信号输出插座。

14——浮置“FLOAT”/接地“GND”开关。

15——220 V 交流电源输入插座。

10.2.2　AS2294D 型交流毫伏表的测量方法和浮置功能的应用

(1)交流电压的测量

AS2294D 型交流毫伏表实际上是 2 个独立的电压表,因此它可作为 2 个单独的电压表使用,其测量方法如图 10-5 所示。先将被测电压正确的接入所选输入通道,然后根据所选通道的量程开关及表针指示位置即可读取被测电压值。

(2)异步状态测量

当被测的 2 个电压值相差较大,如测量放大电路的电压放大倍数或增益时,可将仪器置于异步状态进行测量,测量方法如图 10-6 所示。将被测放大电路的输入信号 u_i 和输出信号 u_0 分别接到 2 个通道的输入端,从 2 个不同的量程开关和表针指示的

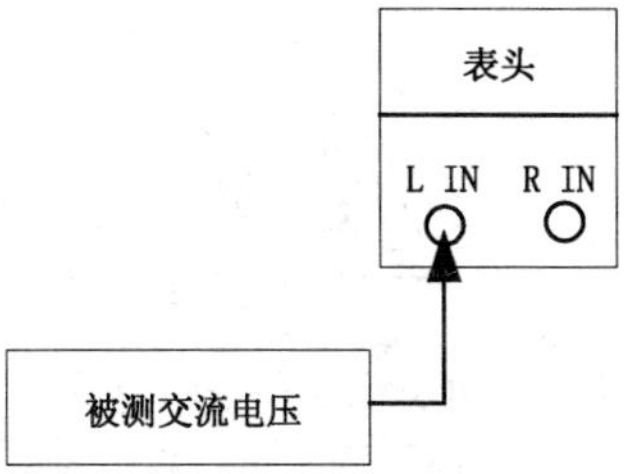

图 10-5　交流电压的测量方法

电压值或 dB 值，就可算出(或直接读出)放大电路的电压放大倍数(或增益)。

如输入 L IN 的指示值 $u_i=10$ mV(−40 dB)，输出 R IN 的指示值 $u_0=0.5$ V(−6 dB)，则电压放大倍数 $\beta=u_0(0.5\times10^3\ \text{mV})/u_i(10\ \text{mV})=50$ 倍；直接读取的电压增益 dB 值为：−6 dB−(−40 dB)=34 dB。

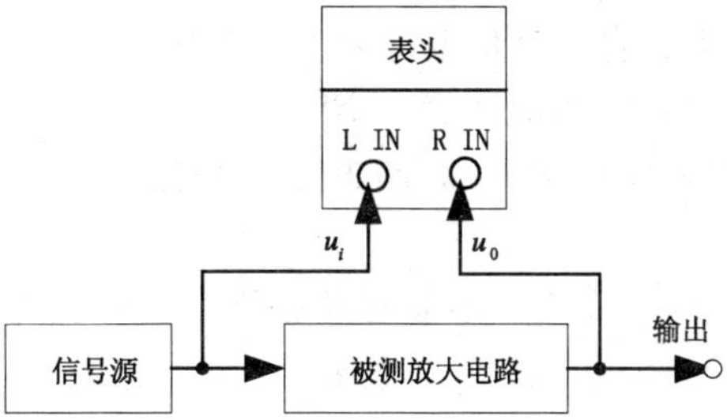

图 10-6　异步状态测量方法

(3)同步状态测量

同步状态测量适合于测量立体声录放磁头的灵敏度、录放前置均衡电路及功率放大电路等。由于 2 组电压表的性能、量程相同，因此可直接读出 2 个被测声道的不平衡度。测量方法如图 10-7 所示。L，R 分别为立体声的左、右放大器，如性能相同(平衡)，红黑表针应重合，如不重合，则可读出不平衡度的 dB 值。

(4)浮置功能的应用

①在测量差动放大电路时，电路的 2 个输出端都不能接地，否则会引起测量结果不准，此时可将后面板浮置/接地开关上扳，采用浮置方式测量。

②某些需要防止地线干扰的放大器或带有直流电压输出的端子及元器件两端电压的在线测量等均可采用浮置方式测量，以免公共接地带来的干扰或短路。

③在音频信号传输中，有时需要平衡传输，此时测量其电平时，应采用浮置方式测量。

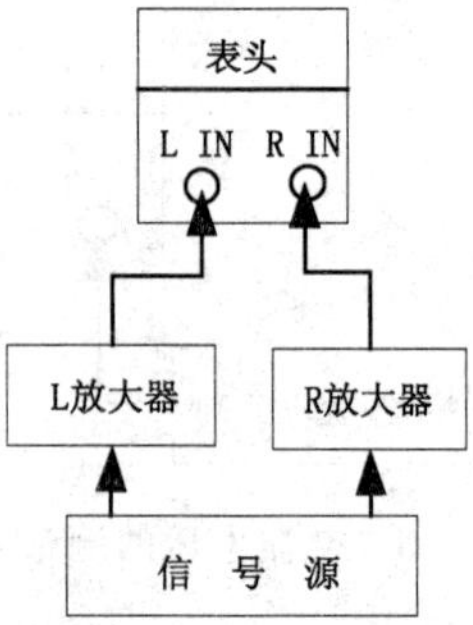

图 10-7 同步状态测量方法

10.2.3 AS2294D 型交流毫伏表使用注意事项

(1)测量时仪器应垂直放置,即仪器表面应垂直于桌面。

(2)所测交流电压中的直流分量不得大于 100 V。

(3)测量 30 V 以上电压时,应注意安全。

(4)接通电源及转换量程开关时,由于电容放电过程,指针有晃动现象,待指针稳定后方可读数。

(5)仪器应避免剧烈振动,周围不应有高热及强磁场干扰。

(6)仪器面板上的开关不应剧烈、频繁扳动,以免造成人为损坏。

(7)仪器使用 50 Hz、200 V 的交流电,电压不应过高或过低。

10.3 示波器

示波器是一种综合性电信号显示和测量仪器,它不但可以直接显示出电信号随时间变化的波形及其变化过程,测量出信号的幅度、频率、脉宽、相位差等,还能观察信号的非线性失真,测量调制信号的参数等。配合各种传感器,示波器还可以进行各种非电量参数的测量。

10.3.1 模拟示波器

10.3.1.1 模拟示波器的正确调整

模拟示波器的调整与使用方法基本相同,现以某双踪示波器为例进行介绍。

(1)双踪示波器前面板简介

该双踪示波器的调节旋钮、开关、按键及连接器等都位于前面板上,如图 10-8 所示,其作用如下。

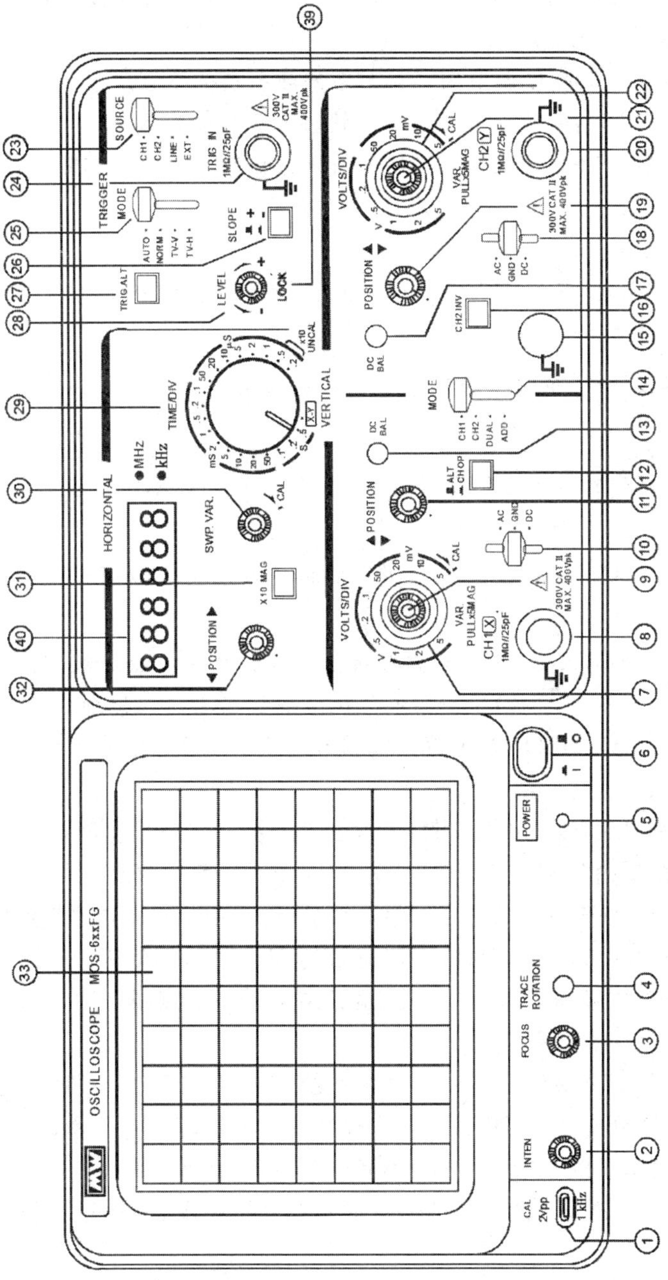

图10-8　MOS-620CH/640CH双踪示波器前面板

示波管操作部分

6——“POWER”：主电源开关及指示灯。按下此开关，其左侧的发光二极管指示灯5亮，表明电源已接通。

2——“INTEN”：亮度调节钮。调节轨迹或亮点的亮度。

3——“FOCUS”：聚焦调节钮。调节轨迹或亮点的聚焦。

4——“TRACE ROTATION”：轨迹旋转。调整水平轨迹与刻度线相平行。

33——显示屏。显示信号的波形。

垂直轴操作部分

7,22——“VOLTS/DIV”：垂直衰减钮。调节垂直偏转灵敏度，从5 mV/div～5 V/div，共10个挡位。

8——“CH1 [X]”：通道1被测信号输入连接器。在 $X-Y$ 模式下，作为 X 轴输入端。

20——“CH2 [Y]”：通道2被测信号输入连接器。在 $X-Y$ 模式下，作为 Y 轴输入端。

9,21——“VAR”垂直灵敏度旋钮。微调灵敏度大于或等于1/2.5标示值。在校正(CAL)位置时，灵敏度校正为标示值。

10,19——“AC-GND-DC”：垂直系统输入耦合开关。选择被测信号进入垂直通道的耦合方式。“AC”：交流耦合；“DC”：直流耦合；“GND”：接地。

11,18——“POSITION”：垂直位置调节旋钮。调节显示波形在荧光屏上的垂直位置。

12——“ALT”/“CHOP”：交替/断续选择按键。双踪显示时，放开此键(ALT)，通道1与通道2的信号交替显示，适用于观测频率较高的信号波形；按下此键(CHOP)，通道1与通道2的信号同时断续显示，适用于观测频率较低的信号波形。

13,15——“DC BAL”：CH1、CH2通道直流平衡调节旋钮。垂直系统输入耦合开关在GND时，在5 mV与10 mV之间反复转动垂直衰减开关，调整“DC BAL”使光迹保持在零水平线上不移动。

14——“VERTICAL MODE”：垂直系统工作模式开关。CH1：通道1单独显示；CH2：通道2单独显示；DUAL：两个通道同时显示；ADD：显示通道1与通道2信号的代数或代数差(按下通道2的信号反向键“CH2 INV”时)。

17——“CH2 INV”：通道2信号反向按键。按下此键，通道2及其触发信号同时反向。

触发操作部分

23——“TRIG IN”：外触发输入端子。用于输入外部触发信号。当使用该功能时,“SOURCE”开关应设置在EXT位置。

24——“SOURCE”:触发源选择开关。“CH1”:当垂直系统工作模式开关14设定在DUAL或ADD时,选择通道1作为内部触发信号源;“CH2”:当垂直系统工作模式开关14设定在DUAL或ADD时,选择通道2作为内部触发信号源;“LINE”:选择交流电源作为触发信号源;“EXT”:选择“TRIG IN”端子输入的外部信号作为触发信号源。

25——“TRIGGER MODE”:触发方式选择开关。“AUTO”:自动,当没有触发信号输入时,扫描处在自由模式下;“NORM”:常态,当没有触发信号输入时,踪迹处在待命状态并不显示;“TV－V”:电视场,当想要观察一场的电视信号时;“TV－H”:电视行,当想要观察一行的电视信号时。

26——“SLOPE”:触发极性选择按键。释放为“＋”,上升沿触发;按下为“－”,下降沿触发。

27——“LEVEL”:触发电平调节旋钮。显示一个同步的稳定波形,并设定一个波形的起始点。向“＋”旋转触发电平向上移,向“－”旋转触发电平向下移。

28——“TRIG. ALT”:当垂直系统工作模式开关14设定在DUAL或ADD,且触发源选择开关24选CH1或CH2时,按下此键,示波器会交替选择CH1和CH2作为内部触发信号源。

水平轴操作部分

29——“TIME/DIV”:水平扫描速度旋钮。扫描速度从0.2 μs/div到0.5 s/div共20挡。当设置到 $\boxed{X-Y}$ 位置时,示波器可工作在 $X-Y$ 方式。

30——“SWP VAR”:水平扫描微调旋钮。微调水平扫描时间,使扫描时间被校正到与面板上“TIME/DIV”指示值一致。顺时针转到底为校正位置CAL。

31——“×10 MAG”:扫描扩展开关。按下时扫描速度扩展10倍。

32——“POSITION”:水平位置调节钮。调节显示波形在荧光屏上的水平位置。

其他操作部分

1——“CAL”:示波器校正信号。提供幅度为2 Vpp,频率为1 kHz的方波信号,用于校正10∶1探头的补偿电容器和检测示波器垂直与水平偏转因数。

16——“GND”:示波器机箱的接地端子。

(2)双踪示波器正确调整与操作

示波器的正确调整和操作对于提高测量精度和延长仪器的使用寿命十分重要。

①聚焦和辉度的调整

调整聚焦旋钮使扫描线尽可能细,以提高测量精度。扫描线亮度(辉度)应适当,过亮不仅会降低示波器的使用寿命,而且也会影响聚焦特性。

②正确选择触发源和触发方式

触发源的选择：如果观测的是单通道信号，就应选择该通道信号作为触发源；如果同时观测两个时间相关的信号，就应选择信号周期长的通道作为触发源。

触发方式的选择：首次观测被测信号时，触发方式应设置于“AUTO”，待观测到稳定信号后，调好其他设置，最后将触发方式开关置于“NORM”，以提高触发的灵敏度。当观测直流信号或小信号时，必须采用“AUTO”触发方式。

③正确选择输入耦合方式

根据被观测信号的性质来选择正确的输入耦合方式。一般情况下，被观测的信号为直流或脉冲信号时，应选择“DC”耦合方式；被观测的信号为交流时，应选择“AC”耦合方式。

④合理调整扫描速度

调节扫描速度旋钮，可以改变荧光屏上显示波形的个数。提高扫描速度，显示的波形少；降低扫描速度，显示的波形多。显示的波形不应过多，以保证时间测量的精度。

⑤波形位置和几何尺寸的调整

观测信号时，波形应尽可能处于荧光屏的中心位置，以获得较好的测量线性。正确调整垂直衰减旋钮，尽可能使波形幅度占一半以上，以提高电压测量的精度。

⑥合理操作双通道

将垂直工作方式开关设置到“DUAL”，两个通道的波形可以同时显示。为了观察到稳定的波形，可以通过“ALT/CHOP”(交替/断续)开关控制波形的显示。按下“ALT/CHOP”开关(置于 CHOP)，两个通道的信号断续地显示在荧光屏上，此设定适用于观测频率较高的信号；释放“ALT/CHOP”开关(置于 ALT)，两个通道的信号交替地显示在荧光屏上，此设定适用于观测频率较低的信号。在双通道显示时，还必须正确选择触发源。当 CH1、CH2 信号同步时，选择任意通道作为触发源，两个波形都能稳定显示；当 CH1、CH2 信号在时间上不相关时，应按下“TRIG. ALT”(触发交替)开关，此时每一个扫描周期，触发信号交替一次，因而两个通道的波形都会稳定显示。

值得注意的是：双通道显示时，不能同时按下“CHOP”和“TRIG ALT”开关，因为“CHOP”信号成为触发信号而不能同步显示。利用双通道进行相位和时间对比测量时，两个通道必须采用同一同步信号触发。

⑦触发电平调整

调整触发电平旋钮可以改变扫描电路预置的阀门电平。向“＋”方向旋转时，阀门电平向正方向移动；向“－”方向旋转时，阀门电平向负方向移动；处在中间位置时，阀门电平设定在信号的平均值上。触发电平过正或过负，均不会产生扫描信号。因此，触发电平旋钮通常应保持在中间位置。

10.3.1.2 模拟示波器测量实例

(1)直流电压的测量

①将示波器垂直灵敏度旋钮置于校正位置,触发方式开关置于"AUTO"。

②将垂直系统输入耦合开关置于"GND",此时扫描线的垂直位置即为零电压基准线,即时间基线。调节垂直位移旋钮使扫描线落于某一合适的水平刻度线。

③将被测信号接到示波器的输入端,并将垂直输入耦合开关置于"DC"。调节垂直衰减旋钮使扫描线有合适的偏移量。

④确定被测电压值。扫描线在 Y 轴的偏移量与垂直衰减旋钮对应挡位电压的乘积即为被测电压值。

⑤根据扫描线的偏移方向确定直流电压的极性。扫描线向零电压基准线上方移动时,直流电压为正极性,反之为负极性。

(2)交流电压的测量

①将示波器垂直灵敏度旋钮置于校正位置,触发方式开关置于"AUTO"。

②将垂直系统输入耦合开关置于"GND",调节垂直位移旋钮使扫描线准确地落在水平中心线上。

③输入被测信号,并将输入耦合开关置于"AC"。调节垂直衰减旋钮和水平扫描速度旋钮使显示波形的幅度和个数合适。选择合适的触发源、触发方式和触发电平等,使波形稳定显示。

④确定被测电压的峰一峰值。波形在 Y 轴方向最高点与最低点之间的垂直距离(偏移量)与垂直衰减旋钮对应挡位电压的乘积即为被测电压的峰一峰值。

(3)周期的测量

①将水平扫描微调旋钮置于校正位置,并使时间基线落在水平中心刻度线上。

②输入被测信号,调节垂直衰减旋钮和水平扫描速度旋钮等,使荧光屏上稳定显示 1～2 波形。

③选择被测波形一个周期的始点和终点,并将始点移动到某一垂直刻度线上以便读数。

④确定被测信号的周期。信号波形一个周期在 X 轴方向始点与终点之间的水平距离与水平扫描速度旋钮对应挡位的时间之积即为被测信号的周期。

用示波器测量信号周期时,可以测量信号 1 个周期的时间,也可以测量 n 个周期的时间,再除以周期个数 n。后一种方法产生的误差会小一些。

(4)频率的测量

由于信号的频率与周期为倒数关系,即 $f=1/T$。因此,可以先测信号的周期,再求倒数即可得到信号的频率。

(5)相位差的测量

①将水平扫描微调旋钮、垂直灵敏度旋钮置于校正位置。

②将垂直系统工作模式开关置于"DUAL",并使两个通道的时间基线均落在水平中心刻度线上。

③输入两路频率相同而相位不同的交流信号至 CH1 和 CH2,将垂直输入耦合开关置于"AC"。

④调节相关旋钮,使荧光屏上稳定显示出两个大小适中的波形。

⑤确定两个被测信号的相位差。如图 10-9 所示,测出信号波形一个周期在 X 轴方向所占的格数 m(5 格),再测出两波形上对应点(如过零点)之间的水平格数 n(1.6 格),则 u_1 超前 u_2 的相位差角 $\Delta\varphi=\frac{n}{m}\times 360^\circ=\frac{1.6}{5}\times 360^\circ=115.2^\circ$。

相位差角 $\Delta\varphi$ 符号的确定。当 u_2 滞后 u_1 时,$\Delta\varphi$ 为负;当 u_2 超前 u_1 时,$\Delta\varphi$ 为正。

频率和相位差角的测量还可以用 Lissajous 图形法,此处不再赘述。

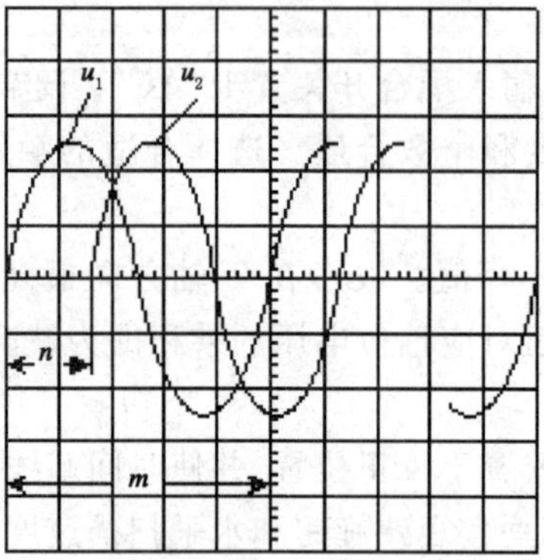

图 10-9 测量两交流电的相位差

10.3.2 数字示波器

数字示波器不仅具有多重波形显示、分析和数学运算功能,波形、设置、CSV 和位图文件存储功能,自动光标跟踪测量功能,波形录制和回放功能等,还支持即插即用 USB 存储设备和打印机,并可通过 USB 存储设备进行软件升级等。现以 DS1000 型示波器为例介绍数字示波器的使用方法。

10.3.2.1 数字示波器快速入门

数字示波器前面板各通道标志、旋钮及按键的位置和操作方法与传统示波器类似。

(1)DS1000 系列数字示波器前操作面板简介

DS1000 系列数字示波器前操作面板如图 10-10 所示。按功能前面板可分为 8 个区域,即液晶显示区、功能菜单操作区、常用菜单区、执行按键区、垂直控制区、水平控制区、触发控制区、信号输入/输出区等。

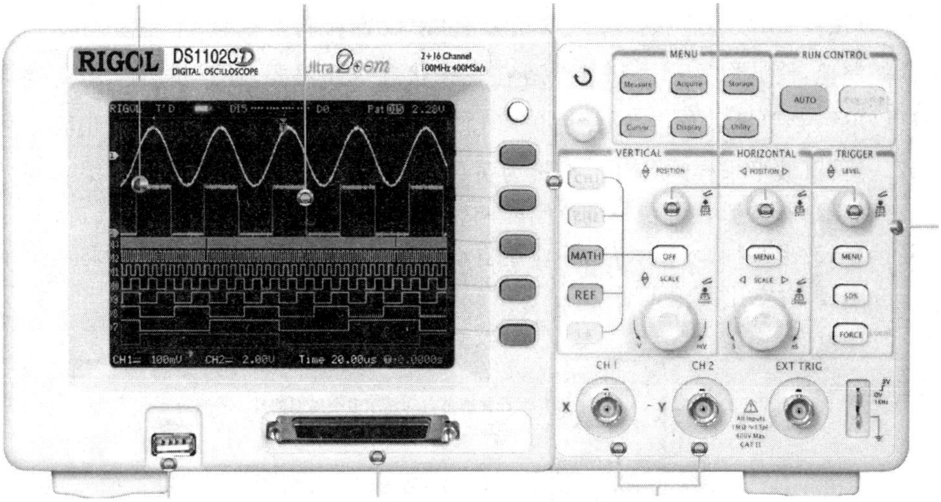

图 10-10　DS1000 系列示波器前操作面板

功能菜单操作区有 5 个按键,1 个多功能旋钮和 1 个按钮。5 个按键用于操作屏幕右侧的功能菜单及子菜单;多功能旋钮用于选择和确认功能菜单的下拉菜单选项;按钮用于取消屏幕上显示的功能菜单。

常用菜单区如图 10-11 所示。按下任一菜单按键,屏幕右侧会出现相应的功能菜单。通过功能菜单操作区的 5 个按键可选定功能菜单的选项。功能菜单选项中有"◁"符号的,表明该选项有下拉菜单。下拉菜单打开后,可转动多功能旋钮(↺)选

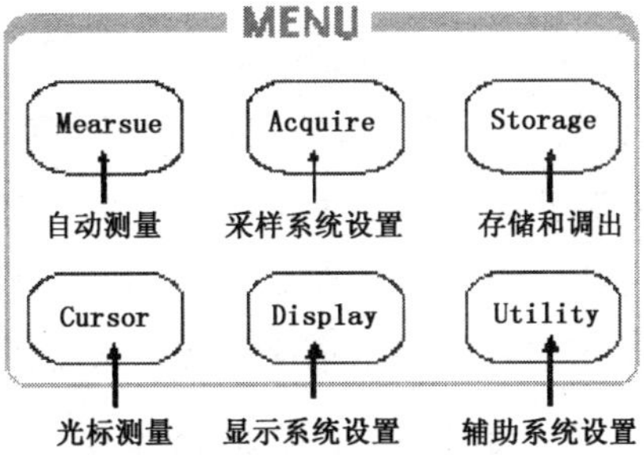

图 10-11　前面板常用菜单区

择相应的项目并按下予以确定。功能菜单上、下有“⬆”、“⬇”符号，表明功能菜单一屏未显示完，可操作按键上、下翻页。功能菜单上有“↶”，表明该项参数可转动多功能旋钮进行设置调整。按下取消功能菜单按钮，显示屏上的功能菜单立即消失。

执行按键区有 AUTO（自动设置）和 RUN/STOP（运行/停止）2 个按键。按下 AUTO 按键，示波器将根据输入的信号，自动设置和调整垂直、水平及触发方式等各项控制值，使波形显示达到最佳适宜观察状态。如需要，还可进行手动调整。按 AUTO 后，菜单显示及功能如图 10-12 所示，RUN/STOP 键为运行/停止波形采样按键。运行（波形采样）状态时，按键为黄色；按一下按键，停止波形采样按键变为红色，有利于绘制波形并可在一定范围内调整波形的垂直衰减和水平时基，再按一下，恢复运行（波形采样）状态。注意：应用自动设置功能时，要求被测信号的频率大于或等于 50 Hz，占空比大于 1%。

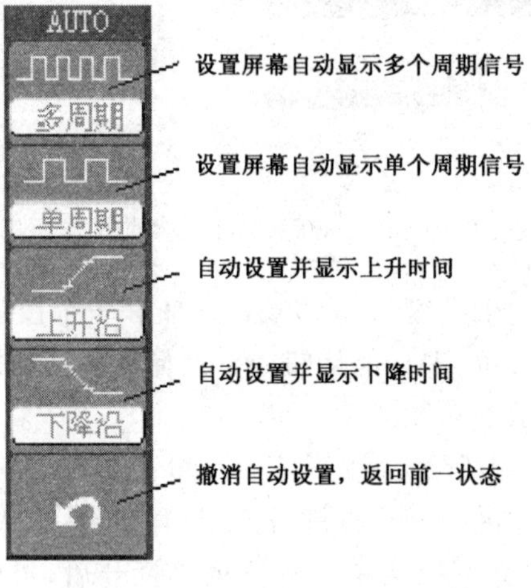

图 10-12　AUTO 按键功能菜单及作用

垂直控制区如图 10-13 所示。垂直位置 POSITION 旋钮可设置所选通道波形的垂直显示位置。转动该旋钮不但显示的波形会上下移动，而且所选通道的“地”（GROUND）标识也会随波形上下移动显示于屏幕左侧；按下垂直 POSITION 旋钮，垂直显示位置可快速恢复到零点（即显示屏水平中心位置）处。垂直衰减 SCALE 旋钮调整所选通道波形的显示幅度。转动该旋钮改变“Volt/div（伏/格）”垂直挡位，同时下状态栏对应通道显示的幅值也会发生变化。CH1、CH2、MATH、REF 为通道或方式按键，按下某按键屏幕将显示其功能菜单、标志、波形和挡位状态等信息。OFF 键用于关闭当前选择的通道。

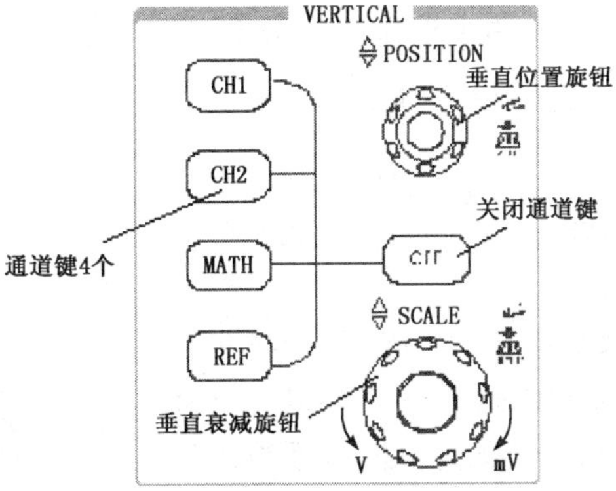

图 10-13　垂直系统操作区

水平控制区如图 10-14 所示，主要用于设置水平时基。水平位置 POSITION 旋钮调整信号波形在显示屏上的水平位置，转动该旋钮不但波形随旋钮而水平移动，且触发位移标志“T”也在显示屏上部随之移动，移动值则显示在屏幕左下角；按下此旋钮触发位移恢复到水平零点（即显示屏垂直中心位置）处。水平衰减 SCALE 旋钮改变水平时基挡位设置，转动该旋钮改变“s/div（秒/格）”水平挡位，下状态栏 Time 后显示的主时基值也会发生相应的变化。水平扫描速度从 20 ns ～50 s，以 1—2—5 的形式步进。按动水平 SCALE 旋钮可快速打开或关闭延迟扫描功能。按水平功能菜单 MENU 键，显示 TIME 功能菜单，在此菜单下，可开启/关闭延迟扫描，切换 Y（电压）$-T$（时间）、X（电压）$-Y$（电压）和 ROLL（滚动）模式，设置水平触发位移复位等。

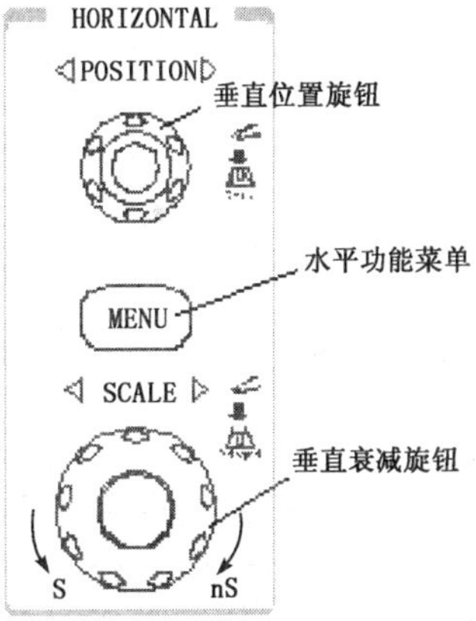

图 10-14　水平系统操作区

触发控制区如图 10-15 所示，主要用于触发系统的设置。转动 LEVEL 触发电平设置旋钮，屏幕上会出现一条上下移动的水平黑色触发线及触发标志，且左下角和上状态栏最右端触发电平的数值也随之发生变化。停止转动 LEVEL 旋钮，触发线、触发标志及左下角触发电平的数值会在约5 s后消失。按下 ◎LEVEL 旋钮触发电平快速恢复到零点。按[MENU]键可调出触发功能菜单，改变触发的设置。[50%]按钮，设定触发电平在触发信号幅值的垂直中点。按[FORCE]键，强制产生一触发信号，主要用于触发方式中的“普通”和“单次”模式。

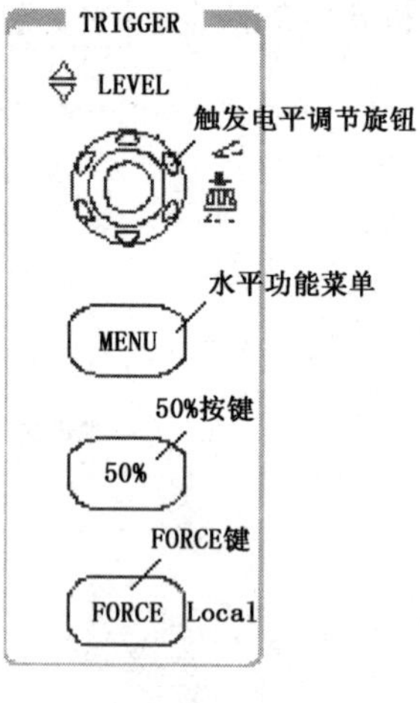

图 10-15　触发系统操作区

信号输入/输出区如图 10-16 所示，包括 2 个信号输入通道（“CH1”和“CH2”），1 个外触发信号输入端（EXT TREIG），1 个探头补偿信号输出端（输出频率 1 kHz、3 V 的方波信号）。

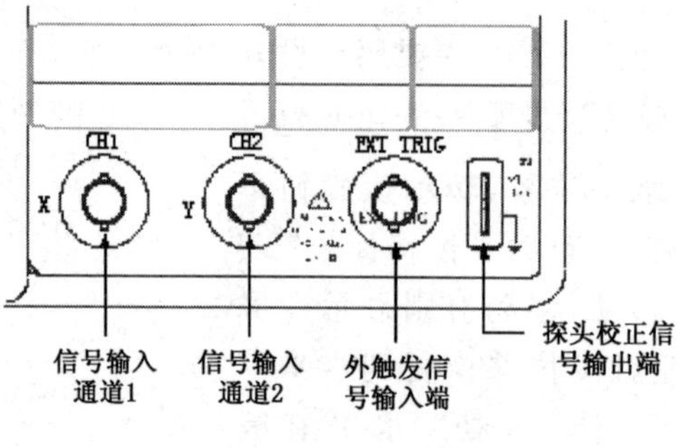

图 10-16　信号输入/输出区

（2）DS1000 系列数字示波器显示界面说明

DS1000 系列数字示波器显示界面如图 10-17 所示，它主要包括波形显示区和状态显示区。液晶屏边框线以内为波形显示区，用于显示信号波形、测量数据、水平位移、垂直位移和触发电平值等。位移值和触发电平值在转动旋钮时显示，停止转动 5 s 后则消失。显示屏边框线以外为上、下、左 3 个状态显示区（栏）。下状态栏通道标志为黑底的是当前选定通道，操作示波器面板上的按键或旋钮只有对当前选定通道有效，按下通道按键则可选定被按通道。状态显示区显示的标志位置及数值随面板相应按键或旋钮的操作而变化。

（3）使用要领和注意事项

①信号接入方法

以 CH1 通道为例介绍信号接入方法。

a. 将探头上的开关设定为 10×，并将探头连接器上的插槽对准 CH1 同轴电缆

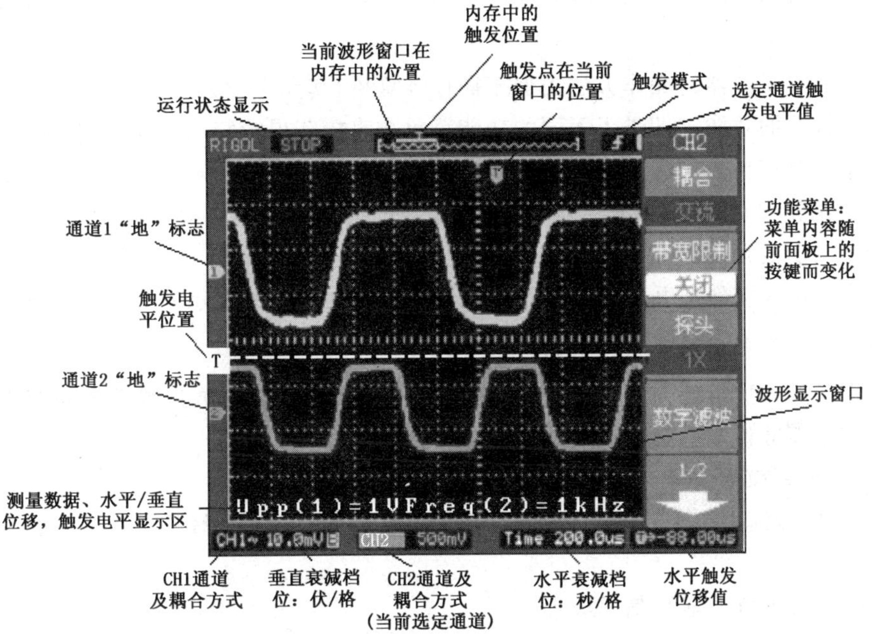

图 10-17　DS1000 系列数字示波器显示界面

插接件上的插口并插入，然后向右旋转拧紧。

b. 设定示波器探头衰减系数。探头衰减系数改变仪器的垂直挡位比例，因而直接关系到测量结果的正确与否。默认的探头衰减系数为 1×，设定时必须使探头上的黄色开关的设定值与输入通道“探头”菜单的衰减系数一致。衰减系数设置方法是：按 CH1 键，显示通道 1 的功能菜单。按下与探头项目平行的 3 号功能菜单操作键，用“↺”选择与探头同比例的衰减系数并按下“↺”予以确认。此时应选择并设定为 10×。

c. 把探头端部和接地夹接到函数信号发生器或探头补偿信号输出端。按 AUTO（自动设置）按钮，几秒钟后，在波形显示区即可见到输入信号或探头补偿信号（方波：1 kHz，约 3 Vpp）的波形。

用同样的方法检查并向 CH2 通道接入信号。

②为了加速调整，便于测量，当被测信号接入通道时，可直接按 AUTO 键以便立即获得合适的波形显示和挡位设置等。

③示波器的所有操作只对当前选定（打开）通道有效。通道选定（打开）方法是：按 CH1 或 CH2 按钮即可选定（打开）相应通道，并且下状态栏的通道标志变为黑

底。关闭通道的方法是：按 OFF 功能按钮或再次按下通道按钮，当前选定的通道则被关闭。

④数字示波器的操作方法类似于操作计算机，其操作分为三个层次。第一层：按下前面板上的功能键即进入不同的功能菜单或直接获得特定的功能应用；第二层：通过 5 个功能菜单操作键选定屏幕右侧对应的功能项目或打开子菜单或转动多功能旋钮“↻”调整项目参数；第三层：转动多功能旋钮“↻”选择下拉菜单项目，并按下多功能旋钮“↻”对所选项目予以确定。

⑤使用时应熟悉并通过观察上、下、左侧的状态栏来确定示波器设置的变化。

10.3.2.2　数字示波器测量实例

用示波器进行任何测量前，都要先将 CH1、CH2 探头菜单衰减系数和探头上的开关衰减系数设定一致。

(1)测量简单信号

例如：观测电路中一未知信号，显示并测量信号的频率和峰峰值。其方法和步骤如下。

①正确捕捉并显示信号波形

a. 将 CH1 或 CH2 的探头连接到电路被测点。

b. 按 AUTO（自动设置）键，示波器将自动设置使波形显示达到最佳。在此基础上，可以进一步调节垂直、水平挡位，直至波形的显示符合要求。

②进行自动测量

示波器可对大多数显示信号进行自动测量。现以测量信号的频率和峰峰值为例。

a. 测量峰峰值

按下 MEASURE 键以显示自动测量菜单→按 1 号功能菜单操作键以选择信源 CH1 或 CH2→按 2 号功能菜单操作键选择测量类型为电压测量，并转动多功能旋钮“↻”，在下拉菜单中选择峰峰值，按下“↻”。此时，在屏幕下方显示出被测信号的峰峰值。

b. 测量频率

按 3 号功能菜单操作键，选择测量类型为时间测量，转动多功能旋钮“↻”，在时间测量下拉菜单中选择频率，按下“↻”。此时，屏幕下方峰峰值后会显示出被测信号的频率。

测量过程中，当被测信号变化时测量结果也会跟随改变。当信号变化大、波形不能正常显示时，可再次按下 AUTO 键，搜索波形至最佳显示状态。测量参数等于

“※※※※”，表示被测通道关闭或信号过大未采集到示波器，此时应打开关闭的通道或按下 AUTO 键采集信号到示波器。

(2)观测正弦信号通过电路产生的延迟和畸变

①显示 CH1 通道和 CH2 通道的信号

a. 将电路的信号输入端接于 CH1，输出端接于 CH2。

b. 按下 AUTO (自动设置)键。

c. 调整水平、垂直衰减旋钮直至波形显示符合测试要求。

②测量并观察正弦信号通过电路后产生的延时和波形畸变

按下 MEASURE 键以显示自动测量菜单→按 1 号菜单操作键以选择信源 CH1→按 3 号菜单操作键选择时间测量→在时间测量下拉菜单中选择延迟 1－>2↑。此时，在屏幕下方显示出通道 1，2 在上升沿的延时数值，波形的畸变如图 10-18 所示。

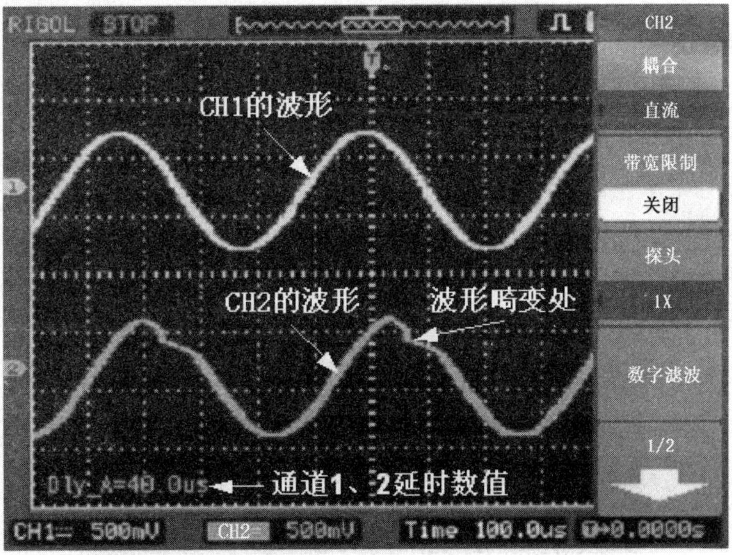

图 10-18　正弦信号通过电路产生的延迟和畸变

(3)捕捉单次信号

用数字示波器可以快速方便地捕捉脉冲、突发性毛刺等非周期性的信号。要捕捉一个单次信号，先要对信号有一定的了解，以正确设置触发电平和触发沿。例如，若脉冲是 TTL 电平的逻辑信号，触发电平应设置为 2 V，触发沿应设置成上升沿。如果对信号的情况不确定，则可以通过自动或普通触发方式先对信号进行观察，以确定触发电平和触发沿。捕捉单次信号的具体操作步骤和方法如下。

①按下触发(TRIGGER)控制区 MENU 键,在触发系统菜单下分别按 1～5 号菜单操作键设置触发类型为边沿触发、边沿类型为上升沿、信源选择为 CH1 或 CH2、触发方式为单次、触发耦合设置为直流。

②调整水平时基和垂直衰减挡位至适合的范围。

③旋转触发(TRIGGER)控制区 LEVEL 旋钮,调整适合的触发电平。

④按 RUN/STOP 执行钮,等待符合触发条件的信号出现。如果有某一信号达到设定的触发电平,即采样一次,显示在屏幕上。

⑤旋转水平控制区(HORIZONTAL) POSITION 旋钮,改变水平触发位置,以获得不同的负延迟触发,观察毛刺发生之前的波形。

(4)应用光标测量 Sinc 波形

示波器自动测量的 20 种参数都可以通过光标进行测量。现以 Sinc 波形测量为例说明光标测量方法。

①测量 Sinc 信号第一个波峰的频率

a. 按下 CURSOR 键以显示光标测量菜单。

b. 按 1 号菜单操作键设置光标模式为手动。

c. 按 2 号菜单操作键设置光标类型为 X。

d. 如图 10-19 所示,按 4 号菜单操作键,激活光标 CurA 的多功能旋钮"↻",转动"↻"将光标 A 移动到 Sinc 的第一个峰值处。

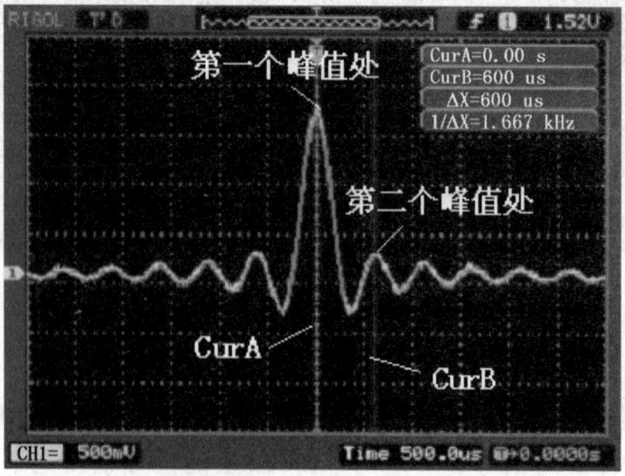

图 10-19 测量 Sinc 信号第一个波峰的频率

e. 按 5 号菜单操作键，激活光标 CurB 的多功能旋钮“↻”，转动“↻”将光标 B 移动到 Sinc 第二个峰值处。此时，屏幕右上角显示出光标 A、B 处的时间值、时间增量和 Sinc 的频率。

②测量 Sinc 信号第一个波峰的峰峰值

a. 如图 10-20 所示，按下 CURSOR 键以显示光标测量菜单。

b. 按 1 号菜单操作键设置光标模式为手动。

c. 按 2 号菜单操作键设置光标类型为 Y。

d. 分别按动 4、5 号菜单操作键，激活光标 CurA、CurB 的多功能旋钮“↻”，转动“↻”将光标 A、B 移动到 Sinc 的第一、二个峰值处。屏幕右上角显示出光标 A、B 处的电压值和电压增量即 Sinc 的峰峰值。

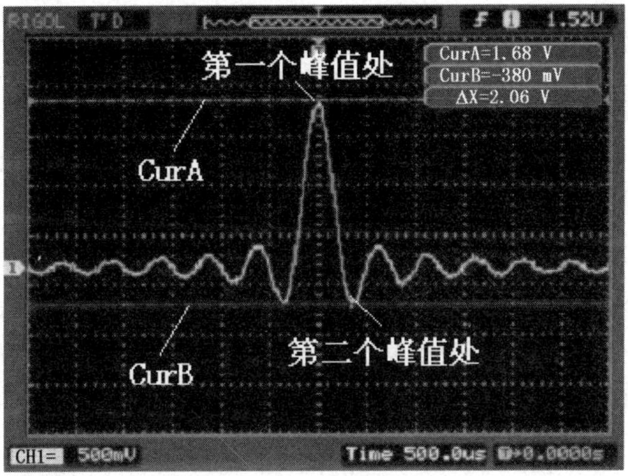

图 10-20　测量 Sinc 信号第一个波峰的幅值

(5)使用光标测定 FFT 波形参数

使用光标可测定 FFT 波形的幅度(以 Vrms 或 dBVrms 为单位)和频率(以 Hz 为单位)，如图 10-21 所示，具体方法如下。

①按 MATH 键弹出 MATH 功能菜单。按 1 号键打开“操作”下拉菜单，转动“↻”选择 FFT 并按下“↻”确认。此时，FFT 波形便出现在显示屏上。

②按 CURSOR 键显示光标测量菜单。按 1 号键打开“光标模式”下拉菜单并选择“手动”类型。

③按 2 号菜单操作键，选择光标类型为 X 或 Y。

④按 3 号菜单操作键，选择信源为 FFT，菜单将转移到 FFT 窗口。

⑤转动多功能旋钮“↺”，移动光标至感兴趣的波形位置，测量结果显示于屏幕右上角。

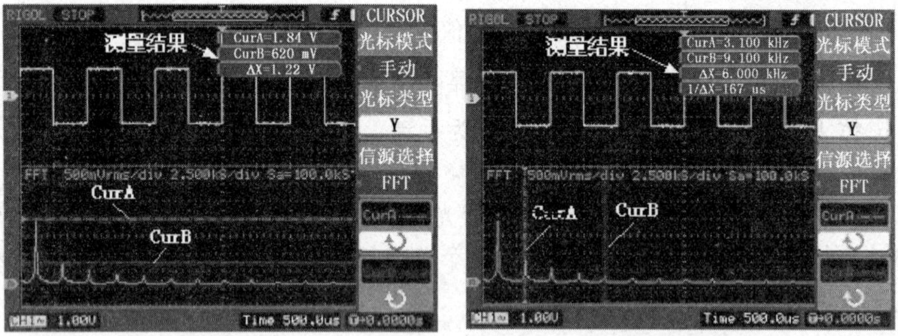

(a)测量FFT幅值　　　　(b)测量FFT频率

图 10-21　光标测量 FFT 波形的幅值和频率

(6) 减少信号随机噪声的方法

如果被测信号上叠加了随机噪声，可以通过调整示波器的设置，滤除或减小噪声，避免其在测量中对本体信号的干扰。其方法有以下 2 种。

①设置触发耦合改善触发：按下触发(TRIGGER)控制区 MENU 键，在弹出的触发设置菜单中将触发耦合选择为低频抑制或高频抑制。低频抑制可滤除 8 kHz 以下的低频信号分量，允许高频信号分量通过；高频抑制可滤除 150 kHz 以上的高频信号分量，允许低频信号分量通过。通过设置低频抑制或高频抑制，可以分别抑制低频或高频噪声，以得到稳定的触发。

②设置采样方式和调整波形亮度减少显示噪声：按常用 MENU 区 ACQUIRE 键，显示采样设置菜单。按 1 号菜单操作键设置获取方式为平均，然后按 2 号菜单操作键调整平均次数，依次由 2 至 256 以 2 倍数步进，直至波形的显示满足观察和测试要求。转动“↺”旋钮降低波形亮度以减少显示噪声。

10.4　信号发生器

信号发生器是指产生所需参数的电测试信号的仪器。按信号波形可分为正弦信号、函数(波形)信号、脉冲信号和随机信号发生器等四大类。信号发生器又称信号源或振荡器，在生产实践和科技领域中有着广泛的应用。各种波形曲线均可以用三角函数方程式来表示。能够产生多种波形，如三角波、锯齿波、矩形波(含方波)、正弦波的电路被称为函数信号发生器。下面主要介绍 DDS 函数信号发生器。

DDS函数信号发生器采用现代数字合成技术，它完全没有振荡器元件，而是利用直接数字合成技术，由函数计算值产生一连串数据流，再经数模转换器输出一个预先设定的模拟信号。其优点是：输出波形精度高、失真小；信号相位和幅度连续无畸变；在输出频率范围内不需设置频段，频率扫描可无间隙的连续覆盖全部频率范围等。现以TFG2003型DDS函数信号发生器为例，说明数字函数信号发生器的使用方法。

10.4.1　技术指标

TFG2003型DDS函数信号发生器具有双路输出、调幅输出、门控输出、猝发计数输出，以及频率扫描和幅度扫描等功能。其主要技术指标如下。

(1)A路输出技术指标

①波形种类：正弦波、方波。

②频率范围：30 mHz～3 MHz；分辨率：30 mHz。

③幅度范围：100 mVpp～20 Vpp(高阻)；分辨率为80 mVpp；输出阻抗为50 Ω。手动衰减：衰减范围为0～70 dB(10 dB、20 dB、40 dB三挡)；步进10 dB。

④调制特性

a. 调制信号。内部B路4种波形(正弦波、方波、三角波、锯齿波)，频率为100 Hz～3 kHz。

b. 幅度、频率调制。ASK：载波幅度和跳变幅度任意设定；FSK：载波频率和跳变频率任意设定；交替速率：0.1～6 553.4 ms。

c. 脉冲串调制(猝发)。猝发计数：1～65 534个周期；猝发信号间隔时间：0.1～6 553.4 ms；猝发方式：连续猝发、单次猝发、门控输出。

⑤扫描特性：频率或幅度线性扫描，扫描过程可随时停止并保持，可手动逐点扫描；扫描范围：扫描起始点和终止点任意设定；扫描速率：10 ms～6 553.4 ms/步进；扫描方式：正向扫描、反向扫描、单次扫描、往返扫描。

(2)B路输出技术指标

①波形种类：正弦波、方波、三角波、锯齿波。

②频率范围：100 Hz～3 kHz。

③幅度范围：300 mVpp～8 Vpp(高阻)。

(3)TTL输出技术指标

①波形特性：方波，上升下降时间<20 ns。

②频率特性：与A路输出特性相同。

③幅度特性：TTL兼容，低电平<0.3 V；高电平>4 V。

10.4.2 面板键盘功能

TFG2003 型 DDS 函数信号发生器前面板共 20 个按键、3 个幅度衰减开关、1 个调节旋钮和电源开关，如图 10-22 所示。按键都是按下释放后才有效，各按键功能如下。

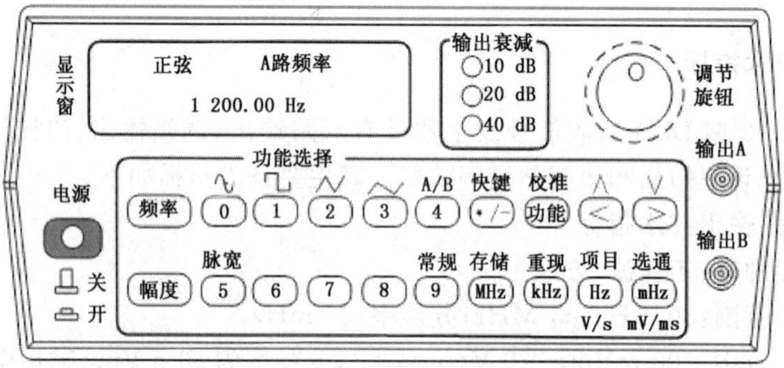

图 10-22 DDS 函数信号发生器前面板

(1)【频率】键：频率选择键。

(2)【幅度】键：幅度选择键。

(3)【0】、【1】、【2】、【3】、【4】、【5】、【6】、【7】、【8】、【9】键：数字输入键。

(4)【MHz】/【存储】、【KHz】/【重现】、【Hz】/【项目】/【V】/【s】、【mHz】/【选通】/【mV】/【ms】键：双功能键，在数字输入之后执行单位键的功能，同时作为数字输入的结束键(即确认键)，其他时候执行【项目】、【选通】、【存储】【重现】等功能。

(5)【.】/【快键】键：双功能键，输入数字时为小数点输入键，其他时候执行【快键】功能。

(6)【〈】/【∧】、【〉】/【∨】键：双功能键，一般情况下作为光标左右移动键，只有在“扫描”功能时作为加、减步进键和手动扫描键。

(7)【功能】键：主菜单控制键，循环选择 5 种功能，见表 10-1。

(8)【项目】键：子菜单控制键，在每种功能下选择不同的项目，见表 10-1。

(9)【选通】键：双功能键，在“常规”功能时可以切换频率和周期，幅度峰峰值和有效值，在“扫描”“猝发”“键控”功能时作为启动键。

(10)【快键】：按【快键】后(显示 Q 标志)，再按【0】/【1】/【2】/【3】键，可以直接选择对应的 4 种不同波形输出；按【快键】后再按【4】键，可以直接进行 A 路和 B 路的转换。按【快键】后按【5】键，可以调整方波的占空比。

(11)调节旋钮：调节输入的数据。

表 10-1　【功能】、【项目】菜单显示表

【功能】(主菜单)键	常规	扫描	调幅	猝发	键控
【项目】(子菜单)键	A 路频率	A 路频率	A 路频率	A 路频率	A 路频率
	B 路频率	始点频率	B 路频率	计数	始点频率
		终点频率		间隔	终点频率
		步长频率		单次	间隔
		间隔			
		方式			

10.4.3　使用方法

按下电源按钮，电源接通。显示屏先显示“欢迎使用”及一串数字，然后进入默认的“常规”功能输出状态，显示出当前 A 路状态波形为“正弦”，当前 A 路频率值为 1 000.00 Hz。

10.4.3.1　数据输入方式

该仪器的数据输入方式有 3 种。

(1)数字键输入：用 0～9 十个数字键及小数点键向显示区写入数据。数据写入后应按相应的单位键【MHz】、【kHz】、【Hz】、【mHz】予以确认，此时数据开始生效，信号发生器按照新写入的参数输出信号。如设置 A 路正弦波频率为 2.7 kHz，其按键顺序是：【2】→【.】→【7】→【kHz】。数字键输入法可使输入数据一次到位，因而适合于输入已知的数据。

(2)步进键输入：实际使用中有时需要得到一组几个或几十个等间隔的频率值或幅度值，如果用数字键输入法，就必须反复使用数字键和单位键。为了简化操作，可以使用步进键输入方法，将【功能】键选择为“扫描”，把频率间隔设定为步长频率值，此后每按一次【∧】键，频率增加一个步长值，每按一次【∨】键，频率减小一个步长值，且数据改变后即可生效，不需再按单位键。

如设置间隔为 12.84 kHz 的一系列频率值，其按键顺序是：先按【功能】键选“扫描”，再按【项目】键选“步长频率”，依次按【1】、【2】、【.】、【8】、【4】、【kHz】，此后连续按【∧】或【∨】键，就可得到一系列间隔为 12.84 kHz 的递增或递减频率值。

注意：步进键输入只能在项目选择为“频率”或“幅度”时使用。步进键输入法适合于一系列等间隔数据的输入。

(3)调节旋钮输入：按位移键【〈】或【〉】，使三角形光标左移或右移并指向显示屏上的某一数字，向右或左转动调节旋钮，光标指示位数字连续加 1 或减 1，并能向高位进位或借位。调节旋钮输入时，数字改变后即刻生效。当不需要使用调节旋钮输

入时，按位移键【〈】或【〉】使光标消失，转动旋钮就不再生效。

调节旋钮输入法适合于对已输入数据进行局部修改或需要输入连续变化的数据进行搜索观测。

10.4.3.2 “常规”功能的使用

仪器开机后为“常规”功能，显示A路波形（正弦或方波），否则可按【功能】键选择“常规”，仪器便进入“常规”状态。

（1）频率/周期的设定

按【频率】键可以进行频率设定。在“A路频率”时用数字键或调节旋钮输入频率值，此时在“输出A”端口即有该频率的信号输出。例如：设定频率值为3.5 kHz，按键顺序为：【频率】→【3】→【.】→【5】→【kHz】。

频率也可用周期值进行显示和输入。若当前显示为频率，按【选通】键，即可显示出当前周期值，用数字键或调节旋钮输入周期值。例如：设定周期值25 ms，按键顺序是：【频率】→【选通】→【2】→【5】→【ms】。

（2）幅度的设定

按【幅度】键可以进行幅度设定。在“A路幅度”时用数字键或调节旋钮输入幅度值，此时在“输出A”端口即有该幅度的信号输出。例如：设定幅度为3.2 V，按键顺序为：【幅度】→【3】→【.】→【2】→【V】。

幅度的输入和显示可以使用有效值（VRMS）或峰峰值（VPP），当项目选择为幅度时，按【选通】键可对两种格式进行循环转换。

（3）输出波形选择

如果当前选择为A路，按【快键】【0】，输出为正弦波；按【快键】【1】，输出为方波。

方波占空比设定：若当前显示为A路，按【快键】【1】，选择当前输出为方波，再按【快键】【5】，显示出方波占空比的百分数值，用数字键或调节旋钮输入占空比值，“输出A”端口即有该占空比的方波信号输出。

10.4.3.3 “扫描”功能的使用

（1）“频率”扫描

按【功能】键选择“扫描”，如果当前显示为频率，则进入“频率”扫描状态。

①设定扫描始点/终点频率：按【项目】键，选“始点频率”，用数字键或调节旋钮设定始点频率值；按【项目】键，选“终点频率”，用数字键或调节旋钮设定终点频率值。

注意：终点频率值必须大于始点频率值。

②设定扫描步长：按【项目】键，选“步长频率”，用数字键或调节旋钮设定步长频率值。扫描步长小，扫描点多，测量精细，反之则测量粗糙。

③设定扫描间隔时间：按【项目】键，选“间隔”，用数字键或调节旋钮设定间隔时间值。

④设定扫描方式：按【项目】键，选“方式”，有以下4种扫描方式可以选择。按【0】，选择为“正扫描方式”(扫描从始点频率开始，每步增加一个步长值，到达终点频率后，再返回始点频率重复扫描过程)；按【1】，选择为“逆扫描方式”(扫描从终点频率开始，每步减小一个步长值，到达始点频率后，再返回终点频率重复扫描过程)；按【2】，选择为“单次正扫描方式”(扫描从始点频率开始，每步增加一个步长值，到达终点频率后，扫描停止。每按一次【选通】键，扫描过程进行一次)；按【3】，选择为“往返扫描方式”(扫描从始点频率开始，每步增加一个步长值，到达终点频率后，改为每步减小一个步长值扫描至始点频率，如此往返重复扫描过程)。

⑤扫描启动和停止：扫描参数设定后，按【选通】键，显示出“F SWEEP”表示扫描已启动，按任意键可使扫描停止。扫描停止后，输出信号便保持在停止时的状态不再改变。无论扫描过程是否正在进行，按【选通】键都可使扫描过程重新启动。

⑥手动扫描：扫描过程停止后，可用步进键进行手动扫描，每按1次【∧】键，频率增加一个步长值，每按1次【∨】键，频率减小一个步长值，这样可逐点观察扫描过程的细节变化。

(2)“幅度”扫描

在“扫描”功能下按【幅度】键，显示出当前幅度值。设定扫描参数(如始点幅度、终点幅度、步长幅度、间隔时间、扫描方式等)，其方法与频率扫描类同。按【选通】键，显示出“A SWEEP”表示幅度扫描过程已启动。按任意键可使扫描过程停止。

(3)“调幅”功能的使用

按【功能】键，选择“幅度”，“输出A”端口即有幅度调制信号输出。A路为载波信号，B路为调制信号。

①设定调制信号的频率：按【项目】键选择“B路频率”，显示出B路调制信号的频率，用数字键或调节旋钮可设定调制信号的频率。调制信号的频率应与载波信号频率相适应，一般地，调制信号的频率应是载波信号频率的1/10。

②设定调制信号的幅度：按【项目】键选择“B路幅度”，显示出B路调制信号的幅度，用数字键或调节旋钮可设定调制信号的幅度。调制信号的幅度越大，幅度调制深度就越大。(注意：调制深度还与载波信号的幅度有关，载波信号的幅度越大，调制深度就越小，因此，可通过改变载波信号的幅度来调整调制深度)。

③外部调制信号的输入：从仪器后面板“调制输入”端口可引入外部调制信号。外部调制信号的幅度应根据调制深度的要求来调整。使用外部调制信号时，应将“B路频率”设定为0，以关闭内部调制信号。

(4)“猝发”功能的使用

按【功能】键，选择“猝发”，仪器即进入猝发输出状态，可输出一定周期数的脉冲串或对输出信号进行门控。

①设定波形周期数：按【项目】键，选择“计数”，显示出当前输出波形的周期数，用数字键或调节旋钮可设定每组输出的波形周期数。

②设定间隔时间：按【项目】键，选择“间隔”，显示猝发信号的间隔时间值，用数字键或调节旋钮可设定各组输出的间隔时间。

③猝发信号启动和停止：设定好猝发信号的频率、幅度、计数和间隔时间后，按【选通】键，显示出“BURST”，猝发信号开始输出，达到设定的周期数后输出暂停，经设定的时间间隔后又开始输出。如此循环，输出一系列脉冲串波形。按任意键可停止猝发输出。

④门控输出：若“计数”值设定为0，则为无限多个周期输出。猝发输出启动后，信号便连续输出，直到按任意键输出停止。这样可通过按键对输出信号进行闸门控制。

⑤单次猝发输出：按【项目】键，选择“单次”，可以输出单次猝发信号，每按一次【选通】键，输出一次设定数目的脉冲串波形。

(5)键控功能的使用

在数字通讯或遥控遥测系统中，对数字信号的传输通常采用频移键控(FSK)或幅移键控(ASK)的方式，对载波信号的频率或幅度进行编码调制，在接收端经过解调器再还原成原来的数字信号。

①频移键控(FSK)输出：按【功能】键选择“键控”，若当前显示为频率值，仪器则进入FSK输出方式，否则可按【频率】键。先设定FSK输出参数，按【项目】键，选择“始点频率”，设定载波频率值；按【项目】键，选择“终点频率”，设定跳变频率值；按【项目】键，选择“间隔”，设定两个频率的交替时间间隔。然后按【频率】、【选通】键，显示出“FSK”，即可输出频移键控信号，按任意键可使输出停止。

②幅移键控(ASK)输出：在【功能】选择为“键控”方式下，按【幅度】键，显示出当前幅度值，仪器则进入ASK输出方式。各项参数设定方法与FSK类同，不再复述。

(6)B路输出的使用

B路输出有4种波形(正弦波、方波、三角波、锯齿波)，频率和幅度连续可调，但精度不高，也不能显示准确的数值，主要用作幅度调制信号以及定性的观测实验。

①频率设定：按【项目】键选择“B路频率”，显示出一个频率调整数字(不是实际频率值)，用数字键或调节旋钮改变此数字即可改变“输出B”信号的频率。

②幅度设定：按【项目】键选择“B路幅度”，显示出一个幅度调整数字(不是实际幅度值)，用数字键或调节旋钮改变此数字即可改变“输出B”信号的幅度。

③波形选择：若当前输出为B路，按【快键】、【0】，B路输出正弦波；按【快键】、

【1】，B 路输出方波；按【快键】、【2】，B 路输出三角波；；按【快键】、【3】，B 路输出锯齿波。

(7)出错显示功能

由于各种原因使得仪器不能正常运行时，将会有出错显示：EOP * 或 EOU * 。EOP * 为操作方法错误显示，如显示 EOP1，提示您只有在频率和幅度时才能使用【∧】、【∨】键；EOP3，提示您在正弦波时不能输入脉宽；EOP5，提示您“扫描”、“键控”方式只能在频率和幅度时才能触发启动等。EOU * 为超限出错显示，即输入的数据超过了仪器所允许的范围，如显示 EOU1，提示您扫描始点值不能大于终点值；EOU2，提示您频率或周期为 0 不能互换；EOU3，输入数据中含有非数字字符或输入数据超过允许值范围等。

附录A　常用电气图形符号及说明

A.1　电阻器、电容器、电感器和变压器

图形符号	名称与说明	图形符号	名称与说明
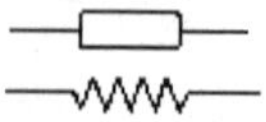	电阻器一般符号		电感器、线圈、绕组或扼流图 注：符号中半圆数不得少于3个
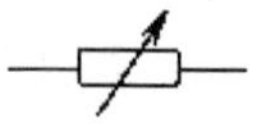	可变电阻器或可调电阻器		带磁芯、铁芯的电感器
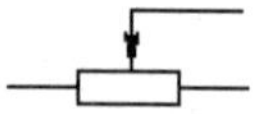	滑动触点电位器		带磁芯连续可调的电感器
	极性电容		双绕组变压器 注：可增加绕组数目
	可变电容器或可调电容器		绕组间有屏蔽的双绕组变压器 注：可增加绕组数目
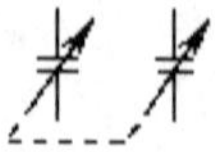	双联同调可变电容器 注：可增加同调联数		在一个绕组上有抽头的变压器
	微调电容器		

A.2　半导体管

图形符号	名称与说明	图形符号	名称与说明
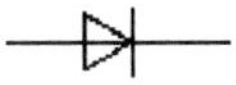	二极管的符号	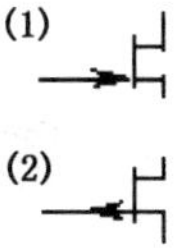	JFET 结型场效应管 (1)N 沟道 (2)P 沟道
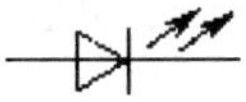	发光二极管		
	光电二极管	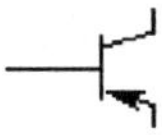	PNP 型晶体三极管
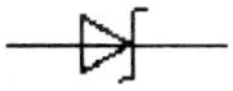	稳压二极管	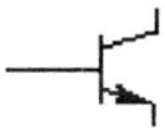	NPN 型晶体三极管
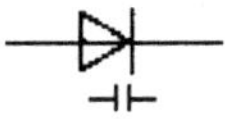	变容二极管	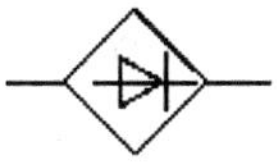	全波桥式整流器

A.3　其他

图形符号	名称与说明	图形符号	名称与说明
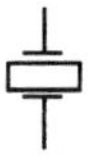	具有两个电极的压电晶体 注:电极数目可增加	 或 	接机壳或底板
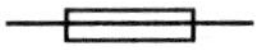	熔断器	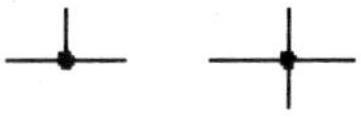	导线的连接
	指示灯及信号灯		导线的不连接
	扬声器		动合(常开)触点开关
	蜂鸣器		动断(常闭)触点开关
	接大地	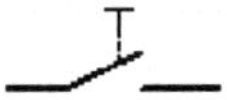	手动开关

附录B　电气图形符号国家标准汇总

序号	图形符号	说　明
1	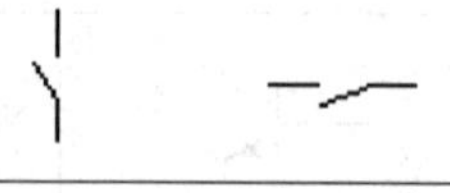	开关(机械式)
2	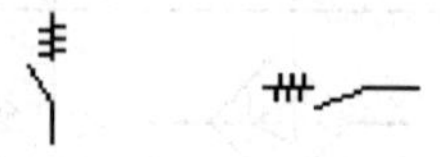	多级开关一般符号单线表示
3	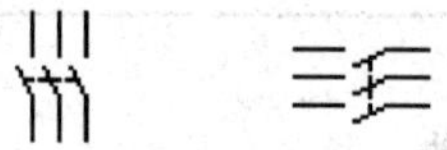	多级开关一般符号多线表示
4	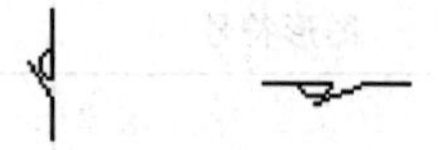	接触器(在非动作位置触点断开)
5		接触器(在非动作位置触点闭合)
6	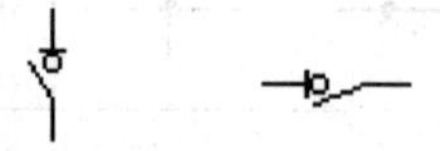	负荷开关(负荷隔离开关)
7		具有自动释放功能的负荷开关
8	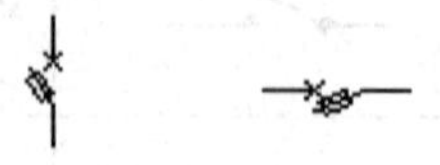	熔断器式断路器
9	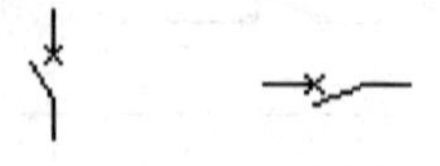	断路器
10		隔离开关

续表

序号	图形符号	说　　明
11	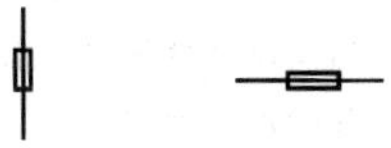	熔断器一般符号
12		跌落式熔断器
13		熔断器式开关
14		熔断器式隔离开关
15		熔断器式负荷开关
16	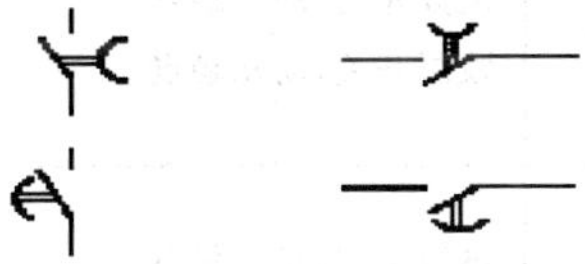	当操作器件被吸合时延时闭合的动合触点
17	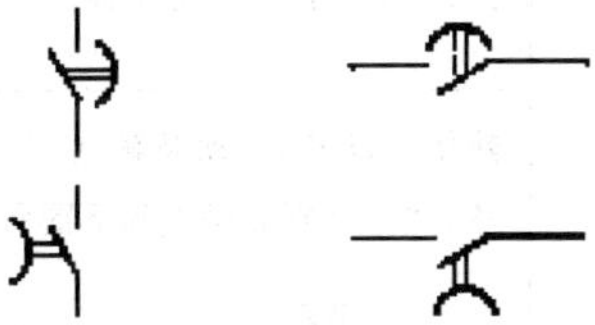	当操作器件被释放时延时闭合的动合触点
18	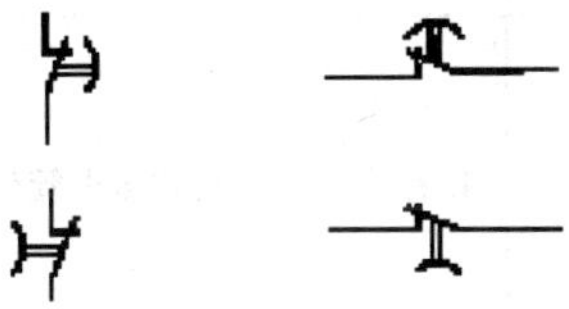	当操作器件被释放时延时闭合的动断触点
19	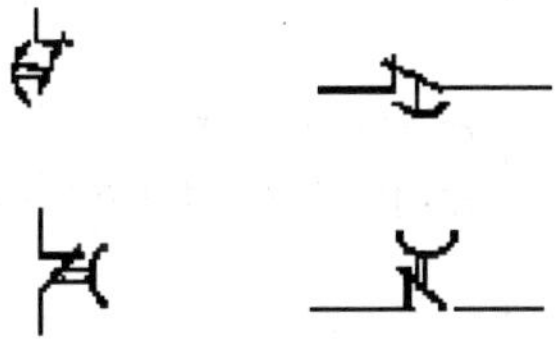	当操作器件被吸合时延时闭合的动断触点

续表

序号	图形符号	说　明
20	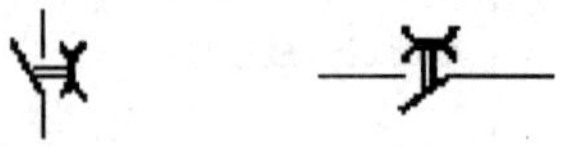	当操作器件被吸合时延时闭合和释放时延时断开的动合触点
21	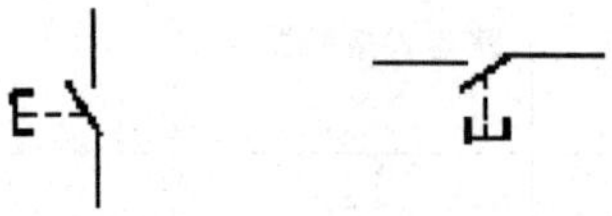	按钮开关(不闭锁)
22		旋钮开关、旋转开关(闭锁)
23	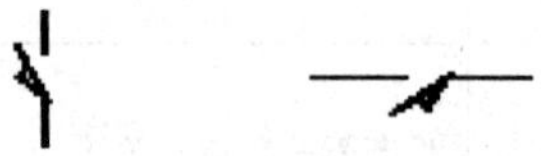	位置开关,动合触点 限制开关,动合触点
24	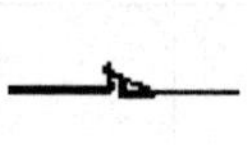	位置开关,动断触点 限制开关,动断触点
25	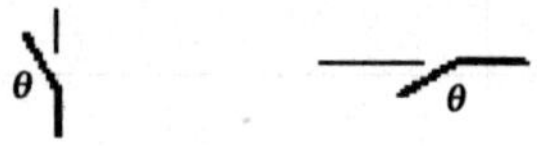	热敏开关,动合触点 注:θ可用动作温度代替
26	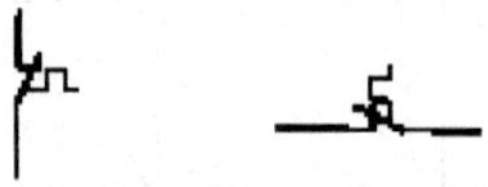	热敏自动开关,动断触点 注:注意区别此触点和下图所示热继电器的触点 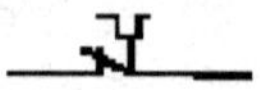
27	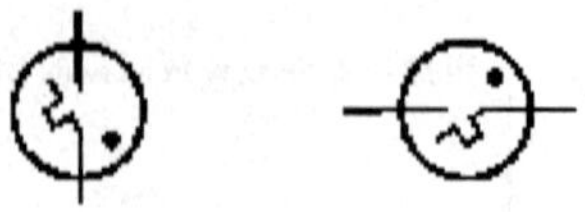	具有热元件的气体放电管荧光灯起动器
28	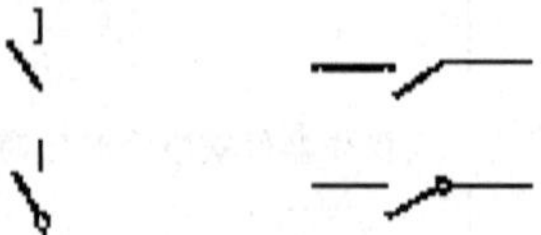	动合(常开)触点 注:本符号也可用作开关一般符号

续表

序号	图形符号	说　　明
29	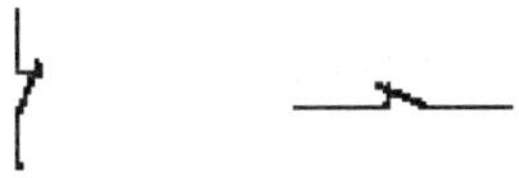	动断(常闭)触点
30	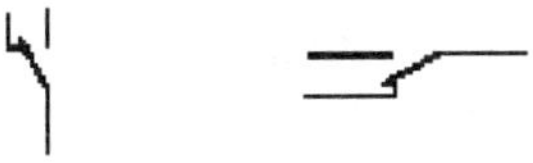	先断后合的转换触点
31		当操作器件被吸合或释放时,暂时闭合的过渡动合触点
32	 	座(内孔的)或插座的一个极
33		插头(凸头的)或插头的一个极
34	 	插头和插座(凸头的和内孔的)
35	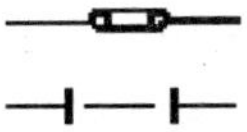	 接通的连接片
36		换接片
37	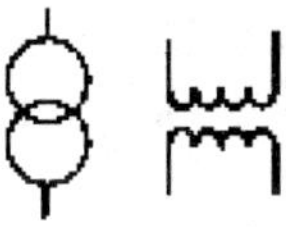	双绕组变压器

续表

序号	图形符号	说　　明
38	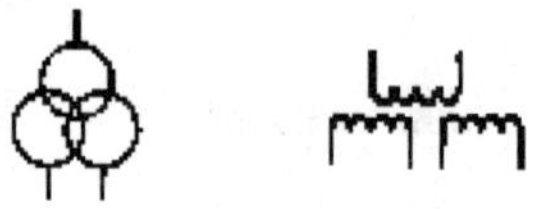	三绕组变压器
39		自耦变压器
40		电抗器 扼流图
41		电流互感器 脉冲变压器
42	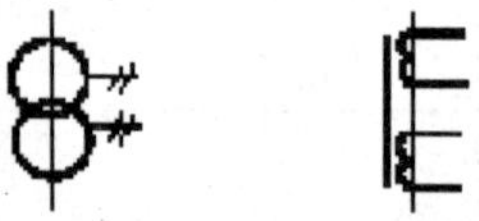	具有两个铁芯和两个二次绕组的电流互感器
43		在一个铁芯上具有两个二次绕组的电流互感器
44	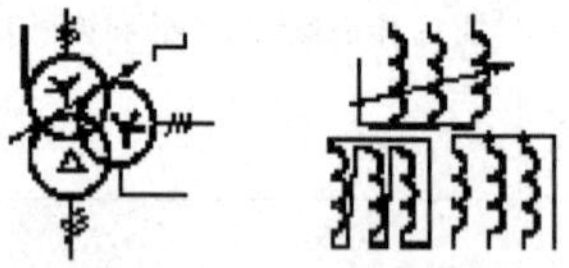	具有有载分接开关的三相三绕组变压器，有中性点引出线的星形一三角形连接
45	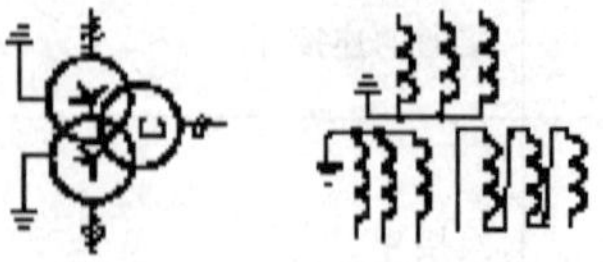	三相三绕组变压器，两个绕组为有中性点引出线的星形，中性点接地，第三绕组为开口三角形连接
46	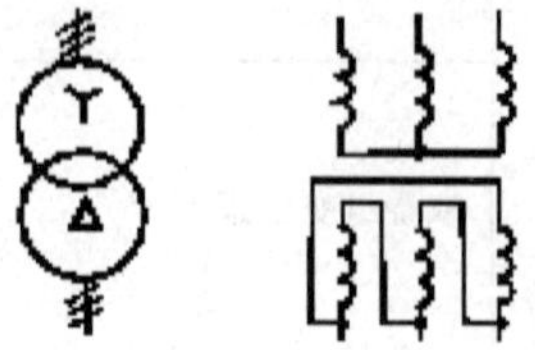	三相变压器 星形一三角形连接

续表

序号	图形符号	说　　明
47	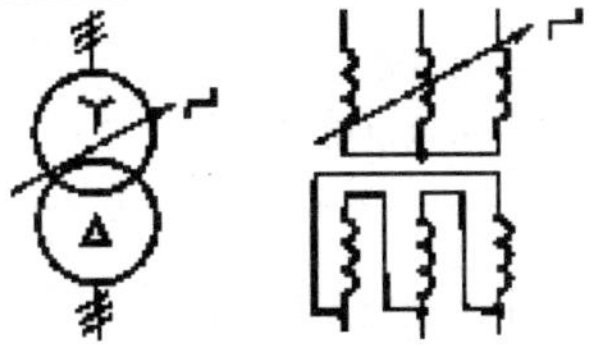	具有有载分接开关的三相变压器 星形一三角形连接
48	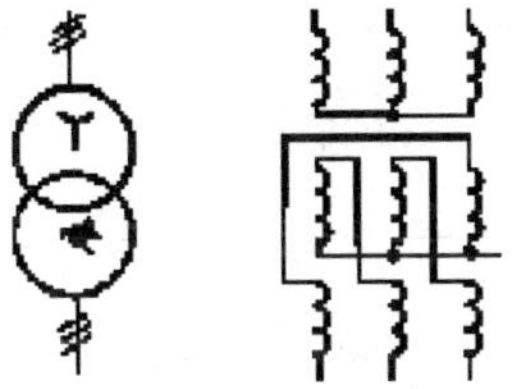	三相变压器 星形一曲折形连接
49	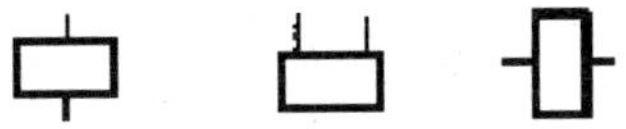	操作器件一般符号
50	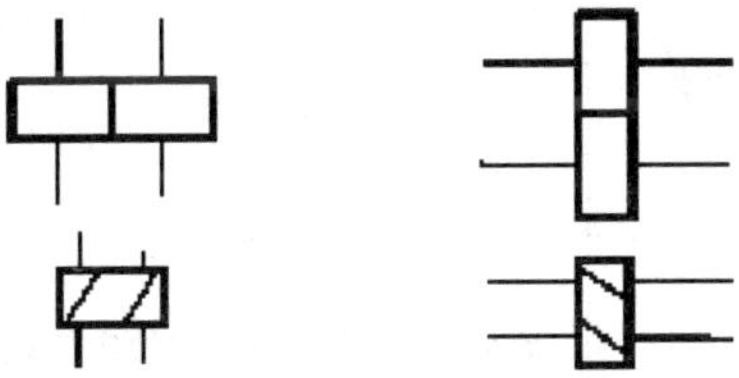	具有两个绕组的操作器件组合表示法
51		热继电器的驱动器件
52	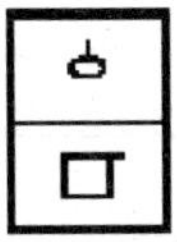	气体继电器
53		自动重闭合器件
54		电阻器一般符号

续表

序号	图形符号	说明
55		可变电阻器 可调电阻器
56		滑动触点电位器
57	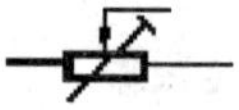	预调电位器
58		电容器一般符号
59		可变电容器 可调电容器
60	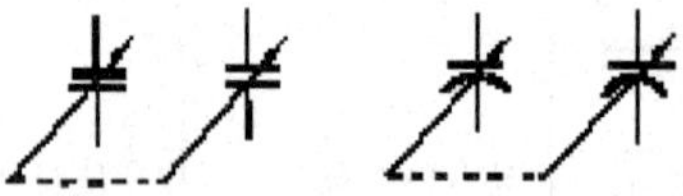	双联同调可变电容器
61		指示仪表(星号必须按规定予以代表)
62		电压表
63		电流表
64		无功电流表电气图形符号
65	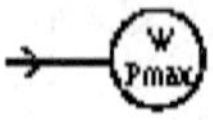	最大需量指示器(由一台积算仪表操作的)
66		无功功率表

续表

序号	图形符号	说明
67		功率因素表
68		频率表
69		温度计、高温计(θ可由t代替)
70		转速表
71	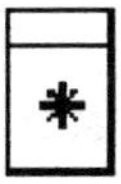	积算仪表、电能表(星号必须按规定予以代替)
72	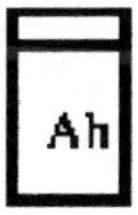	安培小时计
73		电能表(瓦特小时表)
74		无功电能表
75	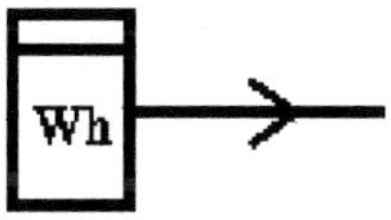	带发送器电能表
76	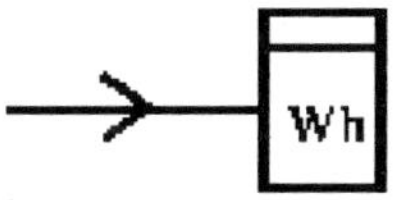	由电能表操纵的遥测仪表(转发器)

续表

序号	图形符号	说　明
77	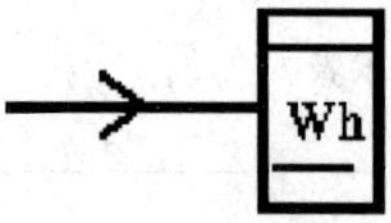	由电能表操纵的带有打印器材的遥测仪表（转发器）
78		屏、盘、架一般符号 注：可用文字符号或型号表示设备名称
79		列架一般符号
80	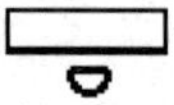	人工交换台、中断台、测量台、业务台等一般符号

附录C　国内外部分电气图形符号对照表

符号名称＼国别	中国	国际电工委员会	美国	德国	日本
电阻器	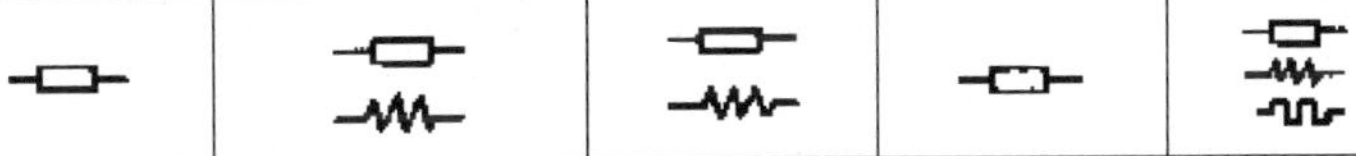				
电容器					
极性电容器	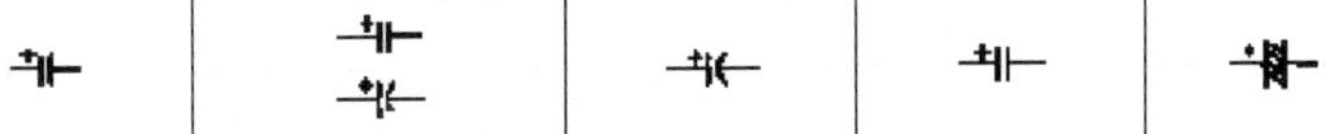				
电感器					
半导体二极管					
单向击穿二极管					
NPN 型半导体管	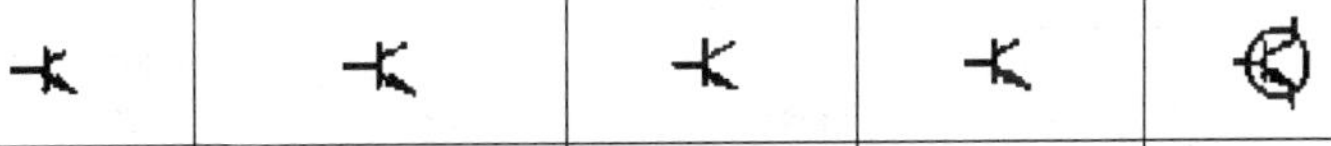				
PNP 型半导体管	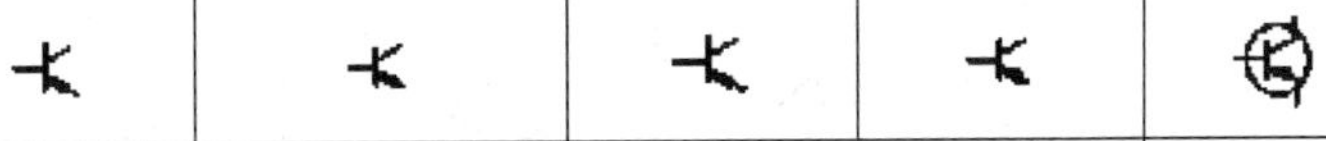				
光电池					
N 沟道结型场效应管	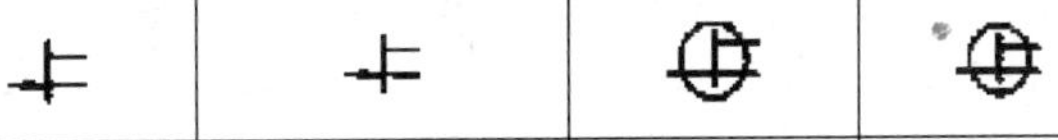				–
P 沟道结型场效应管					–
接地					
接机壳	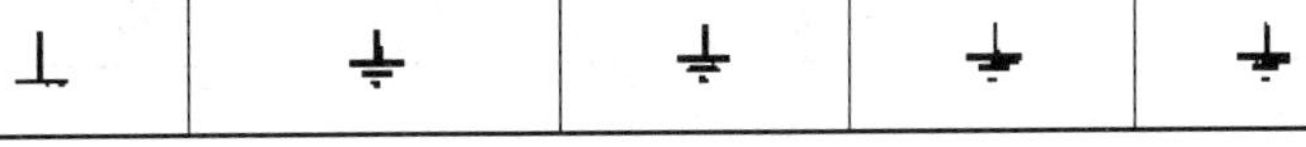				

续表

国别 符号名称	中国	国际电工委员会	美国	德国	日本
屏蔽电缆	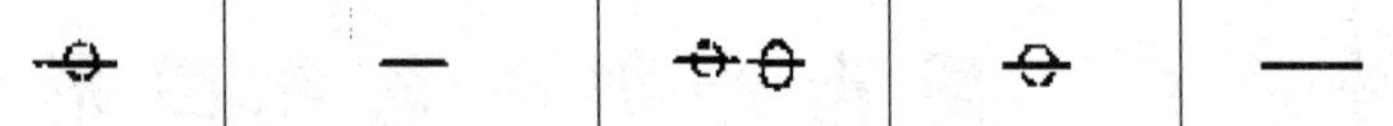				
端子					
插头插座	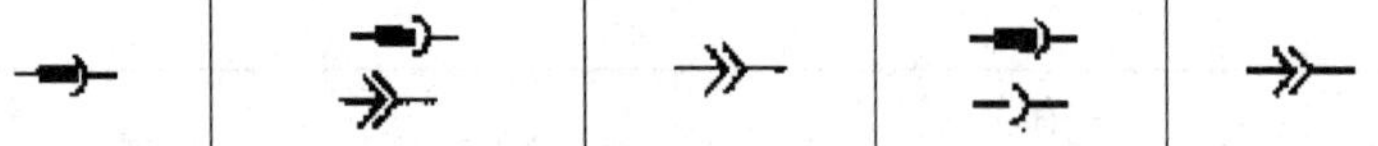				
开关及动合触点					
动断触点					
动合按钮					
动断按钮					
双绕组变压器	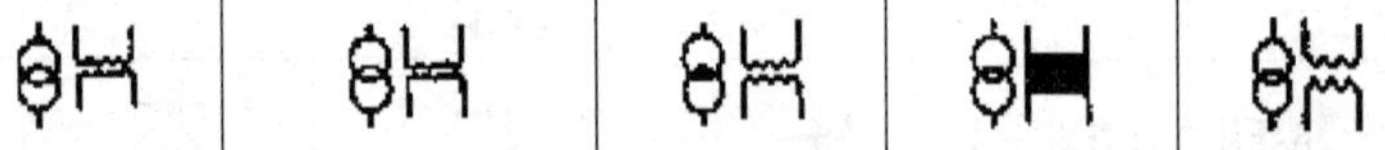				
桥式全波整流器	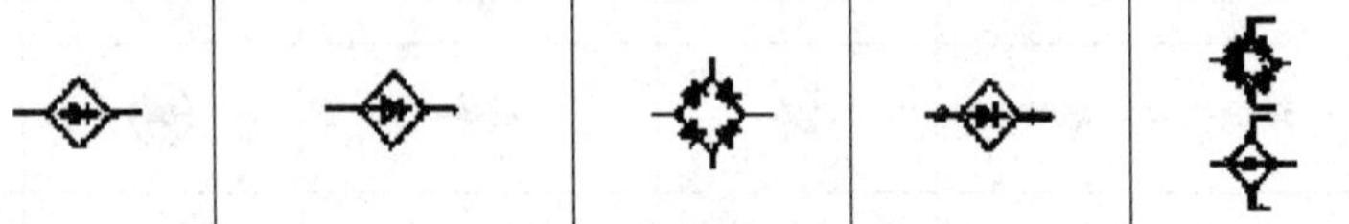				
熔断器	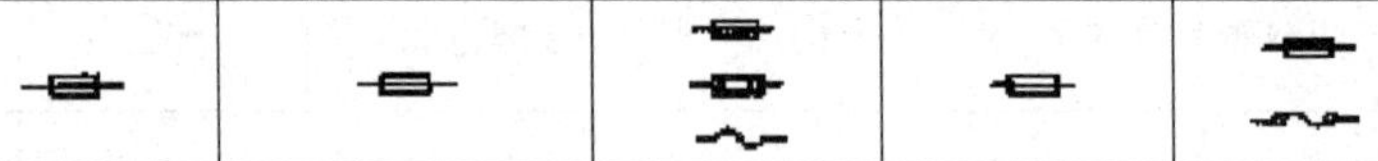				
放大器	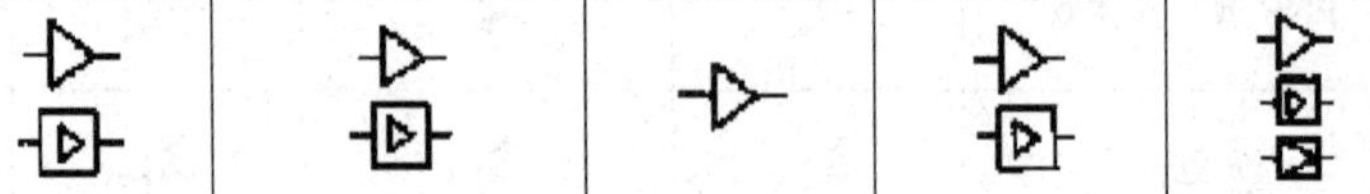				
继电器					
变换器					
火花间隙					
电流表	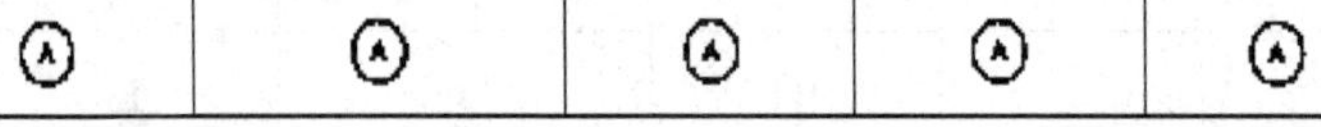				

参考文献

百度文库. SMT 电子元器件知识. [2013-8-15]. http://wenku. baidu. com/view/34a8fe81d4d8d15abe234eae. html.

百度文库. 常见电子元件基础知识. [2013-8-13]. http://wenku. baidu. com/view/e9910c19ff00bed5b9f31d48. html.

百度文库. 常用电子元器件型号说明. [2013-8-13]. http://wenku. baidu. com/view/143e4d6db84ae45c3b358c29. html.

百度文库. 电子产品生产工艺. [2013-8-17]. http://wenku. baidu. com/view/a1fe33160b4e767f5acfceb6. html.

百度文库. 集成电路型号命名. [2013-8-15]. http://wenku. baidu. com/view/df7a93fc700abb68a982fb7c. html.

百度文库. 模拟电子线路. [2013-8-14]. http://wenku. baidu. com/view/3f72952d2af90242a895e578. html.

百度文库. 小型电源变压器的设计与制作. [2013-8-14]. http://wenku. baidu. com/view/9d79bdbcc77da26925c5b0c7. html.

百度文库. 印制板的设计与制作. [2013-8-16]. http://wenku. baidu. com/view/5f588a20af45b307e8719737. html.

百度文库. 印制电路的计算机辅助设计. [2013-8-16]. http://wenku. baidu. com/view/5a942eed856a561252d36fb2. html.

付蔚. 电子工艺基础. 2011. 北京:北京航空航天大学出版社.

李光兰,吴君. 电子产品组装与调试——电子工艺与设备. 2010. 天津:天津大学出版社.

刘宏. 电子工艺实习. 2009. 广州:华南理工大学出版社.

刘建华,伍尚勤. 电子工艺技术. 2009. 北京:科学出版社.

龙立钦,周国庆. 电子工艺技术. 2009. 成都:西南交通大学出版社.

苏寒松. 电子工艺基础与实践. 2009. 天津:天津大学出版社.

王天曦. 电子技术工艺基础. 2009. 北京:清华大学出版社.

殷小贡,黄松,蔡苗. 现代电子工艺实习教程. 2009. 武汉:华中科技大学出版社.

张宪,张大鹏. 电子工艺入门. 2008. 北京:化学工业出版社.